# 固体废物处理与处置

迟子芳　赵勇胜　董　军　洪　梅　张春鹏　编

中国环境出版集团・北京

**图书在版编目（CIP）数据**

固体废物处理与处置/迟子芳等编. —北京：中国环境出版集团，2022.2

ISBN 978-7-5111-5052-3

Ⅰ. ①固… Ⅱ. ①迟… Ⅲ. ①固体废物处理—高等学校—教材 Ⅳ. ①X705

中国版本图书馆 CIP 数据核字（2022）第 027964 号

**出 版 人** 武德凯
**责任编辑** 侯华华
**封面设计** 宋 瑞

---

**出版发行** 中国环境出版集团
（100062 北京市东城区广渠门内大街 16 号）
网 址：http://www.cesp.com.cn
电子邮箱：bjgl@cesp.com.cn
联系电话：010-67112765（编辑管理部）
010-67112735（第一分社）
发行热线：010-67125803，010-67113405（传真）
**印 刷** 北京建宏印刷有限公司
**经 销** 各地新华书店
**版 次** 2022 年 2 月第 1 版
**印 次** 2022 年 2 月第 1 次印刷
**开 本** 787×960 1/16
**印 张** 14.5
**字 数** 249 千字
**定 价** 50.00 元

---

# 前　言

本书系统介绍了固体废物减量化、无害化和资源化的基本方法、原理和工艺。本书在对现行教材内容提炼总结的基础上，增加了固体废物处理与处置领域的新技术和理论。

本书共八章，编写情况如下：绪论（迟子芳、赵勇胜、张春鹏编写），固体废物的收集、运输及预处理（迟子芳、洪梅编写），固体废物的焚烧与热分解（洪梅、赵勇胜编写），城市固体废物的堆肥化技术（迟子芳、赵勇胜、洪梅编写），固体废物的卫生填埋处理（董军、赵勇胜、迟子芳编写），城市固体废物填埋场的设计与建设（董军、赵勇胜编写），固体废物的最终储存处置（董军、赵勇胜、张春鹏编写）以及固体废物填埋处理的生物反应堆方法（赵勇胜、董军编写）。

本书可作为环境工程、环境科学及相关专业的专科生、本科生、研究生的教材或参考书，也可供长期从事固体废物处理与处置工程或科学研究的科研人员参考。

由于编者水平和精力有限，书中难免存在错误和纰漏，敬请读者予以批评指正。

编　者

2022年2月

# 目　录

# 第一章　绪 论

固体废物主要是指人类在社会生产、流通和消费等过程中产生的不具原始使用价值的废弃固体或半固体物质。固体废物问题是随着人类文明的进步而逐渐显现的。人类最早遇到的固体废物问题是生活中产生的垃圾污染，但在漫长的岁月里，由于生产力水平低下，人口数量增长缓慢，垃圾产量不大且增长率不高，没有对环境造成严重污染和危害。随着生产力的发展，人口向城市集中，大量工农业废物排入环境，与生活垃圾相伴剧增，对环境形成了严重的威胁。固体废物环境污染的研究涉及地质、水文地质、工程地质、环境工程、环境科学、生态学、地球化学、生物化学等学科，内容复杂。

## 一、固体废物的来源与分类

### （一）固体废物的来源

固体废物的来源很多，包括居民区、商业、机关单位、建筑业、市政服务业、污水处理厂、工业、农业等，详见表 1-1。

**表 1-1　固体废物的来源和类型**

| 来源 | 典型设施、活动或场所 | 固体废物类型 |
|---|---|---|
| 居民区 | 家庭、公寓、单元套房、街区 | 食品废物、纸、纸板、塑料、纺织品、庭院废物、木料、玻璃、金属、特殊废物（如家电、电池等）、家庭危险废物 |
| 商业 | 商店、饭店、市场、写字楼、旅店、打印社、服务站、汽车修理店等 | 食品废物、纸、纸板、塑料、木料、玻璃、金属、特殊废物（同上）、危险废物 |
| 机关单位 | 学校、医院、大学、政府 | 同上（商业） |

| 来源 | 典型设施、活动或场所 | 固体废物类型 |
|---|---|---|
| 建筑业 | 建筑工地、修路、建筑拆除 | 木料、钢铁、混凝土、泥土等 |
| 市政服务业（不含污水处理厂） | 街道清扫、景观美化、公园和海滩等娱乐场所、河床清理等 | 垃圾、街道扫集物、干草、园艺修剪物、公园和海滩等娱乐场所产生的普通废物等 |
| 污水处理厂 | 水、废水、工业处理过程 | 处理厂废物，主要是污泥 |
| 工业 | 建筑业、制造业、轻重工业、精炼厂、化工厂、发电厂等 | 工业废物主要是废原料等；非工业废物，包括食品废物、垃圾、灰、建筑垃圾等；特殊废物、危险废物 |
| 农业 | 农田、果园、畜牧场、猪舍、农场等 | 腐败的食品废物、农业废物、危险废物等 |

### （二）固体废物的分类

固体废物的分类方法有很多，按组成可分为有机废物和无机废物；按形态可分为固体废物和半固体废物；按来源可分为工业废物、矿业废物、城市生活垃圾、农业废物和放射性废物；按热值可分为高热值废物和低热值废物；按危害状况可分为有害废物和一般废物。一般来说，固体废物常按来源进行分类。

#### 1. 工业固体废物

工业固体废物指在工业生产过程和加工过程中产生的废渣、粉尘、碎屑、污泥等，主要有以下几种：①冶金固体废物，主要指各种金属冶炼过程中排出的残渣，如高炉渣、钢渣、铁合金渣、铜渣、锌渣、铅渣、镍渣、铬渣、汞渣、赤泥等。②燃料灰渣，指煤炭开采、加工、利用过程中排出的煤矸石、粉煤灰、烟道灰、页岩灰等。③化学工业固体废物，指化学工业生产过程中产生的种类繁多的工艺渣，如硫铁矿烧渣、煤造气炉渣、油造气炭黑、黄磷炉渣、磷渣、磷石膏、烧碱盐泥、化学矿山尾矿渣、蒸馏釜残渣、废母液、废催化剂等。④石油工业固体废物，指炼油和油品精制过程中排出的固体废物，如碱渣、酸渣以及炼油厂废水处理过程中排出的浮渣、含油污泥等。⑤粮食、食品工业固体废物，指粮食、食品加工过程中排弃的谷屑、下脚料、渣滓。⑥其他还有机械和木材加工工业产生的碎屑、边角下料，刨花、纺织、印染工业产生的泥渣、边料等。

#### 2. 矿业固体废物

矿业固体废物主要包括废石和尾矿。废石是指各种金属、非金属矿山在开采过程中从主矿上剥离下来的各种围岩；尾矿是在选矿过程中提取精矿后剩下的尾渣。

### 3. 城市固体废物

城市固体废物是指在城市居民日常生活中或为城市日常生活提供服务的活动中产生的固体废物。其主要来源于城市居民家庭、商业活动、服务业、园林、企事业单位、机关、学校等。

城市固体废物的组成比较复杂，因地理条件、气候条件、城市发展规模、能源结构、经济发展程度、居民生活习惯和生活水平等的不同而不同。因此，各国、各城市甚至各地区的固体废物的组成都不尽相同。一般来说，发达城市或地区的固体废物中有机物含量较高，而无机物含量较低。表 1-2 为美国和澳大利亚典型城市固体废物的组成。

**表 1-2　典型城市固体废物的组成**　　单位：%（质量百分含量）

| 组成 | | 美国 | | | 澳大利亚（悉尼） |
| --- | --- | --- | --- | --- | --- |
| | | 范围 | 典型值 | 戴维斯市 | 典型值 |
| 有机物 | 食品废物 | 6～18 | 9.0 | 6.0 | 27.5 |
| | 纸 | 25～40 | 34.0 | 33.1 | 15.2 |
| | 纸板 | 3～10 | 6.0 | 7.9 | 5.6 |
| | 塑料 | 4～10 | 7.0 | 10.7 | 7.6 |
| | 纺织品 | 0～4 | 2.0 | 2.4 | 2.3 |
| | 橡胶 | 0～2 | 0.5 | 2.5 | 0.6 |
| | 皮革 | 0～2 | 0.5 | 0.1 | — |
| | 庭院废物 | 5～20 | 18.5 | 17.7 | 20.5 |
| | 木料 | 1～4 | 2.0 | 5.0 | 0.6 |
| | 其他有机物 | — | — | 0.4 | 0.6 |
| 无机物 | 玻璃 | 4～12 | 8.0 | 5.8 | 9.3 |
| | 金属罐 | 2～8 | 6.0 | 3.9 | 5.3 |
| | 铝 | 0～1 | 0.5 | 0.4 | 0.3 |
| | 其他金属 | 1～4 | 3.0 | 3.6 | — |
| | 泥土、灰等 | 0～6 | 3.0 | 0.5 | 3.6 |

注：表中没有考虑工业固体废物和居民生活垃圾中有毒的化学废物（如油漆、清洗剂、杀虫剂等）容器残留物的影响。

影响固体废物产量的因素主要包括内在因素（人口、居民生活水平、城市建设水平等）、社会因素（社会行为准则、社会道德规范、法律、规章制度等）和个体因素（人类本身的行为习惯等）。可以利用已有的数据资料来估算固体废物的产量和变化情况。表 1-3 为长春市城市固体废物的产生量，其中工业废物主要为粉煤灰、炉渣、煤矸石、冶炼废渣等。

**表 1-3 长春市城市固体废物产生量** 单位：万 t

| 年份 | 2009 | 2010 | 2013 | 2014 | 2015 |
| --- | --- | --- | --- | --- | --- |
| 生活垃圾 | 108.80 | 108.80 | 103.30 | 120.30 | 129.77 |
| 工业废物 | 406.19 | 474.15 | 606.02 | 582.86 | 386.16 |

由于影响城市固体废物产量的因素很多，如人口密度、能源结构、地理位置、季节变化、生活习俗（如食品结构）、经济状况、废品回收利用率等，因此建立城市固体废物产量预测模型时应考虑多个因素。

城市固体废物的密度可以指松散时的密度，也就是装在固体废物箱中未被压实时的密度（表 1-4），也可以指压实后垃圾的密度（表 1-5），因此要说明固体废物的密度时必须说明其存在的状态。固体废物的密度不仅随存在状态（松散的还是压实的）的变化而变化，还随地理位置、季节、储存时间等的变化而变化。例如，从边远地区收集来的固体废物，由于在运输过程中会有一定程度的压实，其密度较大；在秋季，固体废物中的枯叶、干草等比夏天多，其密度较小；固体废物储存时间越长，由于自身的沉降和压实，其密度会变大。另外，固体废物的压实密度受含水率的影响较大，如有报道某城市垃圾填埋场中固体废物的密度可高达 1 900 kg/m$^3$，而一般生活垃圾填埋场中固体废物的密度为 500～1 000 kg/m$^3$。

**表 1-4 未压实固体废物典型密度（美国）** 单位：kg/m$^3$

| 组分 | 食品废物 | 纸 | 塑料 | 花园修剪物 | 玻璃 | 含铁金属 |
| --- | --- | --- | --- | --- | --- | --- |
| 密度 | 288 | 81.7 | 64 | 104 | 194 | 320 |

**表 1-5 固体废物压实情况与密度的关系** 单位：$kg/m^3$

| 固体废物 | 密度 | | 固体废物 | 密度 | |
|---|---|---|---|---|---|
| | 范围 | 典型值 | | 范围 | 典型值 |
| 压缩的普通固体废物 | 90～180 | 130 | 填埋场中良好压缩的垃圾 | 600～740 | 600 |
| 未压缩的园林废物 | 60～150 | 100 | 加工后压缩成型的垃圾 | 600～1 070 | 710 |
| 未压缩的炉灰 | 650～830 | 740 | 粉碎但未压缩的垃圾 | 120～270 | 210 |
| 经运输车压缩的垃圾 | 180～440 | 300 | 粉碎但已压缩的垃圾 | 650～1 070 | 770 |
| 填埋场中正常压缩的垃圾 | 360～500 | 440 | | | |

固体废物的含水率随其组成、季节、气候、运输方式（如不同收集容器、有无盖子、密封效果等）等因素的变化而变化。据调查，固体废物的含水率主要与其中动植物和无机物的含量有关，动植物含量高、无机物含量低时，含水率就高，反之则低。由表 1-6 可见，这种变化遵循一定的规律，按其变化可得出如下动植物含量和含水率之间的关系：

$$y=0.67x+12.38 \tag{1-1}$$

式中，$y$——含水率，%；

$x$——动植物含量，%。

**表 1-6 固体废物中的动植物含量与含水率的关系** 单位：%

| 动植物含量 | 0 | 5 | 10 | 15 | 20 | 25 | 30 | 35 | 40 | 45 | 50 |
|---|---|---|---|---|---|---|---|---|---|---|---|
| 含水率 | 12.38 | 15.73 | 19.08 | 22.43 | 25.78 | 29.13 | 32.48 | 35.83 | 39.18 | 42.53 | 45.88 |
| 动植物含量 | 55 | 60 | 65 | 70 | 75 | 80 | 85 | 90 | 95 | 100 | |
| 含水率 | 49.23 | 52.58 | 55.93 | 59.28 | 62.63 | 65.98 | 69.33 | 72.68 | 76.03 | 79.38 | |

对固体废物来说持水度也是个关键参数，因为当固体废物的含水率大于持水度时，就会形成垃圾渗滤液。持水度随压实程度和固体废物的稳定化程度的变化而变化。一般居民区和商业来源的未经压实的混合废物的典型持水度为50%～60%。

城市固体废物（塑料、橡胶和皮革除外）中的有机组分可分为：①水溶性组分，如糖、淀粉、氨基酸和各种有机酸等；②半纤维素，指含 5～6 个 C 的糖类产物；③纤维素，指含 6 个 C 的葡萄糖类产物；④油脂和蜡等脂肪类物质和长链脂肪酸；⑤木质素，通常存在于一些纸产品中；⑥木质纤维素，木质素和纤维素的结合物；⑦蛋白质，由氨基酸链组成。

城市固体废物有机组分最重要的生物学特征是：几乎所有的有机组分都可以被生物转化为气体和比较稳定的有机或无机固体物质。

由于城市固体废物成分比较复杂，包含人畜粪便、污水处理后的活性污泥等，所以，城市固体废物中的微生物种类繁多，数量巨大，还有相当数量的致病菌、有害的病原微生物、细菌、病毒、原生动物、后生动物、昆虫和昆虫卵等，特别是肠道病原生物体，容易造成生物污染，引起传染病的暴发流行。

### 4. 农业固体废物

农业固体废物是指农业生产、畜禽养殖、农副产品加工以及农村居民生活活动排出的废物，如植物秸秆、人和畜禽粪便等。

### 5. 有害固体废物

有害固体废物属于危险废物，危险废物是指列入国家危险废物名录或者根据国家规定的危险废物鉴别标准和鉴别方法认定的具有危险特性的废物。我国于 2020 年发布的《国家危险废物名录（2021 年版）》中，共有 50 类危险废物，包括医药废物、农药废物、废有机溶剂与含有机溶剂废物、焚烧处置残渣等。

根据联合国环境规划署颁布的相关文件，危险废物可分成以下九级：

一级：爆炸性物质，主要指火药或含有火药的物质。它们通过自身的化学反应产生的热、高压、高速气体的作用给周边环境带来危害，代表性物质有 TNT、苦味酸、黑素金等物质。

二级：可燃气体，是指温度为 21.1℃时压力超过 2.8 $kg/cm^2$ 或温度为 54.4℃时压力超过 7.3 $kg/cm^2$ 的物质，代表性物质有乙炔、液态氮等。

三级：易燃性液体或引火性液体，指有引火点的液体、液体混合物或含有引火点固体悬浮物的液体，代表性物质有汽油、挥发油、灯油、酒精等。

四级：可燃性物质，主要包括可燃性固体、自燃性固体和禁水性物质。可燃性固体是指在空气中容易燃烧或经摩擦可能着火的物质，代表性物质有红磷、硫黄等；自燃性固体是指自燃发热或在与空气接触的过程中发热并容易引起火灾的物质，代表性物质有烷基苯、硫化钠、干椰子油等；禁水性物质指与水反应时有可能自燃着火的物质或与水接触产生可燃性气体的物质，代表性物质有碳化钙、锂铝氢化物、氨基钠等。

五级：氧化性物质和有机过氧化物。氧化性物质指本身未必可燃，但通常因产生氧气可能引起或促使其他物质燃烧的物质，代表性物质有硝酸铵、氯酸钾、过氧化钡等。有机过氧化物的物质结构为—O—O—，一般认为这是过氧化氢的诱导体，分子中的一个或两个氢原子可被有机基团置换下来。这种物质的热稳定性差，容易引起自燃，甚至爆炸，另外对摩擦和撞击比较敏感，代表性物质有过氧化苯酰等。

六级：有毒物质和易传播病毒的物质。有毒物质指如果喝入、吸入或与皮肤接触时，容易引起人的死亡或伤害的物质。易传播病毒的物质指能给动物或人体带来发病原因的或有其可能性的微生物或含有毒素的物质。

七级：放射性物质，指放射能为 0.002 μCi/g 以上的物质。

八级：腐蚀性物质，指溢漏时会给生物组织或周边物质造成损伤的物质。

九级：其他危险性物质，指不属于其他分类，但有危险性的物质。

日本的《废弃物处理法》依据废物的危害性对危险废物做了如下规定。

①易燃烧的废油：挥发油类、煤油类、轻油类。

②有明显腐蚀性的废酸、废碱：pH 为 2.6 以下的废酸；pH 为 12 以上的废碱。

③感染性废物：从医疗相关单位产生的含有或沾有感染性病原体的废物或有这种危险性的废物。

④特定有害产业废物，如废印制电路板（PCB）及受 PCB 污染的物质、废石棉等。

## 二、固体废物的污染

固体废物，尤其是极具危害性的固体废物的不合理处置将对空气、土壤、地表水和地下水体等造成污染，甚至发生燃烧、爆炸等直接影响附近居民生命和财产安全的事故。如美国处理中、低放射性固体废物的汉福德填埋场，由于封装废物的储存罐泄漏，渗滤液通过防护层直接进入土壤和地下水环境，对其周围的土壤、植被和水资源造成了严重污染，致使附近农场的牛奶中放射性元素的含量较高。因此，对于极具危害性的固体废物，其处理与处置应十分慎重，否则会带来严重的后果。

一般性固体废物比较常见，而且数量庞大，特别是城市垃圾数量越来越多。据报道，发达国家每人每年产生垃圾 3.5 t，发展中国家为 1.3 t，全世界每年新增垃圾 80 亿～100 亿 t。由固体废物造成的严重环境污染事故也时有发生，如南非的瓦特凡河谷填埋场污染了下游 2 000 多 m 范围的地下水；又如英国德贝夏郡的洛斯科填埋场在 1984 年封闭后，附近街区就出现了树木死亡、土壤变热和干裂、草坪枯死以及产生难闻气体等一系列异常现象，两年后，填埋场产生的甲烷引发爆炸事故，导致距填埋场 70 m 外的民宅被毁，人员受到伤害。而因填埋场渗滤液泄漏污染土壤和水体（尤其是地下水）的事故更为频繁。在我国，有 2/3 的城市在 20 世纪末就已经形成了“垃圾包围城市”的局面。而且有些数城市的垃圾填埋场没有经过科学合理的设计和防护处理，有的甚至露天堆放或简单掩埋，不仅侵占了大量近郊土地，还造成了蚊蝇滋生、周围树木枯死、植被退化、土壤干裂、地表水和地下水受到严重污染等许多生态环境问题，严重影响了附近居民的生产、生活和健康，影响了城市的环境质量和可持续发展。2015 年我国的城市垃圾年产量已达 1.6 亿 t 左右，而且还在以每年 8%左右的速度增长。根据 2016 年的调查，北京市基本完成了非正规垃圾填埋场的整治，生活垃圾无害化处理厂数量增至 24 座，但仍存在一些垃圾填埋场将垃圾直接堆放或简单掩埋，没有任何工程防护措施。城市垃圾直接倾倒，致使地下水受有机物、氮、硬度和矿化度的污染，严重影响了地下水的正常使用。随着经济的发展和人们生活水平的不断提高，城市固体废物的产量将迅速增加，如何处理数量庞大的城市固体废物是关系我国经济可持续发展、水资源和环境保护的重大问题。

## 三、固体废物的管理

随着社会的发展和科技的进步，人们对固体废物管理的认识也在不断提高。目前，人们在研究固体废物无害化的同时，对固体废物的减量化、资源化也非常重视，认为解决固体废物问题首先要考虑减量化问题，从源头上避免或减少产生量；对于无法避免的应考虑循环、回收再利用。因此，单纯强调固体废物的工程处理手段对于解决固体废物问题还不够，应从固体废物的产生到最终处置的整个过程予以综合考虑，不但要重视末端的处理技术，更要重视初始阶段的减量化和资源化技术，也就是把固体废物处理和管理的“界面”前移。结合我国的实际情况，城市固体废物管理策略更应该强调减量、重复利用和卫生填埋处理。

实际上，城市固体废物的处置与管理涉及管理学、社会学和环境工程学等学科，是一个复杂的系统工程，主要包括三个层次，即避免、利用和处置。为了有效地处置城市固体废物，防止其对环境和水资源造成污染，上述三个层次的研究缺一不可。

“避免”是城市固体废物处置系统工程的第一目标，就是从污染源着手，采取一定的管理措施，应用新技术，尽量避免或减少废物的产生，涉及管理科学、社会科学、新技术、新方法和新材料等方面。有时需要一次性投资较大，但从长远来看，在避免或减少废物的同时也节省了原材料，而且减少了废物的处理费用，从而可降低生产成本。但这方面的工作应该是渐进的，要与经济实力和科技水平相适应。

“利用”是城市固体废物处置系统工程的第二目标，所有不可避免的城市固体废物，首先要考虑能否综合利用，主要包括物质利用和能量利用两种形式，前者指废物的直接重复利用，后者指将废物或废物处理的某一产物作为燃料。

“处置”是城市固体废物处置系统工程的第三目标，是对不可避免的废物进行科学处理和处置，使之不对环境、水资源构成污染威胁，达到预防污染的目的，如卫生填埋处理、焚烧和堆肥等。

## 习题与思考题

1. 什么是固体废物？什么是城市固体废物？
2. 简述城市固体废物的来源和分类情况。
3. 城市固体废物的主要特性是什么？
4. 固体废物带来了哪些环境问题？
5. 与废水和废气相比，固体废物污染环境的特点是什么？
6. 什么是固体废物的全过程管理？

# 第二章　固体废物的收集、运输及预处理

## 第一节　固体废物的分类收集与运输

固体废物的分类收集与运输是固体废物处理过程的第一个环节，在整个垃圾管理体系中这个环节的费用最高。据估计，固体废物收集和运输的费用主要是设备和劳动力的费用，占垃圾管理费用的 2/3 甚至 3/4。1986 年美国城市固体废物的管理费用是 138 亿美元，其中用于垃圾收集和运输的费用高达 104 亿美元。

### 一、城市垃圾的收集与运输

#### （一）城市垃圾的收运过程

垃圾的收集是指在垃圾保管场所把垃圾往车上装载的一系列作业。把收集到的垃圾通过中转站送往中间处理设施，或从中间处理设施运往最终处置场，或不经中间设施直接运往最终处置场的作业称为运输。

垃圾的收集是垃圾处理体系的一部分，随着近年来对垃圾的循环利用和垃圾堆肥的重视，垃圾的分类变得越来越重要，这就要求使用不同的运输工具收集不同的垃圾，然后放置在不同的地方，结果使垃圾收集所需的人工越来越多，其收集过程变得越来越复杂，成本也越来越高。一个完整的垃圾收集系统应该满足以下要求：

①必须能够为居民提供良好的服务，系统的设计必须满足政府、人体健康和法律法规的有关要求；

②尽可能使达到要求所需的费用最小；

③必须足够灵活以满足不断变化的要求；

④必须支持固体废物减量化和资源化的目标。

完整的城市垃圾收集运输过程包括 3 个阶段，即搬运与贮存阶段（运贮阶段）、收集与清除阶段（收运阶段）和转运阶段。

### 1. 搬运与贮存阶段

搬运与贮存指废物产生者或环卫系统的工人将垃圾从源头运送到贮存容器或集装点。城市垃圾的搬运与贮存有以下两种形式：

①居民自行将生活垃圾用自备容器搬运到公共贮存容器、废物集装点或收集车内。目前这种运贮方式在我国的城市中比较常见，居民自备容器多为塑料袋。这些塑料袋是造成“白色污染”的主要来源之一。公共贮存容器有车箱式集装箱、铁制活底卫生箱、活动式带轮的垃圾桶等。我国中小城市广泛使用的是铁制活底卫生箱，其主要缺点是易散发腐臭气味、滋生蚊蝇等，很不卫生。

②环卫工人负责从居民家门口搬运到集装点收集车。这种收集方式在我国江西省赣州市正在逐渐推广，用以取代铁制活底卫生箱。

### 2. 收集与清除阶段

收集与清除指用清运车辆沿一定路线收集、清除容器或集装点的垃圾，并运送到中转站。这是城市垃圾收运过程中的近距离运输。垃圾运输过程可以有中转环节，也可以没有中转环节直接运送到垃圾处理场或处置场。中转环节可能是 1 次，也可能是多次。

### 3. 转运阶段

转运指将垃圾中转站中的废物用大容量运输工具，运送到较远的处理场或处置场，这是城市垃圾收运过程中的远距离运输。大容量运输工具通常为火车或轮船。

## （二）城市垃圾的分类收集

近年来，随着经济的发展、人民生活水平的提高和环境保护意识的增强，人们对环境质量的要求也日益提高，我们认识到解决城市生活垃圾的根本出路在于实现垃圾减量化。垃圾减量的主要措施包括源头减量（Reduce）、最大限度地再利用（Reuse）和最大限度地回收（Recycle）可再利用的废物。

生活垃圾减量化的有力措施之一是对城市生活垃圾进行分类收集。城市生活垃圾的分类收集可有效地实现废物的再利用，并为卫生填埋、生化处理、焚烧发电、资源综合利用等处理方式的应用奠定基础。

发达国家从20世纪60年代开始重视和研究垃圾分类收集问题，并于70年代初开始实施垃圾分类收集。瑞典、日本、美国、英国、法国、德国、瑞士、俄罗斯等国家先后实施了在厨房内手工分选的分类收集方式。德国环保部门规定，生活垃圾必须分类收集，因此，德国居民的家里至少有四个垃圾桶，分别装生态垃圾（蔬菜叶子、水果皮等）、化学垃圾（废电池等）、可回收垃圾（玻璃瓶、废旧纸张等）和普通垃圾（分可燃、不可燃两类）。日本对生活垃圾的分类与收集有明确规定，大致分为以下5类。

①资源类（包括啤酒瓶、饮料罐等；报纸、杂志、纸箱、旧衣服、被褥等）：要求先将瓶罐等洗净再装入专用的资源回收袋；纸张、衣被类等要捆好。

②可燃垃圾（包括菜帮、果皮、纸屑、木块、地毯、食用油、纸尿裤等）：菜帮、果皮需要滤净水分；食用油不能连瓶罐一起处理，必须浸入纸或布内，或用固化剂固化；纸尿裤要除去污物；木块要破碎成几厘米以内的小块。

③不可燃垃圾（包括陶瓷器皿、玻璃、金属、塑料、小型电器等）：这类垃圾需用透明塑料袋装好；喷雾式发胶、打火机充气剂空罐要打孔，以防爆炸；菜刀、钉子、别针等要单独放在其他容器内，以免运输过程中伤人。

④有毒垃圾（包括干电池、日光灯管、温度计等）：日光灯要装入原包装容器内，干电池和体温计要装入特配的专用袋内。

⑤大型垃圾（包括家具、自行车、大型电器、摩托车等）：需与所在市（区）政府的环境垃圾对策科联系，让其作相应的处理；尚可使用的物品可运至物资交易处进行自由交易。

另外，垃圾分类收集装置也需要进行革新。设计新的垃圾箱和收集工具，如分离式的垃圾箱、新型收集车等。国外有的城市采用分别收集一般垃圾和可回收利用垃圾的办法，即可回收利用垃圾和普通垃圾不在同一天进行收集，实践证明该办法的效果很好。

2019年6月，住房和城乡建设部等部门印发了《关于在全国地级及以上城市全面开展生活垃圾分类工作的通知》，并制定了分类标准，在全国范围内普遍开展生活垃圾分类。上海市于2019年7月1日正式进入垃圾分类强制阶段，但是目前居民对上海市垃圾分类标准的认知水平较低，有较大的提升空间。在我国还存在另一种方式的垃圾分类，其中起主要作用的是自发的以收集废旧物资为职业的拾荒者，这些拾荒者将垃圾中的废报纸、包装纸、广告纸、玻璃瓶、易拉罐、旧衣物、旧家具、旧电器等进行分类收集，再卖到相应的废品收购站，在客观上起到了垃圾分类收集的作用。

对生活垃圾进行分类收集是城市垃圾管理的发展趋势，近年来我国垃圾分类收集问题已日益受到重视，《中华人民共和国固体废物污染环境防治法》和《中国21世纪议程》中都明确提出了城市生活垃圾应逐步做到分类收集。目前在一些城市已开展了生活垃圾分类收集的工作。

### （三）城市垃圾收运路线设计

城市垃圾收集运输的原则是在满足环境卫生要求的条件下，运用最优化技术将收运费用降到最低。

在城市垃圾的收运阶段，首先要对收运路线进行合理地设计，达到收运成本最小化、效率最大化。收运路线设计的主要问题是如何使垃圾收集车在整个收集过程中的行驶距离最短。一条完整的收运路线应由实际路线和区域路线两部分组成。实际路线是指垃圾收集车在指定的收集区域内作业时行驶经过的实际路线；区域路线是指垃圾收集车将垃圾运往中转站或处置场需经过的地区或街区。

#### 1. 路线设计原则

①行驶路线不应重叠或断续，而应紧凑；②出发点应尽可能靠近汽车车库，要考虑交通高峰时间和单行道等因素；③环绕街区尽可能采用顺时针方向；④平衡工作量，使每个作业、每条路线的收集和运输时间大致相等。

#### 2. 区域路线设计方法

对于小型居民区，区域路线设计的主要问题是寻找路线终端到垃圾处置地点之间最直接的道路；对面积较大的城区，通常用分配模型（在一定的约束条件下，使目标函数达到最小）来设计最佳的运输方案，具体方式如下：

$$\min\left[\sum_{i=1}^{N}\sum_{k=1}^{K}X_{ik}C_{ik}+\sum_{k=1}^{K}(F_k\sum_{i=1}^{N}X_{ik})\right] \tag{2-1}$$

约束条件：

$$\sum_{i=1}^{N}X_{ik}\leqslant B_k$$

$$\sum_{i=1}^{N} X_{ik} = W_i$$

$$X_{ik} \geqslant 0$$

式中，$X_{ik}$——单位时间内从废物源 $i$ 运到处置地点 $k$ 的废物量，t；

$C_{ik}$——单位数量废物从废物源 $i$ 运到处置地点 $k$ 的费用，元；

$F_k$——在处置地点 $k$ 按单位数量废物计算的处置费用，元；

$B_k$——处置地点 $k$ 的处置能力，用单位时间内处置的废物量表示，t；

$W_i$——在废物源 $i$ 处，单位时间内产生的废物总量，t；

$N$——废物源 $i$ 的数量，个；

$K$——废物处置场所 $k$ 的数量，个。

最优化模型的约束条件必须满足以下 3 个要求：①每个处置场的处理能力是有限的；②废物的处理量必须等于产生量；③收集路线的矩心不能当作处置地点，从每个收集区运来的废物总量必须大于或等于零。

**3．收运路线设计的一般步骤**

首先，选择适当比例的地域地形图，并在图上标明垃圾清运区的边界、街道、路口、车库和垃圾集装点的位置、容器数、收集次数、垃圾量等；其次，对数据资料进行分析、整理，并列为表格；再次，设计初步收集路线并对其进行比较，进一步均衡收集路线，使每周各工作日收集的垃圾量、行驶路程、收集时间等大致相等；最后，将确定的收集路线标注在收集区域图上。

近年来，随着地理信息系统（GIS）技术的进一步发展，将多目标规划模型与 GIS 技术相结合可以解决垃圾管理系统中垃圾收集车行车路线及优化调度的问题，包括从起始点到目的地之间的最佳路线、人力和运输工具的优化配置等。在街道网络中进行垃圾收集路线和调度设计时，需要考虑经济合理的目标函数和符合实际的约束条件，利用 GIS 技术可以计算人口密度、预测垃圾源的分布情况和垃圾的产生速率等基础数据，还允许用户在绘制街道网络图的同时对点实体（如垃圾收集点）和线实体（如垃圾收集线路）等矢量赋予相应的描述属性，这些属性存储在关系型数据库中，在实际操作时可以通过各实体间的空间关系，根据不同的需要，利用 GIS 的网络分析功能和叠加分析功能从各种角度来提取、组织属性信息和进行多目标规划的优化分析。

## 二、危险废物的收集与运输

危险废物通常具有化学反应性、毒性、易燃性、腐蚀性或其他特性，会对人类健康和环境产生危害。因此，对于这类废物的收集、贮存和运输，必须采取与一般废物不同的特殊管理方式。

危险废物的收运过程：源头→盛装容器（暂存）→收集运输车→收集中心或转运站→运输车→处理场。

### （一）暂存危险废物的容器

暂存危险废物的容器是设置在危险废物产生的单位或个人处用于安全存放危险废物的装置。当危险废物产生时，立即将其放在该容器中，并加以妥善保管，等待收集运走。盛装危险废物的容器可以是钢筒、钢罐或塑料制品。危险废物的包装应足够安全，防止在装载、搬运或运输途中出现渗漏或挥发等情况。

### （二）收集站或转运站

典型的危险废物收集站或转运站由砌筑的防火墙及铺设有混凝土地面的若干库房式构筑物组成。库房中包括设有隔离带或埋于地下的液态危险废物贮罐、油分离系统及盛装有废物的桶或罐。贮存废物的库房应保证空气流通，防止具有毒性和爆炸性的气体聚积发生危险。收集来的危险废物必须进行详细的类型和数量登记，并按类别进行分类存放。

### （三）危险废物的运输过程

在公路上运输危险废物时，必须按以下要求进行操作：①危险废物的运输车辆必须经过主管单位的检查，并持有有关单位签发的许可证，运输的司机应通过专门的培训，持有证明文件。②承载危险废物的车辆必须有明显的标志或适当的危险符号，以引起关注。③载有危险废物的车辆在公路上行驶时，需持有运输许可证，其上应注明废物的来源、性质和运输目的地。此外，必要时要有专人负责押运。④组织危险废物运输的单位，事先需做出周密的运输计划和行驶路线设计，其中应包括有效的废物泄漏情况下的紧急补救措施。

# 第二节 固体废物的预处理

固体废物的组成复杂，形状、大小、结构、性质等各异，为了使其便于运输、贮存、资源化利用和深度处理，需对其进行预处理。固体废物的预处理主要包括压实、破碎、分选等，预处理工艺的选择主要取决于后续处理工艺的要求以及废物的特性。

## 一、固体废物的压实

固体废物的压实就是用机械方法对松散的固体废物施加一定的压力，使其体积减小、容重增大。城市固体废物压实后，体积可以减少 60%～70%，可有效提高收集容器与运输工具的装载效率，填埋处理时也会提高场地的利用率。

固体废物中适合压实处理的主要是压缩性能大而复原性小的废物，包括金属细丝、金属碎片、纸箱、纸袋、纤维、塑料及一些包装物，这些废物占用空间很大，经过压实后，便于装卸、贮存、运输和填埋，可以有效减少运输费用。

废物的压实程度可用压缩比（$r$）或压缩倍数（$n$）来表示。压缩比是固体废物压实后的体积与压实前的体积之比，可用式（2-2）来表示：

$$r=V_f/V_i \qquad (r\leqslant 1) \tag{2-2}$$

式中，$V_i$——压实前固体废物的体积；

$V_f$——压实后固体废物的体积。

$r$ 越小，说明压缩效果越好。

压缩倍数是固体废物压实前的体积与压实后的体积之比，可用式（2-3）来表示：

$$n=V_i/V_f \qquad (n\geqslant 1) \tag{2-3}$$

$n$ 与 $r$ 互为倒数，$n$ 越大，说明压实效果越好。从图 2-1 可以看出，体积减小在 80%以内时，$n$ 为 1～5，变化幅度较小，当体积减小超过 80%时，$n$ 急剧升高，几乎呈直线变化。

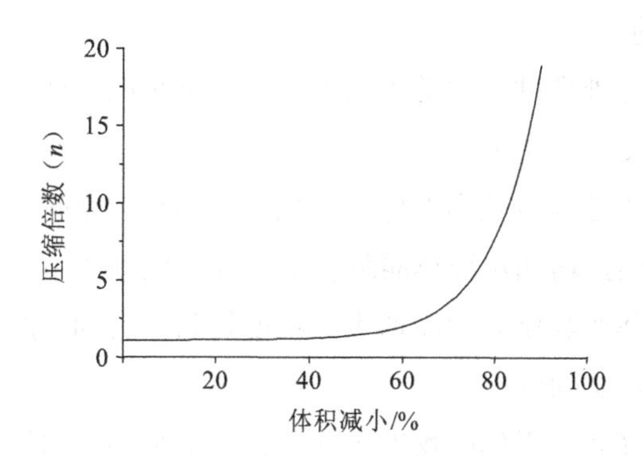


图 2-1　压缩倍数与体积减小之间的关系

固体废物的压缩程度主要取决于固体废物的种类及施加的压力，均匀松散的固体废物的压缩倍数可达 3～10 倍。对不同性质的固体废物施加的压力也不同，一般每平方米在几千克至几百千克。

常用的压实设备有固定式压实设备和移动式压实设备两种。固定式压实设备需用人工或机械方法把固体废物送入设备。各种家用小型固定式压实器、废物收集车上配备的压实器及中转站配置的专用压实机等均属固定式压缩设备。而在填埋场使用的轮胎式或履带式压土机以及其他专门设计的压实机属于移动式压实设备。

压实设备主要由容器单元和压实单元组成。容器单元用来接收废物并供给压实单元，压实单元通过液压或气压控制操作的挤压头把固体废物压实。

压实过程也会对固体废物的后续处理带来不利影响，如压实后不利于废物的分选，有时会产生水分导致废物黏连，对固体废物的综合利用产生不利影响。因此，在固体废物预处理过程中是否使用压实技术，应综合考虑。

## 二、固体废物的破碎

体积大的固体废物不利于后续处理，因此减小废物的尺寸是非常必要的。减小废物尺寸常用的方法是破碎，即通过人力或机械等外力的作用破坏物体内部的凝聚力和分子间作用力，使物体分裂成小块。将破碎后的固体废物进一步分裂成细粉状物质，这个过程称为磨碎。

### 1. 破碎的目的

破碎是固体废物处理过程中常用的也是必不可少的预处理方法之一。对固体废物进行破碎的主要目的在于：

①固体废物破碎处理后减容性好，可减少占用存放空间，使其密度增大，质地均匀，更易于压实，增加垃圾车厢装载量，提高运输效率，节约资金和能源。

②破碎后的固体废物比表面积增大，粒度均匀，有利于废物的气流分选；可提高焚烧、热解和堆肥的效率。

③防止大块、锋利的固体废物破坏分选、焚烧和热解的设备。

④破碎并压缩后的固体废物有效密度比未破碎废物提高 25%～60%，可以提高垃圾填埋场的利用率。

⑤固体废物破碎后，原来的联生矿物或联结在一起的异种材料等单体分离，有利于进一步回收利用。

### 2. 破碎方法

破碎方法可分为干式破碎、半湿式选择性破碎、湿式破碎和低温破碎等。

（1）干式破碎

通常所说的破碎指的是干式破碎，按照消耗能量形式的不同分为机械能破碎和非机械能破碎。机械能破碎是利用破碎工具对固体废物施力将其破碎，主要有压碎、劈碎、折断、磨碎、剪切和冲击破碎等方法。选择破碎方法时，需根据固体废物的机械强度来确定。对强度和硬度比较大的固体废物，可采用挤压和冲击破碎的方法；对具有塑性和柔韧性的固体废物，可采用剪切的破碎方法；对脆性废物，可采用劈碎、冲击破碎的方法。非机械能破碎是利用电能、热能等对固体废物进行破碎，包括低温破碎、热力破碎、减压破碎和超声波破碎等。

由于固体废物的组成比较复杂，一般采用一种破碎方法达不到全部破碎的目的，因此一般的破碎机都是两种或两种以上的破碎方法联合使用。

（2）半湿式选择性破碎

半湿式选择性破碎是根据城市固体废物中各种物质之间的强度和脆性的差异，在半湿状态（加少量水）下破碎成不同粒度的碎块。破碎后的碎块可通过不同的筛孔加以分离回收。该过程可通过兼有选择性破碎和筛分两种功能的装置实现，这种装置称为半湿式选择性破碎分选机。

半湿式选择性破碎技术能在同一设备中同时实现固体废物的破碎和分选，能够有效地回收有用物质；而且对进料的适应性好，易破碎的废物首先被破碎并及时排出，不会发生过于粉碎的现象。

（3）湿式破碎

湿式破碎是以回收城市垃圾中的纸类为目的而发展起来的一项技术，是利用特制的破碎机将投入机内的含纸垃圾和大量水流一起剧烈搅拌成浆液，从而回收垃圾中的纸纤维。这种能使含纸垃圾浆液化的破碎机称为湿式破碎机。

湿式破碎能够把垃圾变成均质泥浆状物质，因此可按流体的处理方法进行处理；在整个破碎过程中不会滋生蚊蝇、不产生恶臭，不会产生噪声和粉尘，无发热和爆炸的危险。湿式破碎技术适用于回收垃圾中的纸类、玻璃、金属、矿物等，剩余泥浆可用来堆肥。

（4）低温破碎

对于一些难以破碎的固体废物，如汽车轮胎、包覆电线、橡胶管、塑料制品、废家用电器等，可以利用其在低温（–120～–60℃）条件下易脆化的特性对其进行破碎，也可以根据其不同组分脆化温度的差异进行选择性破碎。

制冷系统是低温破碎技术的关键，常用的制冷剂是液态氮。液态氮具有无毒、无爆炸性且制冷效果好等优点，但是液态氮的用量较大，其制备需要耗费大量的能量，成本较高。

低温破碎所需的动力较小，仅为常温破碎的 1/4，而且噪声小、振动小。同一材质破碎后的粒度均匀，而异质材料破碎尺寸不同，便于筛分。

**3. 与破碎有关的基本概念**

（1）破碎比

在破碎过程中，固体废物破碎前的粒度与破碎产物粒度的比值称为破碎比。破碎比表征了废物被破碎的程度，或者说废物粒度在破碎过程中的减小倍数，破碎比的大小主要取决于破碎机的能量消耗和处理能力。

破碎比的计算方法有以下两种：

①采用废物破碎前的最大粒度（$D_{max}$）与破碎后的最大粒度（$d_{max}$）之比作为破碎比（$i$）（也称极限破碎比）。

$$i = \frac{D_{max}}{d_{max}} \quad (2\text{-}4)$$

②采用废物破碎前的平均粒度（$D_{cp}$）与破碎后的平均粒度（$d_{cp}$）之比作为破碎比（$i$）（也称真实破碎比）。

$$i = \frac{D_{cp}}{d_{cp}} \quad (2\text{-}5)$$

（2）破碎段

固体废物每经过一次破碎机或磨碎机就称为一个破碎段。如果要求的破碎比不大，一个破碎段就可以满足要求；如果对破碎比的要求很高，需要将几台破碎机或磨碎机串联起来组成破碎流程，使固体废物经过多个破碎段，这时总的破碎比就等于各个段破碎比的乘积，表示如下：

$$i=i_1 \times i_2 \times \cdots \times i_n \quad (2\text{-}6)$$

式中，$i$——总破碎比；

$i_1$，$i_2$，…，$i_n$——固体废物经过每个破碎段时的破碎比。

破碎段数是评价破碎工艺流程的基本指标，决定了破碎废物的最终粒度。破碎段数越多，破碎比就越大，但破碎流程就越复杂，相应的工程投资越多。因此，在可能的情况下，应尽量采用较少的破碎段。

（3）破碎流程

根据固体废物的性质、粒度的大小、破碎比的要求和破碎机的类型，每段破碎流程可以有不同的组合方式。基本的破碎工艺流程有单纯破碎、带预先筛分的破碎、带检查筛分的破碎、带预先筛分和检查筛分的破碎等。

单纯破碎流程只适用于对破碎产品的粒度要求不高的情况，具有流程简单、占地面积少等优点；带有预先筛分的破碎流程可以预先筛除固体废物中不需要破碎的细小颗粒，可减少破碎量；带有检查筛分的破碎流程是先进行破碎，再将破碎产物中粒度大的废物送回破碎机进行二次破碎；带预先筛分和检查筛分的破碎流程是前两种流程的组合。

## 三、固体废物的分选

分选在固体废物处理中具有重要意义，其主要有两个目的：一是可以回收部分有用的物料，实现废物的资源化；二是分离出不利于后续处理或不满足后续处置工艺的物料。

根据固体废物的物理和物理化学性质，如重力、磁性、电性、光电性、弹性、摩擦性、粒度和表面湿润性等，采用不同的分选方法可将有用或有害的物质分离。常用的分选方法包括重力分选、磁力分选、电力分选、光电分选、弹道分选、摩擦分选、筛选、浮选以及人工手选等。

### （一）物料分选理论

将混合物料中的各种物质分选出来，其分选过程可以按两级识别，也可以按多级识别。例如磁选机属于两级识别的分选装置，只能分选出磁性与非磁性物质；具有一系列不同大小筛孔的筛分机属于多级分选装置，能够分选出多种不同粒度的物质。

#### 1. 两级分选装置

两级分选装置具有两个排料口，分选流程如图 2-2（a）所示。

#### 2. 多级分选装置

多级分选装置有两种，第一种［图 2-2（b）］是多级分选装置的进料中只有两种物质，排料口有多个，每个口都有两种物质，但含量不同；第二种［图 2-2（c）］是多级分选装置的进料中含有多种物质，排料口也有多个。

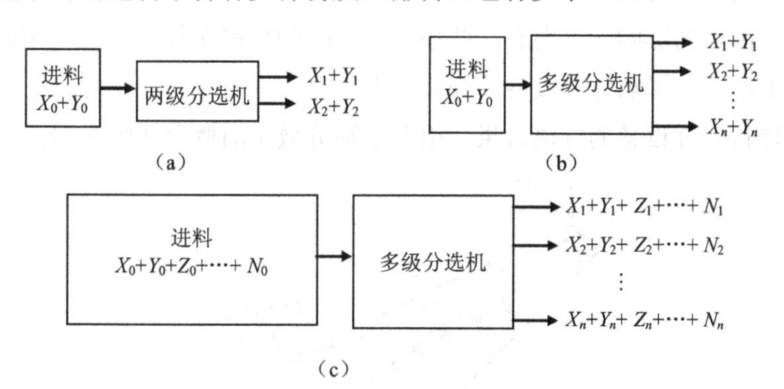


图 2-2　两级和多级分选流程

## （二）筛选（筛分）

### 1. 筛分原理

筛分是利用筛子将不同粒度范围的固体废物颗粒分离出来的过程，是适用于松散物料的干式分离方法。筛分过程由物料分层和细粒透过筛子两个阶段组成，物料分层是完成分离的条件，细粒透过筛子是分离的目的。

为了使不同粒度的废物颗粒通过筛面产生分离，必须使颗粒与筛面间产生相对运动，这种相对运动可以使筛面上的固体废物处于相对松散状态，颗粒较大的废物位于筛面的上层，颗粒较小的废物位于筛面的下层，小颗粒废物通过筛孔达到与大颗粒废物分离的目的；另外这种相对运动还可以使堵在筛孔上的颗粒脱离筛孔，有利于细颗粒废物通过筛孔。

固体废物透筛的难易程度与废物的粒度有关，粒度小于筛孔尺寸 3/4 的颗粒，很容易通过粗粒形成的间隙到达筛面而透筛，这样的废物颗粒称为易筛粒；粒度大于筛孔尺寸 3/4 的则很难通过粗粒形成的间隙到达筛面，且尺寸越接近筛孔尺寸就越难透筛，这种废物颗粒称为难筛粒。

### 2. 筛分效率

理论上，凡是小于筛孔尺寸的固体废物颗粒都能透过筛孔成为筛下产品，大于筛孔尺寸的颗粒将全部留在筛上排出成为筛上产品。但实际上，在筛分过程中由于受多种因素的影响，总会有一些小于筛孔的颗粒留在筛上，随大颗粒废物排出成为筛上产品，影响筛分设备的分离效果。

为了评价筛分设备的分离效果，引入了筛分效率的概念（图 2-3）。

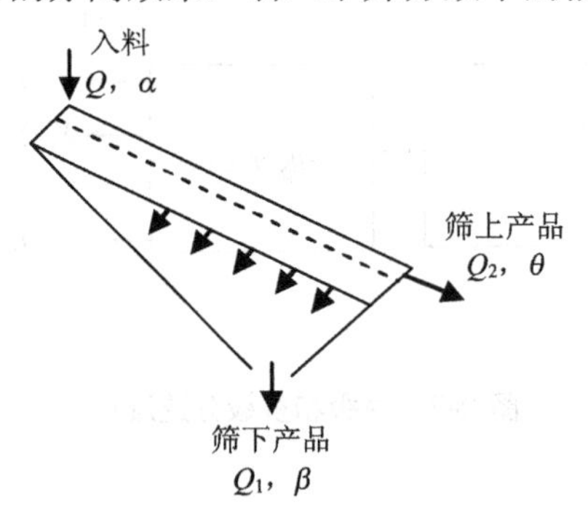


图 2-3 筛分效率的测定方法

筛分效率是指实际得到的筛下产品质量与入筛废物中所含粒径小于筛孔尺寸的废物质量之比，即

$$E = \frac{Q_1}{\alpha Q} \times 100\% \tag{2-7}$$

式中，$E$——筛分效率，%；

$Q_1$——筛下产品质量，t；

$Q$——入筛废物总质量，t；

$\alpha$——入筛废物中粒径小于筛孔尺寸的废物质量百分数，%。

假定筛下产品中无粒径大于筛孔尺寸的颗粒，式（2-8）中固体废物总量（$Q$）等于筛下产品（$Q_1$）与筛上产品（$Q_2$）之和，即

$$Q = Q_1 + Q_2 \tag{2-8}$$

固体废物中小于筛孔尺寸的颗粒质量等于筛下产品与筛上产品中所含小于筛孔尺寸的颗粒质量之和，即

$$\alpha Q = Q_1 + Q_2\theta \tag{2-9}$$

式中，$\theta$——筛上产品中含有小于筛孔尺寸的颗粒质量百分数，%。

由式（2-8）和式（2-9），得

$$Q_1 = \frac{(\alpha - \theta)Q}{1-\theta} \tag{2-10}$$

将式（2-10）代入式（2-7），得

$$E = \frac{\alpha - \theta}{\alpha(1-\theta)} \times 100\% \tag{2-11}$$

式（2-11）是在假设筛下产品全部小于筛孔尺寸的前提下推导出来的，在实际生产过程中由于筛网的磨损，会有一部分筛孔的尺寸大于标准尺寸，因此常有部分大于筛孔尺寸的颗粒进入筛下产品，因此筛分效率的计算公式修正为：

$$E = \frac{\beta(\alpha - \theta)}{\alpha(\beta - \theta)} \times 100\% \tag{2-12}$$

### 3. 常用筛分设备

固体废物处理中常用的筛分设备有固定筛、滚筒筛、振动筛。

(1) 固定筛

固定筛筛面由许多平行排列的筛条组成，可以水平安装或倾斜安装。固定筛又可分为格筛和棒条筛。格筛一般安装在粗碎机之前，保证粗碎机入料的块度适宜。棒条筛主要安装在粗碎和中碎之前，安装倾角应大于废物对筛面的摩擦角，一般为 30°～35°，筛孔尺寸一般不小于 50 mm，适用于筛分粒度大于 50 mm 的大颗粒废物。

(2) 滚筒筛

滚筒筛是一个倾斜的（3°～5°）圆筒，圆筒的侧壁上开有许多筛孔。在传动装置的带动下，筛筒绕轴转动（10～15 r/min），固体废物由筛筒的一端给入，随着筛筒的转动不断翻滚，较小的颗粒由筛孔筛出（图 2-4），筛上产品由筛筒的另一端排出。滚筒筛的主要特点是不易堵塞。

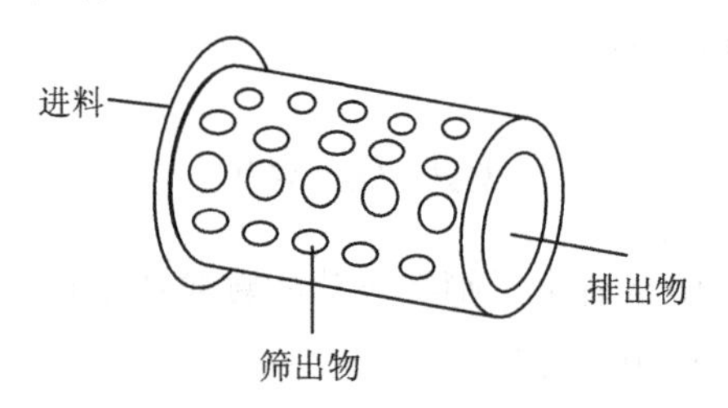


图 2-4 滚筒筛原理

(3) 振动筛

振动筛是工业部门广泛采用的一种筛分设备。振动筛的振动方向与筛面垂直或近似垂直，振幅比较小，频率高。振动筛的倾角一般控制在 8°～40°。振动筛主要有惯性振动筛和共振筛两种。惯性振动筛是通过不平衡旋转产生的离心惯性力使筛箱振动的一种筛子；共振筛是利用连杆上装有弹簧的曲柄连杆机构驱动，使筛子在共振状态下筛分。振动筛筛面的强烈振动消除了筛孔堵塞现象，可用于粗粒、中粒、细粒废物的筛分，还可以用于脱水筛分和脱泥筛分。

#### 4．影响筛分效率的因素

（1）固体废物性质

固体废物性质的影响主要包括固体废物颗粒的粒度组成、颗粒形状、含水率、含泥量等，其中粒度组成对筛分效率影响较大，废物中易筛粒含量越多，筛分效率越高，难筛粒越多，则筛分效率越低；废物颗粒形状对筛分效率也有影响，一般球形、立方形、多边形颗粒筛分效率较高，而扁平状或长方块的颗粒，用方形或圆形筛孔的筛子筛分时效率较低；当废物的含水率较高时，会使废物结团并附着在粗粒上而不易透筛，但如果筛孔较大，较高的含水率则会提高颗粒的活动性，此时水分起了促进小颗粒透筛的作用；当废物的含泥量较高时不利于废物的透筛，因为少量的水分也可能引起小颗粒结团。

（2）筛分设备类型

常见的筛面有棒条筛面、钢板冲孔筛面及钢丝编织筛网三种。其中棒条筛面有效面积小，筛分效率低；编织筛网有效面积大，筛分效率高；冲孔筛面介于两者之间。同一种废物采用不同类型的筛子筛分，效率也不同，一般来说振动筛（90%）＞摇动筛（70%～80%）＞转筒筛（60%）＞固定筛（50%～60%）。对于同一类型的筛子，运动强度不同，其筛分效率也不同。

（3）筛分操作条件

在筛分操作中应注意连续均匀给料，可以充分利用筛面，又便于小颗粒透筛，可以提高筛子的处理能力和筛分效率。

筛子的运动方式和运动强度对筛分效率有很大的影响，如果筛子运动强度不足，物料不易分散和分层，细粒不易透筛，筛分效率不高；如果运动强度过大使废物快速通过筛面排出，筛分效率也不高。

筛面大小和倾角对筛分效率也有影响：当负荷相等时，过窄的筛面使废物层增厚而不利于细粒接近筛面，过宽的筛面使废物的筛分时间太短，一般宽长比为1∶（2.5～3）；筛面安装倾角过小，筛上产品排出速度太慢，倾角过大，废物排出速度快，筛分时间短，筛分效率低，一般筛面倾角为15°～25°。

### （三）重力分选

重力分选是根据固体废物中不同物质之间密度的差异，在运动介质中利用重力、介质动力或机械力的作用使固体废物颗粒产生松散分层和迁移分离，从而得到不同密度产品的分选过程。重力分选的介质有空气、水、重液（密度大于水的液体）和重悬浮液等。

固体废物重力分选的方法较多，按作用介质的不同可分为风力分选、跳汰分选、重介质分选、摇床分选等。

### 1. 风力分选（风选、气流分选）

风力分选是以空气为分选介质，将轻物料从重物料中分离出来的一种方法。图 2-5 为风力分选装置。在分选过程中，通过气流将较轻的废物向上带走或在水平方向上带向较远的地方，重的废物向下沉降。

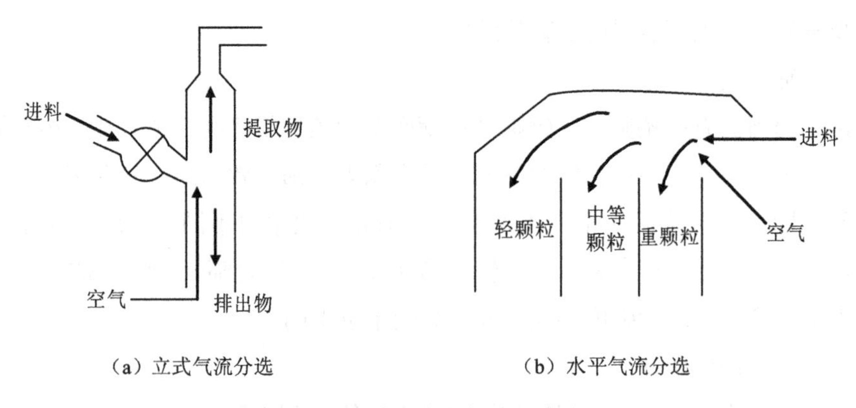


**图 2-5 立式和水平气流分选装置**

### 2. 跳汰分选

跳汰分选通常用水作为介质，也称水力跳汰，是在垂直脉冲介质流中固体废物颗粒群反复交替膨胀收缩，按密度分选固体废物的一种方法。跳汰分选的原理如图 2-6 所示，固体废物在水介质中受到脉冲力的作用，物料层不断被冲起又落下，颗粒之间频繁接触，逐渐形成一个按密度分层的床面。当床面浮起时，轻质颗粒加速较快，运动到床面物上层；当床面落下时，重质颗粒加速较快，钻入床面物的下层，这样就逐渐形成了一个按密度分层的床面，密度小的轻颗粒进入上层，被水平水流带出成为轻产物，密度大的重颗粒集中于底层，成为重产物，其中小而重的颗粒会透筛成为筛下产品。

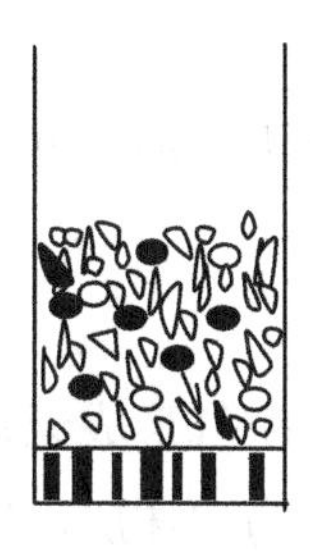
（a）固体颗粒混杂堆积

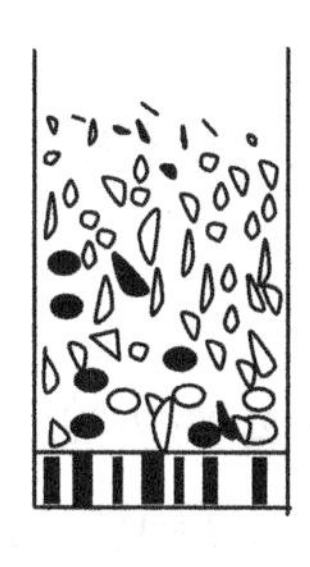
（b）上升水流将颗粒抬起

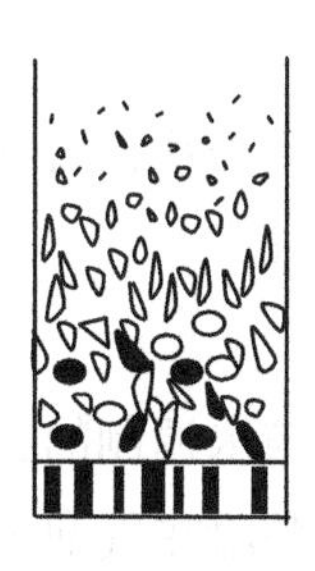
（c）颗粒在水流中沉降分层

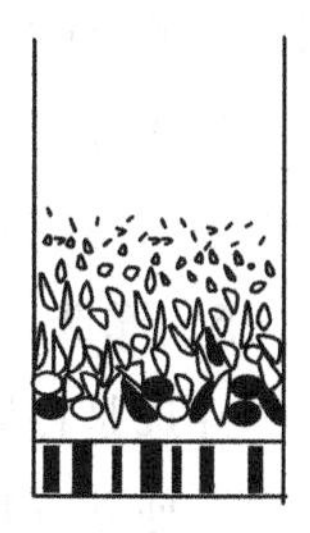
（d）下降水流使重颗粒进入底层

**图 2-6　跳汰分选的分层过程**

### 3. 重介质分选

重介质指的是密度大于水的重液和重悬浮液。重介质密度一般介于大密度和小密度固体废物颗粒之间。设重介质的密度为$\rho$，若小密度颗粒的密度$\rho_{s1}<\rho$，小密度颗粒将悬浮；若大密度颗粒的密度$\rho_{s2}>\rho$，大密度颗粒将下沉，从而可利用颗粒的密度差实现废物分离。

重液是一些可溶性的高密度盐溶液（如$CaCl_2$、$ZnCl_2$等）或高密度的有机液体（如$CCl_4$、$CHCl_3$、$CHBr_3$、四溴乙烷与丙酮的混合物、五氯乙烷等）。重悬浮液是在水中添加高密度的固体颗粒而构成的固液两相分散体系，其密度可随固体颗粒的种类和含量而变。重悬浮液的加重质通常是硅铁、方铅矿、磁铁矿、黄铁矿等。

### 4. 摇床分选

摇床分选是使固体废物颗粒群在倾斜的床面上，借助床面的不对称往复运动和薄层斜面水流的综合作用，使小颗粒固体废物按密度差异在床面上呈扇形分布而进行分选的一种方法。

在摇床分选的过程中，由给水槽向倾斜床面布水，形成一均匀的薄层水流；固体废物由给料槽供入做变速运动的床面，其方向与水流方向垂直。这时，颗粒群在重力、水流冲力、床层摇动产生的惯性力和摩擦力等的综合作用下，由密度差异产生松散层，并且不同密度和粒度的颗粒以不同的速度沿床面做纵向和横向运动，它们的合速度偏离方向各异，使不同密度的颗粒在床面上呈扇形分布，达到分离的目的。

摇床分选目前主要用于从含硫铁矿较多的煤矸石中回收硫铁矿。摇床分选设备中最常用的是平面摇床。

5．浮选

浮选是在固体废物与水调制的料浆中加入浮选药剂，并通入空气形成无数小气泡，使欲选物质颗粒黏附在气泡上，随气泡上浮于料浆表面成为泡沫层，然后刮出泡沫层回收，其余颗粒仍留在料浆内，经过适当处理后废弃。

物质表面的亲水、疏水性能是影响浮选效果的重要因素之一。亲水性物质不易黏附在气泡上，而疏水性物质容易黏附在气泡上。在浮选工艺中，物质的亲水性或疏水性可以通过添加浮选药剂来改变。根据浮选药剂在浮选过程中的作用，可分为捕收剂、气泡剂和调整剂三种。捕收剂能够选择性地吸附在欲选物质的颗粒表面上，使其疏水性增强，提高可浮性；气泡剂是一种表面活性物质，主要作用于水-气界面上，使其界面张力降低，促使空气在料浆中弥散，形成小气泡，防止气泡兼并，增大分选界面，提高气泡与颗粒的黏附和上浮过程中的稳定性，保证气泡上浮形成泡沫层；调整剂主要是调整其他药剂（主要是捕收剂）与物质颗粒表面之间的作用，还可调整料浆的性质，提高浮选过程的选择性。

6．惯性分选

惯性分选又称弹道分选，是采用高速传输带、旋流器或气流等水平抛射粒子，利用由于密度、粒度不同而形成的惯性差异使粒子沿抛物线运动轨迹不同的性质，达到分离的目的。常用的惯性分选器有弹道分选器、旋风分选器、振动板以及倾斜的传输带、反弹分选器等。

### （四）磁力分选（磁选）

1. 原理

磁选是利用固体废物中各种物质的磁性差异在不均匀磁场中进行分选的一种处理方法。磁选过程如图 2-7 所示，将固体废物输入磁选机后，磁性颗粒在不均匀磁场作用下被磁化，受磁场吸引力的作用，磁性颗粒被吸在圆筒上，并随圆筒进入排料端排出。非磁性颗粒由于所受的磁场作用力很小，仍留在废物中而被排出。

固体废物颗粒通过磁选机的磁场时，同时受到磁力和机械力（包括重力、离心力、摩擦力等）的作用。磁性强的颗粒所受的磁力大于其所受的机械力，而非磁性颗粒所受的磁力很小，机械力占优势。由于作用在各种颗粒上的磁力和机械力的合力不同，使它们的运动轨迹也不同。磁性颗粒分离的必要条件是磁性颗粒所受的磁力必须大于与它方向相反的机械力的合力，即$f_{磁}>\sum f_{机}$。

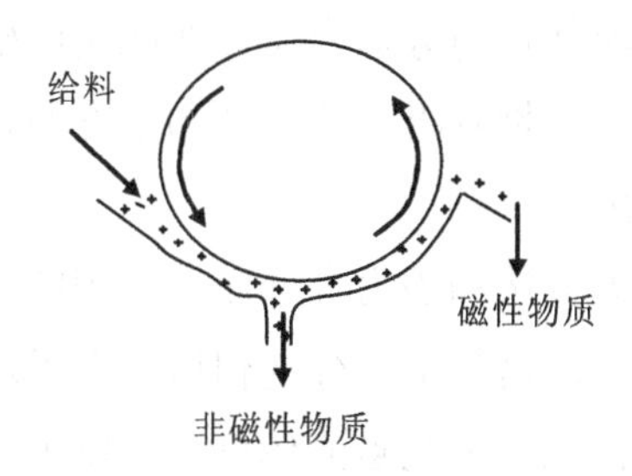


图 2-7　固体颗粒在磁场中的分离过程

## 2. 磁选机的磁场

磁选机内能使磁体产生磁力作用的空间，称为磁选机的磁场。磁场可分为均匀磁场和非均匀磁场两种。均匀磁场中各点的磁场强度大小、方向一致；非均匀磁场中各点的磁场强度大小和方向都是变化的，这种非均匀性可用磁场梯度来表示。磁场梯度就是磁场强度随空间位移的变化率，用 $\mathrm{d}H/\mathrm{d}r$ 表示。磁性颗粒在均匀磁场中只受转矩的作用，其长轴方向平行于磁场方向，在磁场中只发生转动；非均匀磁场中磁性颗粒同时受转矩和磁力的作用，因此它既发生转动，也发生向磁场梯度增大方向的平移运动，最终被吸附在磁极的外表面上，实现磁性不同的固体废物颗粒之间的分离。

## 3. 固体废物中各种磁性物质的分类

根据比磁化系数（$x_0$）的大小，可将固体废物中的物质分为以下 3 类。

①强磁性物质：$7.5\times10^{-6}$ m³/kg$\leqslant x_0\leqslant 38\times10^{-6}$ m³/kg，在弱磁场磁选机中可分离出这类物质。

②弱磁性物质：$0.19\times10^{-6}$ m³/kg$\leqslant x_0<7.5\times10^{-6}$ m³/kg，在强磁场磁选机中可分离出这类物质。

③非磁性物质：$x_0<0.19\times10^{-6}$ m³/kg，在磁选机中可以与磁性物质分离。

### （五）磁流体分选

磁流体是能够在磁场或磁场和电场的联合作用下磁化，发生似加重现象对固体废物颗粒产生磁浮力作用的稳定分散液。磁流体通常采用强电解质溶液、顺磁性溶液和铁磁性胶体悬浮液。

磁流体分选是利用磁流体作为分选介质，在磁场或磁场和电场的联合作用下产生“加重”作用，按固体废物各组分的磁性和密度的差异或磁性、导电性和密度的差异，使不同组分分离。

磁流体分选是一种重力分选和磁力分选联合作用的分选过程。各种物质在似加重介质中因密度差异分离，这与重力分选相似；在磁场中各种物质因磁性或导电性差异分离，这与磁选相似。因此磁流体分选不仅可以将磁性和非磁性物质分离，也可以将非磁性物质按密度差异分离。当固体废物中各组分间磁性差异小而密度或导电性差异较大时，采用磁流体可以有效地进行分离。磁流体分选可以分离各种工业固体废物，而且可以从城市垃圾中回收铝、铜、锌、铅等金属。

### （六）电力分选（电选）

电选是利用固体废物中各种组分在高压电场中的电性差异来实现分选的。

固体废物可分为电的良导体、半导体和非导体，它们在高压电场中有着不同的运动轨迹，在机械力的共同作用下，可将它们有效分离。

电选过程是在电选设备中进行的，如图 2-8 所示，当废物均匀进入电场区后，导体和非导体颗粒都获得负电荷，导体颗粒界面电阻接近于零，把电荷传给辊筒，放电速度快；而非导体颗粒界面电阻大，放电速度慢。当固体废物颗粒随辊筒转动离开电场区而进入静电场区时，导体颗粒的剩余电荷少，非导体颗粒的剩余电荷多，而且导体颗粒继续放电直至放完全部负电荷，并从辊筒上得到正电荷而被辊筒排斥，在电力、离心力和重力分力的综合作用下，其运动轨迹偏离辊筒，在辊筒前方落下；非导体颗粒由于有较多的剩余负电荷，将与辊筒相吸，被吸附在辊筒上，带到辊筒后方，被毛刷强制刷下；半导体颗粒的运动轨迹介于导体与非导体颗粒之间，成为半导体产品落下，从而完成电选分离过程。

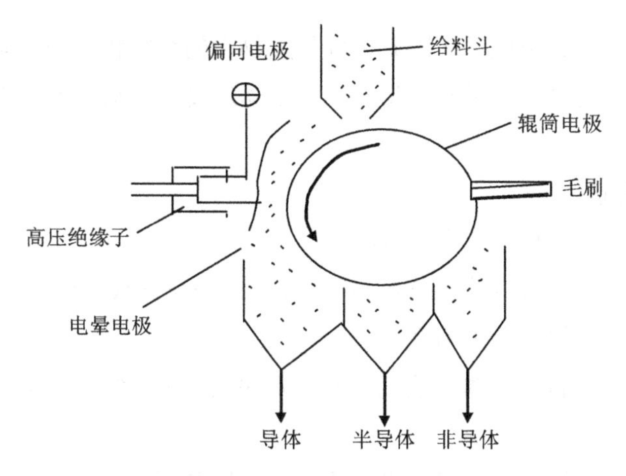


**图 2-8　电选的分离过程**

电选操作简便、有效，主要用于：塑料、橡胶、纤维、废纸、合成皮革、树脂等与某种物料的分离；各种导体和绝缘体的分离；工厂废料（如旧型砂、磨削废料、高炉石墨、煤渣和粉煤灰等）的回收。

## （七）其他分选方法

### 1．摩擦和弹跳分选

摩擦和弹跳分选是根据固体废物中各种组分的摩擦系数和碰撞恢复系数的差异，在斜面上运动或与斜面碰撞弹跳时产生不同的运动速度和弹跳轨迹而实现彼此分离的一种分选技术。

固体废物从斜面顶端给入并沿着斜面向下运动时，其运动方式随颗粒的形状或密度的不同而不同，其中纤维状物质或片状物质几乎全靠滑动，球形颗粒有滑动、滚动和弹跳三种运动方式。当颗粒单体（不受干扰）在斜面上向下运动时，纤维体或片状体的滑动运动加速度较小，运动速度不快，因此，脱离斜面抛出的初速度较小；而球形颗粒是滑动、滚动和弹跳相结合的运动，运动加速度较大，运动速度较快，所以脱离斜面抛出的初速度较大。当废物离开斜面抛出时又受空气阻力的影响，抛射轨迹并不严格按照抛物线前进。其中纤维状物质受空气阻力较大，在空气中减速快，抛射轨迹严重不对称（开始接近抛物线，最后接近垂直下落），抛射距离不远；球形颗粒所受空气阻力较小，运动速度减速较慢，抛射轨迹基本对称，抛射距离较远。因此，固体废物中的纤维状废物、颗粒状废物和片状废物在斜面上运动或弹跳时产生不同的运动速度和运动轨迹，因而可以有效实现分离。

2．光电分选

光电分选系统由以下3个部分组成。

①给料系统：进入给料系统前，应预先进行筛分分级，并清除废物中的粉尘，以保证信号清晰，提高分离精度。

②光检系统：包括光源、透镜、光敏元件及电子系统等，是光电分选机的核心部分。

③分离系统：固体废物经过光检系统后，检测所收到的光电信号经电子电路放大，与规定值进行比较处理，然后驱动执行结构，将其中一种物质从废物中分离出来。

## 四、固体废物的固化

固体废物的固化是将有毒有害的污染物、放射性废物等转变为低溶解性、低迁移性的稳定物质的过程。固化是有毒有害废物的预处理过程，可使废物具有长期的物理和化学稳定性，并且具有较高的强度，便于运输和管理。

固化技术是从放射性废物处理中发展起来的，在国外已经应用多年。处理的废物已扩展到了其他有毒有害废物，如电镀污泥、砷渣、汞渣、铬渣和氰渣等。

### （一）固化处理的评价

固化处理的评价指标主要有固化体的浸出率、体积变化因数和抗压强度。浸出率是指固化体浸在水中或其他溶液中时，有害物质的溶解性能和浸出速度，是评价固化体产品性能最重要的指标。体积变化因数指的是固化处理前后危险废物的体积比，是评价固化方法好坏和衡量最终处置成本的重要指标，其大小取决于掺入固化体中的盐量和可接受的有毒有害物质的水平。为了能够安全贮存，避免固化体破碎或散裂，从而增加暴露的表面积和污染环境的可能性，固化体必须具有一定的抗压强度。

## （二）固化处理方法

常用的固化处理方法有水泥固化、塑料固化、沥青固化等。

### 1. 水泥固化

水泥是最常用的危险废物固化剂。水泥固化通常是把有害固体废物、水泥和其他添加剂一起与水混合，经过一定时间的养护形成坚硬的固化体。水泥固化体具有长期的稳定性，但浸出率较高。

在水泥固化过程中要严格控制以下 4 个固化条件。

①pH：要根据废物中不同金属离子的溶解度和形成羟基络合物的条件来控制pH。

②水泥和固体废物的量比：根据试验确定，因为固体废物中往往存在妨碍水合作用的成分，它们的干扰程度是难以估计的。

③凝固时间：可以通过加入促凝剂（如偏铝酸钠、氯化钙等）、缓凝剂（有机物、泥沙等）等来控制凝固时间。

④添加剂：为减小有害物质的浸出速率，可以加入适当的添加剂。

水泥固化的混合方法包括外部混合法、容器内混合法和注入法。外部混合法是将固体废物、水泥、添加剂和水放入单独的混合器进行混合，经过充分搅拌后再注入容器中进行处置，其优点是所需设备较少，缺点是会产生一定量的废水。容器内混合法是将固体废物、水泥直接在最终处置使用的容器内进行混合，然后用可移动的搅拌装置进行搅拌，其优点是不存在二次污染。注入法是先将不易搅拌的固体废物放入桶内，然后将制备好的水泥浆料注入。

### 2. 塑料固化

塑料固化是以塑料为固化剂与有害固体废物进行混合，并加入适量的催化剂和填料。塑料固化可分为热塑性固化和热固性固化两种。热塑性塑料包括聚乙烯、聚氯乙烯树脂等，在常温下呈固态，高温时变为熔融液体，将有害固体废物包容在其中，冷却后形成塑料固化体；热固性塑料包括脲醛树脂和不饱和聚酯等，与有害固体废物混合后，在常温或加热下发生固化，在每个废物颗粒的周围形成一层不透水的保护膜。塑料固化体耐老化性能较差，处置时需要有容器包装。

### 3. 沥青固化

沥青为热塑性物质，在高温熔融状态下与有害固体废物混合，待冷却后，废物为沥青所包容，包容后的废物可以再经过一定的包装后进行处置。沥青固化法的浸出率受沥青的类型、有害固体废物量、残余水分和表面活性剂等的影响，其固化体强度低，且易燃。

## 习题与思考题

1. 简述固体废物分类收集的重要性。
2. 简述固体废物分选的方法与原理。
3. 简述固体废物的固化及其应用。

# 第三章　固体废物的焚烧与热分解

## 第一节　固体废物的焚烧处理技术

焚烧是一种高温热处理技术，是以一定量的过剩空气与被处理的有机废物在焚烧炉内进行氧化燃烧反应，减少废物中的有毒有害物质及可燃废物的含量，使废物变成惰性残余物的处理方法。焚烧是一种可同时实现废物无害化、减量化和资源化的处理技术。

焚烧处理的主要目的在于通过焚烧提高资源效率、低成本地实现垃圾的减容化、减量化、稳定化、无害化和资源化，进而延长最终处置场的寿命及降低运输成本。

### 一、焚烧处理废物的类型

焚烧法既可以处理固体废物，也可以处理液体废物和气体废物；既可以处理城市垃圾和一般工业废物，也可以处理危险废物。总的来说，适宜焚烧处理的废物可燃有机成分含量多、热值高，如果废物中可燃有机物组分的含量较少，需补加大量燃料，会使运行费用增高。

可用焚烧技术处理的废物主要有废溶剂、废油、油乳化物、油混合物、塑料、橡胶和乳胶废物、医院废物、农药废物、制药废物、精炼废物（如酸渣、焦油和废黏土）、含酚废物、油脂和蜡废物、被有害化学物污染的固体物质（如含油土壤、含 PCB 电容器）等。

## 二、焚烧处理技术的特点

焚烧处理技术在处理城市垃圾方面具有许多独特的优点，具体表现在以下 4 个方面：①经焚烧处理后，垃圾中的细菌、病毒等病原体被彻底消灭，在燃烧过程中产生的有毒有害气体和烟尘经处理后能够达到排放要求，无害化程度高；生活垃圾中带恶臭的氨气和有机废气被高温分解。②经过焚烧处理后，垃圾中的可燃成分被高温分解，一般可减重 80%，减容 90%以上，减量效果好，可节约大量填埋场占地，提高垃圾填埋场的利用效率。③垃圾焚烧所产生的高温烟气，其热能被废热锅炉吸收转变为蒸汽，用来供热或发电，可降低废物焚烧处理成本，实现垃圾处理的资源化。④垃圾焚烧厂占地面积小，可以靠近市区建厂，节约土地资源、运输和管理成本。⑤焚烧处理可全天候运行，不易受天气影响。

焚烧法也有一些局限性，具体表现在以下 4 个方面：①焚烧法一次性投资大，占用资金周期长；②焚烧对垃圾的热值有一定的要求，一般不能低于 3 360 kJ/kg，限制了其应用范围；③焚烧过程可能产生二噁英等较为严重的污染问题，需要投入大量的资金治理；④为了提高废物的热值，有些废物（如纸张）包含在焚烧收集物中，可能影响这类废物的回收利用。

## 三、固体废物的焚烧过程

固体废物的燃烧过程比较复杂，通常由热分解、熔融和化学反应等传热、传质过程组成。根据可燃物的种类，燃烧方式可分为蒸发燃烧、表面燃烧和分解燃烧。

①蒸发燃烧：固体废物受热首先熔化成液体，然后化成蒸汽，与空气混合后燃烧，如蜡烛的燃烧。

②表面燃烧：受热后不发生熔化、蒸发和分解等，在固体表面与空气进行燃烧，如木炭、焦炭等的燃烧。

③分解燃烧：固体废物受热后首先分解，较轻的碳氢化合物挥发，与空气混合后燃烧，固定碳和惰性物质留下，固定碳的表面与空气接触进行表面燃烧，如木材和纸的燃烧。

固体废物的焚烧是蒸发燃烧、表面燃烧和分解燃烧的综合，根据时间顺序，可将固体废物的焚烧过程分为干燥、热分解和燃烧3个过程。

①干燥是利用热能使固体废物中的水分汽化，并排出水蒸气的过程。城市生活垃圾的含水率较高（一般可达30%～40%，甚至更高），因此其干燥过程会消耗很多热能。固体废物的含水率越高，干燥所需时间越长，焚烧炉内的温度降低越大，对焚烧阶段的影响越大。

②热分解是固体废物中多种有机可燃物质在高温作用下分解或聚合的化学反应过程，反应产物包括各种烃类、固定碳和一些不完全燃烧物质。热分解速度与热分解温度、传热速度和传质速度有关，热分解温度、传热速度及传质速度越高，热分解速度越快。

③燃烧是固体废物中的有机可燃物质在有氧条件下进行的快速、剧烈的氧化反应过程，同时释放一定热量。固体废物经干燥、热分解后形成的产物与空气充分混合并达到着火所需的必要条件时就会发生燃烧。固体废物的燃烧可分为完全燃烧和不完全燃烧，完全燃烧的产物是$CO_2$和$H_2O$，不完全燃烧的产物是CO或其他可燃有机物。

## 四、影响固体废物燃烧的因素

影响固体废物燃烧的因素主要有固体废物的性质、焚烧温度、停留时间、湍流度和过剩空气率等。

### 1. 固体废物的性质

固体废物的热值、组分、含水率、粒度等是影响固体废物燃烧的主要因素。热值越高的废物，越容易燃烧；含水率越小的废物，越容易燃烧；粒度越小的废物，单位比表面积越大，越容易燃烧。

### 2. 焚烧温度

焚烧温度指固体废物中有害组分在高温下氧化、分解直至破坏需要达到的温度，它比废物的着火点高得多。焚烧温度越高，固体废物的燃烧速度越快，未燃烧废物剩余越少，危害性副产品生成的可能性也越低。一般来说，提高焚烧温度有利于有机毒物的分解和破坏，抑制黑烟产生，但过高的温度不仅增加了燃料的消耗量，而且增加了废物中金属的挥发量和氧化氮的产生量，易引起二次污染。合适的焚烧温度是在一定的停留时间下经试验确定的。如彻底破坏碳氢化合物需要的温度为 900～1 100℃；对于氯化溶剂和其他难以焚烧的废物，甚至需要 1 100～1 300℃；打破分子链的温度需要超过 1 200℃；在 900℃以下进行焚烧，会产生二噁英等有害物；在 800℃下，有可能发生不完全燃烧并且导致炭黑生成。所以大多数有机物的焚烧温度在 800～1 100℃。

### 3. 停留时间

固体废物中的有害组分在焚烧过程中发生氧化、燃烧反应，使有害物质变成无害物质所需的时间称为焚烧停留时间。固体废物在高温条件下需要保持足够的时间，保持时间越长，有毒有害物质被破坏的可能性就越大。一般气体物质的停留时间最短为 2 s，固体物质停留时间则是几分钟到几小时。停留时间的长短主要取决于固体废物的粒度和含水率。固体废物的粒径越小，比表面积越大，与空气接触面积越大，越利于燃烧，燃烧速度越快，在焚烧炉内的停留时间就越短；固体废物的含水率越高，则所需要干燥的时间就越长，在焚烧炉内停留的时间也就越长。

### 4. 湍流度

湍流度也称混合强度，指固体废物与助燃空气的混合程度。混合程度越好，废物与空气接触越充分，燃烧反应进行得越完全。所以，为了加强废物和空气的混合程度，通常需要扰动。常用的扰动方式有空气流扰动、机械炉排扰动、流态化扰动和旋转扰动等。

### 5. 过剩空气率

在实际的焚烧系统中，氧气与可燃物无法完全达到理想的混合及反应程度，为了使燃烧完全，需要提供比理论空气量更多的空气，保证氧化过程占主导地位，同时使热解过程最小化。但过量的空气也会降低焚烧炉内的温度，从而降低燃烧速度。一般来说，固体废物焚烧过程中的需氧量应比理论量高 50%～100%。

在实际操作中，需根据上述影响因素对焚烧进行控制。通常把温度（Temperature）、停留时间（Time）、湍流度（Turbulence）（一般称为“3T”）和过剩空气率称为焚烧四大控制参数。

## 五、焚烧处理技术指标

在实际焚烧处理的过程中，由于操作条件未达到理想效果，致使垃圾燃烧不完全。评价焚烧效果最直接的方法是通过肉眼观察垃圾焚烧产生烟气的“黑度”来判断焚烧效果，烟气越黑，焚烧效果越差。另外，还可以用以下 4 项技术指标来评价焚烧效果。

**1. 减量比（MRC）**

减量比是可燃废物经焚烧处理后的质量减少量占废物投加总质量的百分数，是衡量焚烧处理废物减量化效果的重要指标，可以用式（3-1）来表示：

$$\mathrm{MRC}=\frac{m_b-m_a}{m_b-m_c}\times100\% \tag{3-1}$$

式中，MRC——减量比，%；

$m_a$——焚烧残渣的质量，kg；

$m_b$——投加的废物质量，kg；

$m_c$——残渣中不可燃废物质量，kg。

**2. 热灼减量（$Q_R$）**

热灼减量是指焚烧残渣在（600±25）℃经 3 h 灼烧后减少的质量占原焚烧残渣质量的百分数，计算式如下：

$$Q_R=\frac{m_a-m_d}{m_a}\times100\% \tag{3-2}$$

式中，$Q_R$——热灼减量，%；

$m_a$——焚烧残渣在室温时的质量，kg；

$m_d$——焚烧残渣在（600±25）℃经 3 h 灼烧后冷却至室温的质量，kg。

**3. 燃烧效率及破坏去除效率**

①燃烧效率（CE），是评价焚烧处理城市垃圾及一般工业废物是否达到预期处理效果的指标，计算公式如下：

$$\mathrm{CE}=\frac{[CO_2]}{[CO_2]+[CO]}\times100\% \tag{3-3}$$

式中，$[CO_2]$、$[CO]$——烟道气中 $CO_2$、CO 气体的浓度。

②破坏去除效率（DRE），是评价焚烧处理危险性废物是否达到处理效果的指标，定义如下：

$$DRE = \frac{W_{in} - W_{out}}{W_{in}} \times 100\% \quad (3-4)$$

式中，$W_{in}$——进入焚烧炉的有机有害成分的质量流率，%；

$W_{out}$——从焚烧炉流出的有机有害成分的质量流率，%。

DRE 主要是评价难以焚烧处理的有害废物（如 PCBs）的破坏去除状况，如果这些废物能被充分破坏，那么所有其他易燃废物也将被破坏。最新的高温焚烧炉对 PCBs 的破坏去除效率可达 99.999 9%。

#### 4. 烟气排放浓度限制指标

废物在焚烧过程中会产生一系列新污染物，可能造成二次污染。对焚烧设备排放的大气污染控制项目有以下 4 个方面：①烟尘，常将颗粒物、黑度、总碳量作为控制指标；②有害气体，主要包括 $SO_2$、HCl、HF、CO 和 $NO_x$ 等；③重金属元素单质或其他化合物，如 Hg、Cd、Pb、Ni、Cr、As 等；④有机污染物，如二噁英类物质，主要包括多氯代二苯并-对-二噁英（PCDDs）和多氯代二苯并呋喃（PCDFs）。

## 六、城市固体废物焚烧废气及污染控制

城市固体废物焚烧废气中的有害成分主要包括烟尘、氯化氢（HCl）、硫氧化物（$SO_x$）、氮氧化物（$NO_x$）、Hg、二噁英等，它们是环境污染防控的主要对象。

### （一）焚烧废气中的有害成分

#### 1. 烟尘

烟尘是固体废物在焚烧过程中产生的飞散颗粒状物质，主要包括：焚烧炉内的空气和燃烧的废气向上吹起的微小颗粒物；高炉内蒸发汽化的盐类、重金属等在废气冷却过程中凝聚形成的颗粒物和在化学反应中生成的颗粒物；气体未燃烧物和屑状飞散颗粒物。其性质和组成因固体废物的组成、焚烧方式、燃烧条件（燃烧负荷、空气比等）及气体冷却方式等的不同而不同。固体废物组分中的碳氢比（C/H）决定了其发烟程度，C/H 越大，越容易发烟。一般来说，醇类、醚类等含氧碳氢化合物很少发烟，含氧化合物、烷烃、烯烃、二烯烃、苯系、萘系化合物的发烟倾向依次变大。

烟尘的成分比较复杂，含有各种重金属，主要有Cd、Pb、Zn、Hg、Ca、Al、Fe、Mg、Mn、Cu、Cr等；碳的含量为1.5%～4%；水溶性物质含量为50%～60%。另外，烟尘还具有吸湿性，因此在处理时需特别注意。

### 2. 氯化氢（HCl）

焚烧废气中的HCl主要来源于氯乙烯系列塑料，另外食盐等无机氯化物和水、$SO_2$、$O_2$反应生成HCl，反应方程如下：

$$2NaCl + H_2O + SO_2 + 0.5O_2 \longrightarrow Na_2SO_4 + 2HCl$$

垃圾中HCl的含量随区域和垃圾收集形式的变化而变化。在垃圾分类收集区HCl的含量较低（400～600 ppm①）；在混合垃圾收集区其含量较高（500～800 ppm）；在一般事业性单位垃圾收集区HCl的含量偏高。焚烧废气中的HCl可用干式、半干式、湿式设备处理。

### 3. 硫氧化物（$SO_x$）

垃圾中的纸类、蛋白质类的厨房垃圾及含硫橡胶等都含有硫元素。垃圾中硫的总含量为0.05%～0.2%，其中挥发性的硫约为0.03%。焚烧废气中的$SO_x$以$SO_2$和$SO_3$为主，在除尘器出口处的含量为98%以上。

### 4. 氮氧化物（$NO_x$）

焚烧废气中$NO_x$的含量一般为100～150 ppm。$NO_x$的来源主要为燃料中的有机氮（含有蛋白质的厨房垃圾、氨基甲酸乙酯、三聚氰胺和尿素等，含有氮元素的树脂等）氧化生成的燃料性$NO_x$和空气中氮氧化生成的热性$NO_x$。在垃圾焚烧中，$NO_x$中95%以上是NO，只有不到5%是$NO_2$。近年来，作为温室气体的$N_2O$也引起了人们的注意。

### 5. 汞（Hg）

在焚烧废气中，汞的含量为0.1～0.5 mg/m$^3$，其主要来源于废干电池、体温计和荧光灯等。废气中的汞主要有氯化汞（$HgCl_2$）、金属汞（Hg）、氧化汞（HgO）和氯化亚汞（$Hg_2Cl_2$）等。汞在焚烧炉内变成蒸气，在冷却过程中与废气中的HCl反应有80%～90%转化为$HgCl_2$。炉内温度越高，HCl浓度越高，$HgCl_2$的转化率越高。

① 1 ppm=$10^{-6}$。

### 6. 二噁英类物质

二噁英类物质是由两个氧键连接两个苯环的有机氯化合物，它的毒性比氰化物大 1 000 倍，在本质上和 CO、碳氢化合物等一样，是一种不可燃的物质，在高温下可以分解。因此可以用“3T”法（Temperature，维持高温分解温度；Time，有充分的时间进行分解；Turbulence，防止温度偏移和短距离传递，使其与气体充分混合）在焚烧炉内抑制二噁英的生成。由此可知，如果能够使未燃烧的碳、各种碳氢化合物以及初级颗粒的氯苯、氯酚等有机氯化物充分燃烧，就可以减少二噁英类物质的产生。

## （二）焚烧废气的污染控制

固体废物的焚烧过程会产生大量的酸性气体和未完全燃烧的有机组分，这些物质如果直接进入环境，必然会导致二次污染，因此需对其进行适当的处理。

固体废物焚烧采用的空气污染控制技术主要有湿式、干式及半干式 3 种。湿式处理技术使用湿式洗气器、静电除尘器或湿式洗气塔，湿式洗气器或静电除尘器去除粉尘，湿式洗气塔去除酸性气体；干式处理技术使用干式洗气塔、静电除尘器或布袋除尘器，干式洗气塔去除酸性气体，静电除尘器或布袋除尘器去除粉尘；半干式处理技术使用半干式洗气塔、静电除尘器或布袋除尘器，半干式洗气塔去除酸性气体，静电除尘器或布袋除尘器去除粉尘。

焚烧废气中的二氧化硫和盐酸等酸性气体是废气污染控制的主要物质，它们分别是含硫化合物和含氯化合物焚烧的产物。由于它们都是可溶于水的，可以用水喷射的方法把它们从烟道气流中除去，已有多种这方面的技术。溶解了这些气体的酸性溶液用碱性溶液中和后再排入下水道。

烟尘的防治方法一般是在煤烟尚未凝集变大时，增加氧气浓度，提高温度，加速煤烟的燃烧。

焚烧过程中产生的有机组分比较复杂，既含有原固体废物中的有害组分及其分解物，也含有焚烧过程中生成的比原组分更具毒性的新有机物，其中最典型的是二噁英类物质。二噁英的处置采用流动焚烧系统，整个系统由焚烧炉、燃烧气连续测定仪和气体净化器组成，该系统对固体及液体中二噁英的破坏去除率达 99.999 9%。

固体废物在焚烧过程中产生的恶臭物质多为未完全燃烧的有机硫化物或氮化物

等。恶臭的防治通常有以下 5 种方法：①利用辅助燃料将焚烧温度提高到 1 000℃，使恶臭物质完全燃烧；②利用催化剂在 150～400℃下进行催化燃烧；③利用水或酸、碱溶液对恶臭物质进行吸收；④利用活性炭、分子筛、土粒、干鸡粪等作为吸附剂吸附废气中的恶臭物质；⑤采用冷却的方法，将废气进行冷却，使恶臭物质冷却成液体从而与气体分离。其中燃烧法的净化效果最好，不会产生二次污染。

## 七、热能的再利用

燃烧室排放的气体温度一般在 1 100～1 200℃，具有很大的热能再利用潜力。若将热能回用于发电、供暖等，可节约燃料资源。

热能再利用的主要形式有直接利用、发电、热电联供等。

（1）直接利用

将垃圾焚烧产生的烟气余热转换为蒸汽、热水和热空气是热能直接利用的主要形式。通过布置在垃圾焚烧炉之后的余热锅炉或其他热交换器，将烟气热量转换成一定压力和温度的热水、蒸汽以及一定温度的助燃空气，向外界直接提供，这种形式的热利用率高，投资少，适合于小规模（处理量为 100 t/d）的垃圾焚烧设备和垃圾热值较低的小型垃圾焚烧厂。热水和蒸汽除了可提供焚烧厂本身的生产和生活需要，还可向外界小型企业或农业用户提供（如供蔬菜、瓜果和鲜花暖棚用热）。

（2）发电

垃圾焚烧产生的热能被中间介质（水）吸收后转变为具有一定压力和温度的过热蒸汽，过热蒸汽驱动汽轮发电机组，将热能转变为电能。但是在热能转变为电能的过程中，热能损失比较大，热能利用率太低，仅为 13%～22.5%。

（3）热电联供

如果采用热电联供，将发电、区域性供热、工业供热等结合起来，则焚烧厂的热能利用率会大大提高，一般可达 50%，甚至可以达到 70%。常见的热电联供方式有“发电＋区域性供热（或供冷）”“发电＋工农业供热”“发电＋区域性供热＋工业供热（或供冷）”。

## 八、焚烧设备

传统的生活垃圾焚烧炉主要有固定炉排式焚烧炉、机械炉排式焚烧炉、回转窑焚烧炉和流化床焚烧炉等。近年来，为了解决固体废物焚烧过程中产生二噁英等毒性物质的污染问题，美国、德国、日本等国家研制了新型的二噁英零排放固体废物焚烧炉。

### 1. 固定炉排式焚烧炉

将废物置于固定的炉排上进行焚烧的炉子称为固定炉排式焚烧炉。固定炉排式焚烧炉只能手工操作、效率低，垃圾在炉内不搅动，燃烧不彻底，近年来该类焚烧炉基本被淘汰。

### 2. 机械炉排式焚烧炉

机械炉排式焚烧炉也称为活动炉排焚烧炉，主要由垃圾供料斗、垃圾推料机、炉排、炉排条、出渣机等组成。固体废物供到炉排上，助燃空气从炉排下供给，废物在炉内经过干燥、燃烧和燃尽阶段。机械炉排式焚烧炉的关键部分是机械炉排。机械炉排按构造不同可分为阶段反复推动式炉排、双向推动式炉排、逆推动式炉排、滚筒式炉排、阶段推动式炉排、阶梯扇形翻转式炉排、多段波动式炉排、向上倾斜推动炉排等。机械炉排式焚烧炉可使焚烧操作自动化、连续化，是目前使用最广泛的处理城市垃圾的焚烧炉。

### 3. 回转窑焚烧炉

回转窑焚烧炉，如图 3-1（a）所示，广泛用于焚烧工业固体废物，废物从焚烧炉一端进入且在炉内翻动燃烧，燃尽的炉渣从炉的另一端排出。由于固体废物可以在焚烧炉内翻滚、移动，从而提高了废物的燃烧效率。

回转窑焚烧炉的优点在于：回转窑配合过量空气使用，搅拌效果好；可以实现连续出灰，不影响焚烧的进行；回转窑内机械零件少，故障少，能长时间连续运转；适用面广，可焚烧固体、液体、气体三相废物。缺点在于：建造成本较高；需要供应较多的过量空气，系统热效率低；烟道气的悬浮微粒含量较高；圆球形的固体废物易滚出回转窑，不易完全燃烧。

### 4. 流化床焚烧炉

流化床焚烧炉的燃烧原理是借助砂介质的均匀传热与蓄热功能以达到废物完

全燃烧的目的。典型的流化床焚烧炉如图 3-1（b）所示。流化床焚烧炉的炉体一般为圆柱体，炉膛内有一定数量的砂粒作为传热介质，焚烧炉内助燃空气由炉膛喷入。焚烧时炉内的砂粒处于沸腾状态，使炉内的传热、传质过程良好，可燃废物在炉内迅速燃烧，不可燃物沉到炉底和流动砂一起被排出，然后将流动砂和不可燃物分离，流动砂回炉循环使用。

流化床焚烧炉具有炉体小、炉内可动部件少、炉体故障少等优点；缺点是流动砂对炉排磨损较大；燃烧速度过快，易产生 CO；炉内温度难以控制。流化床焚烧炉常用于处理污泥、塑料和制药工业废物等。

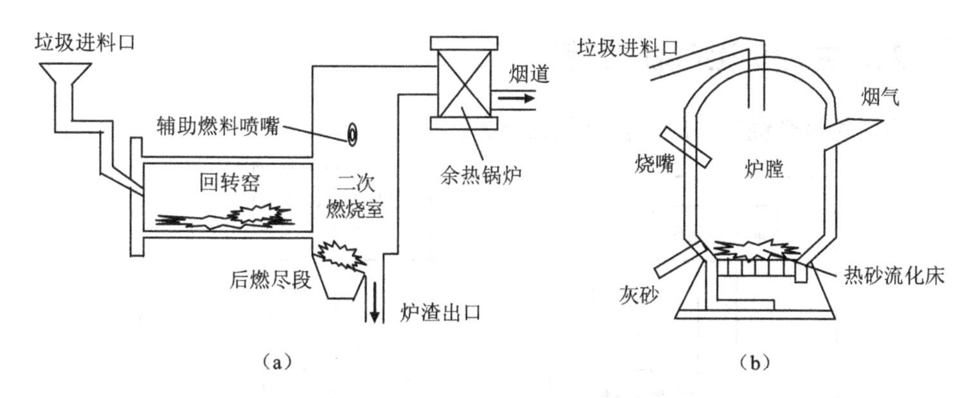


图 3-1　回转窑焚烧炉（a）与流化床焚烧炉（b）

### 5. 二噁英零排放固体废物焚烧炉

近年来为了控制和减少二噁英的排放量，美国、德国等发达国家研制了固体废物熔融气化焚烧炉。固体废物、焦炭、石灰等物料从炉顶加入，助燃空气从炉下部进入，废物在炉膛的上部进行干燥、在中部进行气化、在下部进行熔融燃烧。由于炉膛内燃烧温度高，灰渣在高温下为熔融状态，燃尽率高，炉渣已消毒，便于回收利用；二噁英类物质在高温下被分解，因此其产量非常低；有色金属在炉膛内的还原环境中未被氧化，仍保持金属状态，随炉渣排出后易于回收利用。

对不同类型的废物可采用不同类型的焚烧炉（表 3-1）。

表 3-1 不同废物类型焚烧炉的使用

| 废物种类 | 水泥炉 | 回转炉 | 多段炉 | 联合炉 | 流化床 |
| --- | --- | --- | --- | --- | --- |
| 粒状均质固体 | | √ | √ | √ | √ |
| 不规则大体积固体（扁平） | | √ | √ | | |
| 低熔点液体 | √ | √ | √ | √ | √ |
| 有机气体 | | √ | √ | | |
| 有机废液 | √ | √ | √ | | |
| 焦油 | √ | √ | √ | √ | √ |
| 含卤素废物（残液、残渣） | √ | √ | √ | | √ |
| 水状/有机污泥 | √ | √ | √ | √ | √ |

## 九、生活垃圾焚烧厂工艺

生活垃圾焚烧厂一般工艺流程见图 3-2。

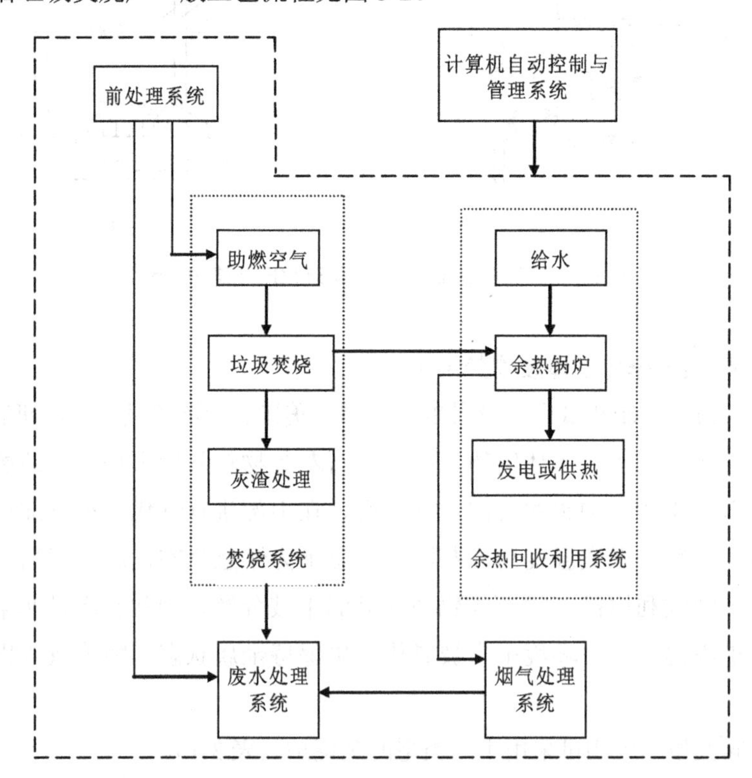


图 3-2 生活垃圾焚烧厂一般工艺流程

不同的生活垃圾焚烧厂的焚烧工艺流程不尽相同，但整体来说，都包含前处理系统、焚烧系统、余热回收利用系统、烟气处理系统、废水处理系统及计算机自动控制与管理系统等。

## 第二节 垃圾衍生燃料技术

美国于1965年研制了垃圾衍生燃料（Refuse Derived Fuel，RDF）技术，将城市垃圾通过破袋、干燥、分选、破碎、成型等工艺流程，提取可燃成分并加工成固体燃料，使城市垃圾作为资源得以再利用。

日本政府于1995年正式认可RDF技术，并对其进行开发利用，建成了多个设施。RDF技术可有不同的系统，但归纳起来，其基本工艺流程为：破袋工序→干燥工序→分选、破碎工序→成型工序。

破袋工序属于垃圾的前处理，需要破碎和分选设备，如破袋机、磁选机、一次破碎机等。破袋后的垃圾通过磁选机，除掉铁、铝等金属类物质，然后进行一次破碎，使废物达到易于干燥的程度。

干燥工序主要由干燥机、热风炉、脱臭炉、热交换器和旋风除尘器等设备组成。干燥机用600℃的热风，可使垃圾在短时间内干燥，含水率达到10%以下。在这一过程中需要防止垃圾在低氧条件下燃烧或分解。垃圾干燥后排出的烟气包含水蒸气和粉尘，温度约为180℃，需使用旋风除尘器除尘。

分选、破碎工序主要由风力选别机、二次破碎机、石灰供给机等设备组成。首先，将垃圾中不易燃烧的废物（砂土、玻璃、金属类等）去除；然后，将垃圾破碎为2 cm以下的小粒，以便成型；最后，加入1%的石灰以抑制燃烧时氯化氢的产生。

成型工序就是在破碎后的产物中加入添加剂，进行防腐处理，主要设备有成型机、冷却机、振动筛等。

城市垃圾衍生燃料技术的关键是干燥技术和成型技术，需要剔除不适合燃料化的物质，并且需要有适当的含水率。

与焚烧方法相比，垃圾衍生燃料技术具有以下特点：①产品可投入市场；②发热量较高，可贮存、运输；③发电效率较高；④排放的气体容易处理。

# 第三节　固体废物的热分解处理技术

## 一、热解的概念

热解是在不向反应器内通入氧气、水蒸气的条件下，通过间接加热使含碳有机物发生热化学分解生成气体、液体和炭黑等燃料的过程。具体来说就是将有机物在无氧或缺氧状态下加热，使之分解为以氢气、一氧化碳、甲烷等低分子碳氢化合物为主的可燃性气体，常温下为液态的乙酸、丙酮、甲醇等化合物在内的燃料油，纯碳与玻璃、金属、砂土等混合形成的炭黑。

## 二、热解的原理

热解是利用固体废物中有机物的热不稳定性，在无氧或缺氧的条件下受热产生裂解，冷凝后形成新的气体、液体和固体的过程，比较理想的热解原料有橡胶、塑料、木头、废纸等。

固体废物的热解是一个极为复杂的化学反应过程，包括大分子键的断裂、异构化和小分子的聚合反应等，最后生成各种小分子物质。但热解过程并不是有机大分子机械地由大变小的过程，而是包含了许多复杂反应的物理化学过程。热解过程可用以下通式表示：

有机固体废物 $\xrightarrow{\Delta}$ 气体（$H_2$、$CH_4$、CO、$CO_2$及其他气体）

+有机液体（有机酸、丙酮、酒精、芳烃、焦油或油的化合物）

+固体（炭黑、炉渣及其他惰性物质）

热解与焚烧均适于处理有机固体废物，二者的区别在于：焚烧是在有氧条件下进行的，热解是在无氧或缺氧条件下进行的；焚烧是放热过程，热解是吸热过程；焚烧的产物主要是 $CO_2$、$H_2O$ 和灰渣等，热解的产物主要是可燃的低分子化合物，包括气态的氢、甲烷、CO 等，液态的甲醇、丙酮、醋酸等有机物，固态的焦炭等；焚烧产生的热能量较大，可用于发电、供热或生产蒸汽，热解产物是燃料油及燃料气，便于贮藏及远距离输送。

热解技术在处理城市垃圾方面的应用和发展历史较短，与直接焚烧相比，具有以下两个优点：

①固体废物中的有机成分在热解过程中可以转化成可利用的能量形式，产生燃气、焦油和半焦油，燃气可直接燃烧或与其他高热值燃料混合燃烧，焦油视其性质可制成燃料或提取化工原料。

②垃圾在无氧或缺氧条件下热解，$NO_x$、$SO_x$、HCl 等污染物排放量少，可简化污染控制问题，有利于环境保护；由于热解系统中的过量空气系数较小且在末端烧掉的是气体而非固体，所以热解产生的烟气量比直接焚烧少得多，特别是烟气中重金属、二噁英类等污染物的含量较少，有利于烟气的净化，降低了二次污染物的排放水平。

热解的缺点：设备投资大，原料要求严格，需预处理；保持处理系统的正常运转较难，易发生管道堵塞等问题；由于处理的产物包括可燃气体和液体，而且系统在高温状态下运行，所以安全也是一个重要的问题。

热解技术可以使固体废物中的有机质发生热化学分解，产生燃料油、碳和低级燃料气。中国科学院山西煤炭化学研究所等单位开发了废塑料热解的连续反应系统，将塑料在 230～280℃下热解，可获得 30%～40%的汽油，25%～35%的柴油，8%～12%的液化石油气。东南大学和武汉长江动力集团有限公司对废轮胎热解制油进行了研究。

## 三、典型固体废物——废塑料的热解

目前世界各国城市垃圾中的有机物含量越来越高，其中废塑料等高热值废物的增多尤为明显。废塑料在焚烧过程中会产生炉膛局部过热，造成炉排及耐火衬里的损坏，同时也会产生二噁英等剧毒污染物。因此，废塑料热解技术已成为世界各国研究开发的热点。

废塑料的种类很多，如聚乙烯（PE）、聚丙烯（PP）、聚苯乙烯（PS）、聚氯乙烯（PVC）、酚醛树脂、脲醛树脂、苯二甲酸乙二醇酯（PET）、丙烯腈-丁二烯-苯乙烯（ABS）树脂、丙烯腈-苯乙烯（AS）等。其中，PE、PP、PS、PVC 等热塑性塑料加热到 300～500℃时，大部分分解成低分子碳氢化合物，是热解油化的主要原料。PVC 加热到 200℃左右时开始发生脱氯反应，进一步加热发生断链反应。酚醛树脂、脲醛树脂等热硬性塑料则不适合作为热解原料，另外 PET、ABS 树脂等在热解过程中会产生含氮、含氯的有害气体或腐蚀性气体，不适宜作为热解原料。

热解可产生各种有机气体，温度和废塑料种类不同，热解产物也不同。一般情况下温度越高，气体的碳氢化合物比例越高。温度超过 600℃时热分解产物主要是混合燃料气，如 $H_2$、$CH_4$、轻烃；温度在 400～600℃时热解产物主要是混合烃、重油、煤油混合燃料油等液态产物和蜡。聚烯烃等热塑性塑料热解的产物主要是燃料气和燃料油；PS 塑料热解的产物主要是苯乙烯单体；PVC 塑料热解的产物主要是 HCl 酸性气体。

图 3-3 为处理规模 500 t/a 的废塑料油化装置系统示意图。热解原料主要是聚烯烃类塑料，其中聚乙烯含量在 10%以下。废塑料首先经过热风干燥器烘干，投入温度控制在 300℃左右的熔融釜内，塑料在釜内融化并停留 2 h，聚氯乙烯中的氯元素几乎可以全部以氯化氢的形式去除，酸性气体经中和处理后排入大气。脱氯后熔融态塑料投入热解釜，将其加热至 400℃分解成热解气体和残渣。热解气体中的少量氯化氢通过设置在热解釜上方的中和吸收塔去除。脱除氯化氢后的热解气通过催化反应塔改性，冷却后分离燃料油和燃料气，催化反应塔的温度为 260～310℃，反应压力为微压。

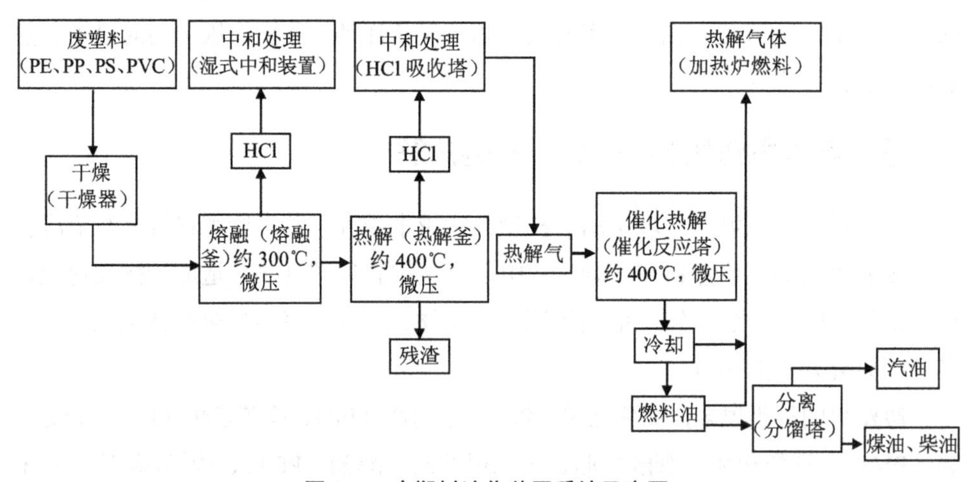


图 3-3 废塑料油化装置系统示意图

目前我国有关部门已成功研制利用废 PE、PP 塑料生产无铅汽油和柴油的技术，并已实现规模化生产，生产的成套设备已出口美国，这对于治理白色污染是一条很好的途径。

## 习题与思考题

1．可焚烧处理的城市垃圾的类型有哪些？

2．简述垃圾焚烧的优缺点。

3．简述影响垃圾燃烧效率的因素。

4．垃圾焚烧的产物是什么？

5．简述烟气处理技术与方法。

6．简述垃圾热解处理的原理。

7．简述城市垃圾焚烧与热解的异同。

# 第四章　城市固体废物的堆肥化技术

自然界中的许多微生物具有氧化、分解有机物的能力。利用微生物的这种能力处理可降解的有机固体废物，达到无害化和资源化的目的，是有机固体废物处理利用的一条重要途径。堆肥化作用（Composting）就是利用微生物作用进行固体废物处理的重要方法之一。堆肥化作用在自然界不断地进行着，是物质再循环的一种自然方式。生长的植物死去后就被土壤中的微生物利用、分解成腐殖质，变成生态系统中的营养物。根据这一原理，在2 000多年前就有了堆肥化的做法。

固体废物堆肥化现在仍然是一种重要的固体废物处理技术，对城市垃圾采用堆肥化方式处理将减少用其他方式处理的垃圾量，同时又能生产出营养丰富的土壤肥料，用于改进土壤结构、质地、含氧量和含水量等，可保证土壤的肥力，调节土壤的 pH 等。因此，堆肥化技术是固体废物稳定化、无害化处理的重要方式之一，也是固体废物实现资源化、能源化的重要方式之一。

## 第一节　堆肥化概述

### 一、堆肥化及堆肥的概念

堆肥化（Composting）是依靠自然界中广泛存在的细菌、放线菌、真菌等微生物，人为可控制地促进可生物降解的固体有机物向稳定的腐殖质转化的生物化学过程。堆肥化的概念可从以下几个方面来理解：①堆肥化的原料是可生物降解的有机固体废物；②堆肥化过程是在人工控制条件下进行的，不同于废物的卫生填埋、废物的自然腐烂与腐化过程；③堆肥化的实质是生物化学过程；④堆肥化产物对环境无害，也就是废物可以达到相对稳定的程度。

堆肥化的产物称为堆肥（Compost），是一种深褐色、质地疏松、有泥土气味的物质，类似于腐殖质土壤，故也称“腐殖土”；是一种具有一定肥效的土壤改良剂和调节剂。

## 二、堆肥的作用

堆肥能够改善土壤的物理、化学和生物特性，使土壤环境保持适于农作物生长的良好状态，同时又可增进化肥的肥效。使用堆肥后，能够增加土壤中的腐殖质，使土壤形成团粒结构，对土壤有以下作用：

①使土质松软，多孔隙，易耕作，增加持水性、透气性及渗水性，改善土壤的物理性能。

②肥料中的铵、钾等都是以阳离子形态存在的，由于腐殖质带负电，有吸附阳离子的作用，有助于保持土壤养分，提高保肥能力。

③腐殖质中有螯合作用的成分和土壤中的活性铝结合后，使其变成非活性物质，能够抑制活性铝和磷酸盐结合的有害作用。由于堆肥中的螯合剂能和铝、铁等金属结合，使稳定状态变为易分解状态；能够促进有机物的分解，促进氮肥和其他养分的供应；另外，对作物有害的铜、氯、镉等重金属也可与腐殖质反应而降低其危害程度，有利于植物生长。

④腐殖质有缓冲作用。如果土壤中的腐殖质较多，可以减轻由于施肥过多或过少造成的损害；可以减轻气候条件、水分条件等的变化对作物的冲击和影响。

⑤堆肥是缓效性肥料。与硫铵、尿素等肥料中的氮不同，堆肥中的氮几乎都以蛋白质氮的形态存在，当施到土壤中时，在微生物的作用下转化为氨氮，在旱地部分变成硝酸盐氮，两者都能被作物吸收，这是一个缓慢而持久的过程，因此，使用堆肥不会出现短暂的有效或施肥过量的情况。

⑥腐殖化的有机物具有调节植物生长的作用，有助于根系的发育和伸长，有利于扩大根部范围。

⑦将富含微生物的堆肥施于土壤中可增加土壤中的微生物量，微生物分泌的各种有效成分能直接或间接地被植物根系吸收，有益于植物生长。因此，堆肥是昼夜均有效的肥料。

## 三、堆肥的原料

生活垃圾、有机污泥、人和禽畜粪便、农林废物等都含有堆肥微生物所需要的各种基质——碳水化合物、脂类、蛋白质等，是常用的堆肥原料。人和禽畜粪便，经过胃肠系统的充分消化，一般颗粒较小，含有大量低分子化合物——人和动物未吸收消化的中间产物，含水率较高，可直接用作堆肥原料；有机污泥富含微生物生长繁殖所需的各种营养成分，是堆肥的良好原料（表 4-1）；农林废物均富含碳素，但有的因含纤维素、半纤维素、果胶、木质素、植物蜡等，微生物难以分解，有的因表面布有众多毛孔而具有疏水性，致使其受微生物的分解十分缓慢，因此需要作预处理，才能用于生产堆肥；生活垃圾中含有许多不可堆腐的物质，也需通过预处理，适当去除这些物质后，才能用作堆肥原料。

**表 4-1 有机污泥成分**

| 污泥种类 | 水分/% | 成分/% | | | | | pH |
|---|---|---|---|---|---|---|---|
| | | 全氮 | 全磷（$P_2O_5$） | 全钾（$K_2O$） | 全钙（CaO） | 全铁 | |
| 污水污泥 | 69.5 | 3.1 | 2.7 | 0.3 | 11.8 | 2.7 | 8.9 |
| 粪便污泥 | 56.1 | 4.4 | 8.6 | 0.3 | 4.8 | 0.9 | 7.2 |
| 化工厂污泥 | 31.1 | 7.0 | 4.7 | 0.4 | 4.9 | 1.0 | 6.5 |

我国发布实施的《城市生活垃圾堆肥处理厂技术评价指标》（CJ/T 3059—1996）规定适合于堆肥化的垃圾密度一般为 350～650 $kg/m^3$；有机物的含量不低于 20%；含水率为 40%～60%；碳氮比（C/N）为 20∶1～30∶1。

## 四、堆肥的质量及卫生要求

### （一）堆肥的质量要求

①粒度：农田用堆肥粒度小于 12 mm，果园用堆肥粒度小于 50 mm；

②含水率≤35%；

③pH：6.5～8.5；

④全氮（以 N 计）≥0.5%；

⑤全磷（以 $P_2O_5$ 计）≥0.3%；

⑥全钾（以 $K_2O$ 计）≥1.0%；

⑦有机质（以 C 计）≥10%；

⑧重金属：总镉（以 Cd 计）≤3 mg/kg、总汞（以 Hg 计）≤5 mg/kg、总铅（以 Pb 计）≤100 mg/kg、总铬（以 Cr 计）≤300 mg/kg、总砷（以 As 计）≤30 mg/kg。

### （二）堆肥的无害化卫生要求

①堆肥温度（静态堆肥工艺）：高于 55℃持续 5 d 以上；

②蛔虫卵死亡率：95%～100%；

③粪大肠菌值：$10^{-2}$～$10^{-1}$。

## 五、堆肥化的分类

根据堆肥化过程中起作用的微生物对氧气要求的不同，可将固体废物堆肥化分为好氧堆肥化和厌氧堆肥化两种。

好氧堆肥化是在通风条件下，有游离氧存在时进行的分解发酵过程，起作用的微生物以好氧菌为主，通过好氧菌自身的生命活动对废物进行吸收、氧化、分解的过程。好氧堆肥温度一般在 55～65℃，有时高达 80℃，故亦称高温堆肥化，具有发酵周期短、无害化程度高、卫生条件好、易于机械化操作等特点。因此，国内外用城市有机废物生产堆肥的工厂，绝大多数采用好氧堆肥化。

厌氧堆肥化是在缺氧条件下利用厌氧微生物进行发酵分解过程，其终产物除 $CO_2$ 和水以外，还有氨、硫化氢、甲烷和其他有机酸等。厌氧堆肥化可以保留较多的氮素，工艺也较简单，但堆制周期长。

# 第二节　好氧堆肥化

## 一、好氧堆肥化的原理

好氧堆肥化是在有氧的条件下，依靠好氧微生物（主要是好氧细菌）的作用而进行的。在堆肥化过程中，有机废物中的可溶性有机物可以透过微生物的细胞壁和细胞膜被微生物直接吸收，不溶的胶体有机物质，则先被吸附在微生物体外，依靠微生物分泌的胞外酶分解为可溶性物质后再渗入细胞。微生物通过自身的生命活动，进行分解代谢（氧化还原过程）和合成代谢（生物合成过程），把吸收的部分有机物氧化成简单的无机物，并释放出生物生长、活动所需的能量；同时，把另一部分有机物转化、合成为新的细胞物质，使微生物生长繁殖，从而产生更多的生物体。这个过程如图 4-1 所示。

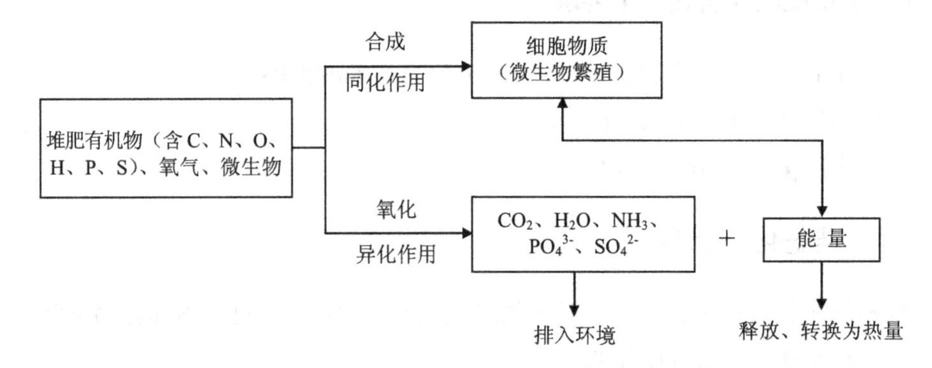


**图 4-1　有机物好氧堆肥分解**

堆肥化过程中有机物氧化分解关系可用下式表示：

$$C_nH_tN_uO_v \cdot H_2O + bO_2 \longrightarrow C_wH_xN_yO_z \cdot cH_2O + dH_2O\text{（气）} + eH_2O\text{（液）} + f\,CO_2 + gNH_3 + \text{能量}$$

由于堆肥化过程温度高，部分水分以蒸汽形式排出。堆肥成品（$C_wH_xN_yO_z \cdot cH_2O$）与堆肥原料（$C_nH_tN_uO_v \cdot aH_2O$）之比为 0.3～0.5（这是氧化分解减量化的结果）。

## 二、好氧堆肥化的类型

好氧堆肥化大致可以分为条垛式堆肥化、好氧静态堆肥化和发酵仓堆肥化三种类型。

### 1.条垛式堆肥化

条垛式堆肥化系统是堆肥化系统中最简单、最古老的一种，它是在露天或棚架下，将堆肥物料以长条状条垛或条堆堆放，进行好氧发酵。其特点是通过定期翻堆来实现堆体中的好氧状态，由预处理、建堆、翻堆和储存 4 个工序组成。

#### 2. 好氧静态堆肥化

条垛式堆肥化的缺点是易产生强烈的臭味和大量的病原菌。如果在条垛式系统中加上通风系统，就成为强制通风静态系统，也就是好氧静态堆肥化系统。其特点是料堆不需要进行定期翻动，可以更有效地确保高温以消灭病原菌。

#### 3. 发酵仓堆肥化（反应器系统）

发酵仓堆肥化系统是将堆肥物料密闭在发酵装置内，控制通风和水分条件，使物料进行生物降解和转化。其特点是堆肥化在一个或几个容器内进行，机械化和自动化程度较高。

## 三、好氧堆肥化过程

### （一）温度的变化

在好氧堆肥化过程中，虽然堆肥化温度会受通风散热、堆体表面冷却和水分散失等因素的影响，但堆体温度的变化主要是微生物代谢产热的反映，而温度反过来又决定着微生物的代谢活性。所以，温度可以看作是评价微生物活动的间接指标。按照温度的变化，堆肥化过程大致可分为以下 3 个阶段。

#### 1. 中温阶段（亦称产热阶段）

在堆肥化的初期阶段，堆层基本处于中温（15～45℃）状态，细菌、真菌和放线菌等嗜温性微生物较为活跃，它们利用堆料中的糖类、淀粉类等可溶性有机物进行生长繁殖。它们在转换和利用化学能的过程中，将一部分化学能转变为热能，使堆料的温度不断上升。适合于中温阶段的微生物种类较多，以中温、需氧型为主，通常是一些无芽孢细菌。

#### 2. 高温阶段

当堆料温度达到 45℃以上时，即进入高温阶段。在这个阶段，嗜温性微生物受到抑制甚至死亡，嗜热性微生物逐渐代替了嗜温性微生物的活动，继续分解转化堆料中残留的和新形成的可溶性有机物质；复杂的有机化合物，如半纤维素、纤维素和蛋白质等开始被强烈分解。在高温阶段，不同的嗜热性微生物的最适宜温度是不同的，在温度上升的过程中，嗜热性微生物种群是互相接替的。通常在

50℃左右活动的微生物主要是嗜热性真菌和嗜热性放线菌；当温度上升到 60℃时，真菌几乎完全停止活动，仅有嗜热性放线菌等在活动；当温度升到 70℃时，对大多数嗜热性微生物已不适宜，大量死亡或进入休眠状态。

3. 降温阶段

降温阶段又称腐熟阶段。在内源呼吸后期，堆料中只剩下较难分解及难分解的有机物和新形成的腐殖质，此时微生物活性下降，发热量减少，温度开始下降。在此阶段嗜温性微生物又占优势，对残余较难分解的有机物作进一步分解，腐殖质不断增多且达到稳定化，堆肥化进入腐熟阶段。降温后，需氧量大大减少，含水率也降低，堆肥物的孔隙增大，氧扩散能力增强，这时只需自然通风。

### （二）堆肥化过程中的微生物

堆肥化是微生物对有机废物进行生化降解的过程，在这个过程中微生物是主体。在堆肥化过程的不同阶段，占主导地位的微生物种群和数量在不断地发生变化。如上所述，初期的分解以嗜温性微生物为主，它们迅速地分解可溶解性、易降解的有机物，产生的热量使堆体温度迅速升高。当温度持续升高到一定程度时，嗜温性微生物被嗜热性微生物替代。当高能量物质被耗尽后，随着堆体温度逐渐降低，再一次以嗜温性微生物为主。在堆肥化过程中，发挥作用的微生物主要有细菌、放线菌、真菌和原生动物等。

1. 细菌

细菌是堆肥化过程中最小和最多的微生物。1 g 堆肥中存在着亿万个微生物中，其中细菌占 80%～90%。堆肥化过程中的大多数分解作用和热量产生都是由细菌完成的，它们是将有机体转化成营养的最主要群体。细菌是单细胞生物，它们的结构各异，如杆状菌、球状菌和螺旋状菌等。在高温阶段，嗜热性微生物多数都是杆菌。在 50～55℃时杆菌种群的差异较大，当温度超过 60℃时差异又变小。当环境条件变得不利于微生物生长时，杆菌通过生成芽孢继续生存，因为厚壁芽孢对热、冷、干燥及食物缺乏等都有较强的耐受力，一旦周围环境得到改善，它们就会恢复活性。

2. 放线菌

土壤散发的特有泥土气息是由放线菌引起的，放线菌类似于真菌，而实际上是丝状细菌。像其他细菌一样，它们没有核，但是像真菌一样长有多细胞的丝。放线菌对降解纤维素、木质素、甲壳质和蛋白质等复杂有机物起着非常重要的作用，它们产生的酶能够帮助其分解难降解的木头茎干、树皮、报纸等。有的放线菌种属在高温阶段出现，有的则在腐熟阶段出现，继续对最难降解的物质进行降解。放线菌形成的线状分支细丝，在肥堆中看起来像一张灰色的蜘蛛网。

**3．真菌**

真菌包括霉菌和酵母菌，在土壤中或堆肥化过程中可分解复杂的植物聚合物。在堆肥化过程中真菌起着很重要的作用，因为在大多数纤维素被降解后，它们仍能继续破坏难分解的碎片。真菌通过生成许多细胞和细丝进行快速繁殖，能够降解一般细菌难以降解的物质，如干燥、酸性或低氮条件下的有机残余物。

大多数真菌通过分解死亡的植物和动物中的有机物获得能量。在嗜温和嗜热堆肥化阶段，真菌的种类很多，当温度升高时，大多数生长在堆肥的外层。霉菌严格好氧，以看不见的细丝和灰色或白色的菌落出现在堆肥的表面。

**4．原生动物**

原生动物在堆肥过程中也发挥着重要作用。轮虫、线虫、跳虫、潮虫、甲虫和蚯蚓等通过在堆肥中的移动和吞食作用，不仅能消纳部分有机物，还能增大堆肥的表面积，有利于微生物的生命活动。

## 四、好氧堆肥化工艺

现代化的堆肥生产，通常由原料预处理、主发酵（初级发酵）、后发酵（次级发酵）、后处理、脱臭及贮存5个工序组成。

### （一）原料预处理

预处理主要包括原料的分选、破碎、筛分、含水率和碳氮比的调整，以及添加菌种和酶。通过破碎使堆料及其含水率达到一定程度的均匀化；分选、破碎和筛分可去除粗大垃圾和降低不可堆肥化物质的含量，使堆料的表面积增大，便于微生物繁殖，提高发酵速度。但颗粒的粒径不能太小，以保持一定程度的孔隙率和透气性，便于均匀充分地通风供氧。

### （二）原料主发酵

主发酵是微生物分解有机物实现垃圾无害化的初级阶段。在发酵初期，首先是微生物利用有机碳、氮等营养成分，分解易分解的有机物，产生$CO_2$和$H_2O$。在细菌自身繁殖的同时，将细胞中吸收的部分物质分解并产生热量，使堆体温度上升。在这一阶段，物质的合成、分解作用主要依靠生长繁殖最适宜温度为30～40℃的中温菌进行的。随着温度的升高，最适温度为 45～60℃的高温菌逐渐取代了中温菌，使其在60～70℃或更高温度下进行高效率的分解。温度是评价微生物活动程度的主要参数之一，温度过低表示空气量不足或放热反应速度减弱，分解接近尾声。当温度达到60℃时，蛔虫卵、病原菌、孢子等均可被杀灭。一般将好氧堆肥化的中温与高温两个阶段的微生物代谢过程称为一次发酵或主发酵，它是指从发酵初期开始，经中温、高温然后温度开始下降的整个过程，一般需要10～12 d，高温阶段持续时间较长。

### （三）原料后发酵

后发酵是进行垃圾无害化处理后的进一步腐熟阶段，称为熟堆肥化阶段。物料经过主发酵，还有部分易分解和大量难分解的有机物，需将其送到后发酵室，堆成1～2 m高的堆垛进行二次发酵，使之腐熟，这些难分解的有机物可能全部分解，变成腐殖酸、氨基酸等比较稳定的有机物，得到完全成熟的堆肥成品，这个过程一般需要20～30 d。

### （四）后处理

后处理包括去除杂质和进行必要的破碎处理。发酵后的物料中几乎所有的有机物都变细碎和变形，数量也减少了，但是可能还残存有塑料、玻璃、金属、小石块等杂物，需要进行去除。

### （五）脱臭

在堆肥化过程中，每个工序系统都有臭气产生，主要有氨、硫化氢、甲基硫醇、胺类等，必须进行脱臭处理。常用的脱臭方法有化学除臭剂除臭；水、酸、碱溶液等吸收法；臭氧氧化法；活性炭、沸石、熟堆肥等吸附法等。其中经济有效的方法是熟堆肥氧化吸附除臭法，对氨、硫化氢的去除率均可达98%以上。

### （六）贮藏

堆肥一般在春、秋两季使用，夏、冬两季生产的堆肥只能进行贮存，因此需要建立一个可贮存6个月生产量的库房。贮存方式可直接堆存在二次发酵仓或包装袋中，贮存环境要求干燥、通风。

## 五、影响好氧堆肥化的因素

影响堆肥化过程的因素较多，主要有通风供氧、含水率、温度、有机质含量、碳氮比、碳磷比、pH、粒度等。

#### 1. 通风供氧

通风供氧是堆肥化生产的基本条件之一，是满足微生物氧化分解有机物需要的主要方式。通风量主要取决于有机物含量及其挥发性、可降解系数等，还与微生物活动的强烈程度、有机物的分解速度以及堆料的粒度密切相关。堆肥化过程必须保证充足的供氧，一般认为，氧浓度低于5%就会限制好氧微生物的生长，影响好氧环境。另外，通风在提供氧气的同时，带走了$CO_2$、热和水蒸气。可以通过翻垛、鼓风等方法增加氧气。

#### 2. 含水率

微生物在生长繁殖和分解有机物的过程中需要一定量的水分溶解有机物以利于微生物的摄取，同时水分的蒸发可以调节物料之间的温度。微生物的生长和对氧的要求均在含水率为50%～60%时达到峰值，过高的含水率会充满物料颗粒间的空隙，使空气含量大大减少，堆肥由好氧状态转为厌氧状态，温度难以升高，而且营养物质容易被淋溶流失；水分太低则不利于微生物的生长需要，有机物也难以分解，当含水率低于12%时，微生物的生长繁殖就会停止。在用生活垃圾堆肥化时，一般以含水率55%为最佳，如果生活垃圾的含水率低于此值时，可添加稀粪或污水、污泥等进行调节。

#### 3. 有机质和营养物的含量

堆料适宜的有机质含量为20%～80%。有机质含量过低，不能提供足够的热能，影响嗜热菌的繁殖，难以维持高温发酵过程，从而影响发酵产品的质量；有机质含量过高，会造成通风困难，供氧不足，导致局部出现厌氧发酵过程。

在堆肥化过程中，微生物生长繁殖所需的大量营养物主要有碳、磷、钾；需要的微量元素有钙、铜、锰、镁等。

### 4. 温度

对于堆肥化系统来说，温度是影响微生物活动和堆肥化工艺过程的重要因素。微生物分解有机物进行分解代谢时会产生热量，使堆体温度上升。一般来说，温度过低不利于堆肥化过程的进行，反应速度慢，堆肥达不到无害化的要求；嗜热菌生长繁殖的最适宜温度为50～60℃，这时堆肥最有效，反应速度快，并且还可以杀灭虫卵、病原菌、寄生虫等，使堆肥达到无害化要求，因此一般采用高温堆肥；但温度过高也不利，如果温度超过70℃时，放线菌等有益细菌会被杀死。

### 5. pH

pH是反映堆肥化过程的一个重要指标。适宜的pH可以使微生物有效地发挥作用，pH太高或太低都会影响堆肥化效率，一般认为pH为7.5～8.5，也就是在中性或弱碱性条件下可获得最大的堆肥化效率。在好氧堆肥化初期，pH一般可下降到5～6，然后又上升，发酵完成前可达到8.5～9.0，最终产品达到7.0～8.0。

### 6. 碳氮比（C/N）

在堆肥化过程中，碳作为微生物的能源在代谢过程中大部分被氧化成$CO_2$释放，少部分被微生物吸收变为细胞膜；氮主要用于原生质的合成。因此，C/N对微生物生长具有重要作用，并且微生物分解有机物的速度随C/N的变化而变化。细菌和真菌在堆肥化过程中通过消化或“氧化”碳来提供能源，吸收氮来合成蛋白质，碳常被称为“食物”，氮则是消化酶。如果没有足够的氮，堆肥化过程就会减慢，但太多的氮可能会导致难闻的氨气产生。含氮多的有机物，其C/N小，分解快，堆肥周期短；含碳多的有机物，C/N大，降解速度较慢，堆肥化周期长。所以，氮素养料的不足会使微生物生命活动减弱。堆肥原料中的C/N以30为宜，因为微生物每利用30份碳就需要1份氮。成品堆肥的适宜C/N为10～20。一般初始原料的C/N都高于30，可以在初始原料中加入氮肥水溶液、粪便和污泥等进行调节。

7. 碳磷比（C/P）

磷也是影响微生物生长繁殖的重要的因素之一。垃圾发酵时，添加污泥的原因之一就是污泥含有丰富的磷。一般堆肥化的 C/P 宜调节在 75～150。

8. 颗粒度

堆肥化所需的氧气是通过堆肥原料颗粒之间的空隙供给，而孔隙率及空隙的大小主要取决于颗粒的大小及结构强度。但颗粒的粒径不能太小，以保持一定程度的孔隙率和透气性，便于通风供氧，粒径一般以 12～60 mm 为宜。

## 六、典型好氧堆肥化工艺

### （一）好氧静态堆肥化工艺

我国《城市生活垃圾好氧静态堆肥处理技术规程》（CJJ/T 52－93）提出，好氧静态堆肥化工艺分为一次性发酵和二次性发酵。我国在 20 世纪 90 年代以前，大多数高温堆肥化采用一次性发酵方式，目前主要推广二次性发酵方式。生活垃圾在进行堆肥化处理时，堆温要经过“中温→高温→中温”的循环过程，由高温向中温转变的过程很慢，因此，一次性发酵的周期较长，可达 30 d 以上。采用二次发酵工艺，一次发酵产物出料时的翻倒、均匀可迅速降温，使之达到中温阶段，进入二次发酵，从而使整个发酵周期缩短 1/3 左右，二次发酵的周期一般只需 10～20 d，所以二次发酵工艺又称快速高温堆肥化，其工艺流程见图 4-2。

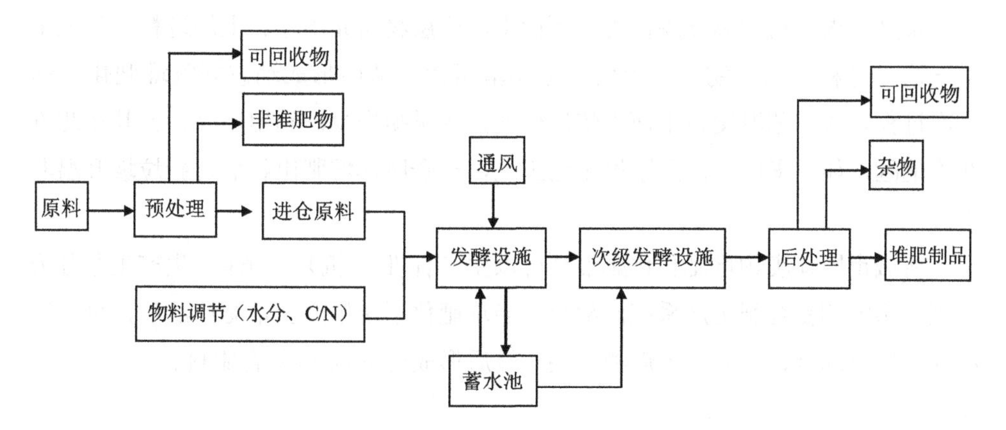


图 4-2　二次发酵工艺流程

由于好氧静态堆肥化工艺的堆肥物料一直处于静止状态，导致物料及微生物生长的不均匀性，尤其是对有机质含量高于50%的物料，通风较困难，易造成局部的厌氧状态，使发酵周期延长。

### （二）间歇式好氧动态堆肥化工艺

间歇式堆肥化是将原料一批一批地进行发酵，一批原料堆积之后不再添加新料，待堆肥腐熟后运出。如果城市生活垃圾中的有机质含量较高，不宜采用静态堆肥化工艺，因为有机质含量的增加会导致含水率的提高，从而影响堆料的通风效率，因此必须采用动态堆肥化工艺。动态堆肥化工艺可使堆料在连续翻动和间歇翻动的情况下形成空隙，有利于水分蒸发和物料均匀，可以缩短堆肥化周期。

间歇式发酵装置有长方形池式堆肥仓、倾斜床式堆肥仓、立式圆筒形堆肥仓等，都配设通风管，有的还配设搅拌装置和翻堆装置。

### （三）连续式好氧动态堆肥化工艺

连续式好氧动态堆肥化是采取连续进料和连续出料的方式进行发酵。原料在一个专设的发酵装置内完成中温和高温堆肥化过程，而且物料一直处于连续翻动的动态情况，使物料混合更加均匀，更易于形成空隙，水分更容易散发，从而缩短堆肥化时间。这种系统可有效地处理高有机质的废物，并可杀灭病原微生物，防止异味的产生。

堆肥仓内物料的腐熟规律为自下而上，底层物料先出仓、上层进料。每天出料一次，进料一次，物料自上而下地塌落两次，从而形成动态好氧堆肥化连续生产过程。该工艺温度自下而上依次传递，热量损失少，利用率高，尤其在北方寒冷地区，如果采用静态间歇堆肥化工艺，一仓腐熟堆肥出料后，新垃圾升温非常慢。

将城市固体废物堆肥和化肥混合可以生产有机-无机复合肥料。生产工艺分为堆肥化系统和复合肥生产系统两部分。当堆肥化系统生产出堆肥产品后，再进行粉碎、配料混合、造粒、干燥和包装，最后形成有机-无机复合肥料。

## 七、好氧堆肥化设备

堆肥化设备种类较多，除了结构不同，主要差别在于搅拌堆肥物料的翻堆机不同，大多数翻堆机兼有运送物料的作用，下面介绍几种常用的堆肥化设备。

①戽斗式翻堆机发酵池：通过安装在槽两边的翻堆机对垃圾进行搅拌，使垃圾水分均匀并均匀接触空气，使堆肥原料迅速分解防止臭气的产生。

②桨式翻堆机发酵池：可以根据发酵工艺的需要，定期对发酵原料进行翻动和搅拌，并有输送物料的作用，由行走装置和旋转桨装置两部分构成。

③卧式刮板发酵池：主要部件是一个成片状的刮板，通过刮板的摆动不仅可以搅拌发酵废物，也可以向发酵池内推入物料。

④筒仓式发酵仓：为圆筒状或矩形状，原料从仓顶加入，在仓底通风供氧以保持仓内的好氧状态，是静态堆肥化过程。

⑤螺旋搅拌式发酵仓：为动态发酵形式，用吊装的多个螺丝钻头进行旋转搅拌，使原料边混合边掺入正在发酵的物料层内，加快原料的发酵速度。

⑥水平发酵滚筒：可以使物料在滚筒内反复升高、跌落，使物料的温度、水分均匀，有利于曝气。

## 八、堆肥的腐熟度

堆肥的腐熟度是国际上公认的评价堆肥产品稳定程度的一个参数，包括两层含义：一是堆肥产品要达到稳定化、无害化，不对环境产生不良影响；二是堆肥产品在使用期间，不能对作物的生长和土壤的耕作能力产生影响。

堆肥腐熟度的判定方法包括物理法、化学法、生物活性法和植物毒性分析法。

# 第三节 厌氧堆肥化

## 一、厌氧堆肥化过程

厌氧堆肥化是在无氧条件下，利用厌氧微生物的生物转化作用将废物中可生物降解的有机物分解为稳定的无毒无害的物质，并同时获得沼气的处理方法。在厌氧堆肥化的发酵初期，产酸菌将有机物分解为有机酸、醇、$CO_2$、$NH_3$、$H_2S$ 等，使有机酸大量积累，pH 下降；在发酵后期，由于产生的氨的中和作用，pH 逐渐上升，产甲烷菌开始将产生的有机酸和醇等分解，产生甲烷和 $CO_2$。随着产甲烷菌的繁殖，有机酸被迅速分解，pH 迅速上升。整个厌氧发酵可分成 3 个阶段，即液化阶段、产酸阶段和产甲烷阶段（图 4-3）。

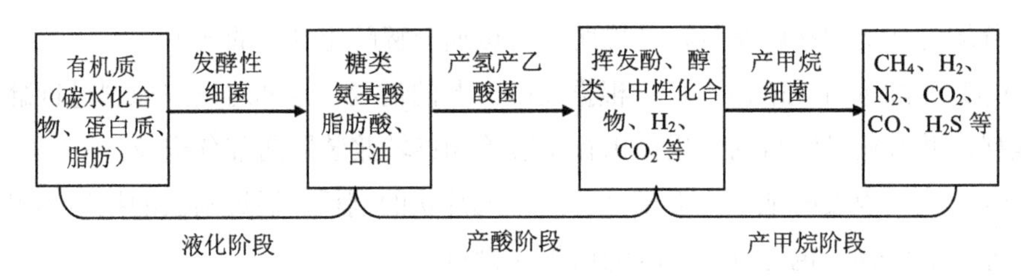


图 4-3　厌氧发酵的 3 个阶段

## 二、厌氧堆肥化过程中有机物的分解代谢

厌氧堆肥化是把碳水化合物、蛋白质和脂肪等在厌氧条件下，经过多种细菌的协同作用，首先分解成简单稳定的物质，然后继续分解生成二氧化碳和甲烷等。

### （一）碳水化合物的分解代谢

一般的碳水化合物包括纤维素、半纤维素、木质素、糖类、淀粉和果胶质等。厌氧堆肥化的原料中主要含碳水化合物，其中纤维素的含量最大。

#### 1．纤维素的分解代谢

能够水解纤维素的酶有许多种，不同的纤维素水解速度也不同。纤维素酶可以把纤维素水解成葡萄糖，反应式为：

$$(C_6H_{10}O_5)\text{（纤维素）}+nH_2O \longrightarrow nC_6H_{12}O_6\text{（葡萄糖）}$$

葡萄糖在细菌的作用下继续分解成丁酸、乙酸，最后生成甲烷和二氧化碳等气体。总的产气过程可表达如下：

$$C_6H_{12}O_6 \longrightarrow 3CH_4+3CO_2$$

#### 2．糖类的分解代谢

先由多糖分解为单糖，然后是葡萄糖的分解过程，同上。

### （二）类脂化合物的分解代谢

类脂化合物一般指脂肪、磷脂、游离脂肪酸、蜡脂、油脂等，在厌氧堆肥化原料中含量较少，这类化合物的主要水解产物是脂肪酸和甘油。然后甘油转变为磷酸甘油酯，进而生成丙酮。在产甲烷菌的作用下丙酮被分解为乙酸，然后分解为甲烷和二氧化碳。

### （三）蛋白质类化合物的分解代谢

蛋白质类化合物主要指含氮的蛋白质化合物，在厌氧堆肥化原料中占有一定的比例。它们首先水解为多肽和氨基酸，其中部分氨基酸继续水解为硫醇、胺、苯酚、硫化氢和氮；另一部分分解为有机酸、醇等其他化合物，最后生成甲烷和二氧化碳。

## 三、厌氧堆肥化工艺类型

按照堆肥化温度，将厌氧堆肥化工艺分为常温堆肥化、中温堆肥化和高温堆肥化。常温堆肥化又称自然堆肥化，其特点是堆肥温度随自然气温的变化而变化，沼气产量不稳定。这种工艺在气温较高的南方地区比较适用；中温堆肥化的温度一般控制在 28～38℃，沼气产量比较稳定；高温堆肥化的温度一般控制在48～60℃，堆肥温度高、有机物分解速度快，处理时间短，沼气产量高，能有效杀死病原体。

按照堆肥化方式的不同，可将厌氧堆肥化工艺分为两相堆肥化和混合堆肥化。两相堆肥化是厌氧发酵的产酸阶段与产甲烷阶段分开在不同的装置内进行，有机质的转化率高，但沼气产量较低。混合堆肥化是产酸阶段和产甲烷阶段在同一装置内完成，反应条件比较难以控制。

## 四、影响厌氧堆肥化的因素

### （一）厌氧环境

厌氧堆肥化最显著的特点是有机物在无氧的条件下被微生物分解，最终转化为甲烷和二氧化碳。产酸菌大多数都是厌氧菌，需要在厌氧条件下把复杂的有机物分解成简单的有机酸等；而产甲烷菌更是专性厌氧菌，不仅不需要氧，氧还对它有毒害作用。因此，厌氧堆肥化过程必须创造厌氧的环境条件。

### （二）温度

在一定的温度范围内，温度越高微生物活性越高，产甲烷菌有两个最佳活性温度区，分别为35～38℃和50～65℃，在这两个温度区间内，生物降解速度达到峰值。产甲烷菌对温度的变化非常敏感，即使温度只降低2℃，也会对其活性产生不良影响，使沼气产量下降。如果温度上升过快，导致温差过大，也会导致沼气产量下降，因此厌氧堆肥化过程要求温度相对稳定，一天内温度的变化应控制在±2℃以内。

### （三）pH

厌氧发酵微生物细胞内细胞质的pH一般呈中性，同时，细胞具有保持中性环境、进行自我调节的能力。因此，厌氧发酵菌可以在较大的pH范围内生长，pH在5～10均可使有机废物发酵，但pH在7.5～7.8时发酵效果最好，产气早，产气量也高。过酸或过碱的环境都会使产气时间滞后，产气量减少。在正常的发酵过程中，一般不需调节pH，堆肥原料本身含有许多具有缓冲作用的物质，可以维持发酵所需的pH。若有需要进行调节时，通常采用的方法有：在pH较高的有机废物中添加过量的新鲜作物秸秆或青草等易产酸的原料，使pH下降；在pH较低的过酸发酵物中添加石灰乳进行调节。

### （四）搅拌

如果在厌氧堆肥化装置内堆肥原料分布不均匀，会出现局部酸积累的现象，因此需要在堆肥化装置内设置搅拌设备，使堆肥原料充分混合，均匀分布，增加厌氧发酵菌与有机废物的接触，提高产气量。

### （五）营养物

不同的微生物所需的营养物也是不一样的。绝大多数产甲烷菌只能利用简单的有机酸、醇类和二氧化碳等作为碳源，产生甲烷；只能利用氨氮作为氮源，不能利用蛋白质等复杂的有机氮化合物。厌氧堆肥化对 C/N 的要求并不十分严格，一般原料的 C/N 在 15∶1～30∶1，均可正常发酵。含氮量过少的原料，也可以发酵，但产气量比较低。另外，磷素含量（以磷酸及盐计）一般要求为有机物量的 1/1 000，磷素与碳之比以 5∶1 为宜。

### （六）添加剂

在发酵液中添加少量的硫酸锌、磷矿粉、碳酸钙等化学物质有利于提高厌氧发酵的产气量和原料利用率；添加磷酸钙能促进纤维素的分解；添加纤维素酶，能够促进纤维素分解，使产气量提高 34%～59%；添加少量活性炭粉末可使产气量提高 2～4 倍；添加浓度为 0.01%的表面活性剂可降低表面张力，增强原料和细菌的接触，使产气量增加 40%。

### （七）有毒物质

能够抑制发酵微生物生命活力的物质统称为有毒物质。有毒物质种类较多，可分为有机的和无机的，或分为植物性的和矿物性的。如由于发酵不正常造成的有机酸积累，以及氨浓度过高等会引起发酵障碍。

## 五、厌氧堆肥化装置

厌氧堆肥化装置是微生物进行分解转化有机废物的场所，是厌氧堆肥化工艺的主体装置，也称为消化器。常见的厌氧消化器有纺锤形厌氧消化器、塞流式厌氧发酵器和水压式沼气池等。

纺锤形厌氧消化器主要用于工业废水、城市粪便和下水污泥的处理，其结构如图 4-4（a）所示，主要的结构参数有消化器容积（$V$）、器体直径（$D$）、圆柱体高（$h$）、器体总高（$H$）、总表面积（$S$）等。

塞流式厌氧发酵器是畜粪发酵的理想装置。图 4-4（b）为塞流式消化器的纵剖面图。

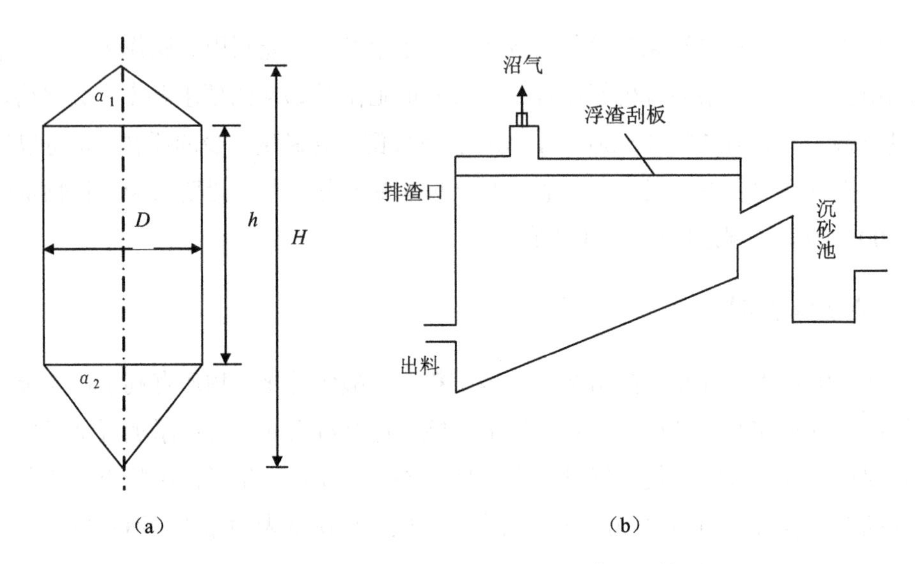


图 4-4 纺锤形厌氧消化器（a）与塞流式消化器的纵剖面（b）

水压式沼气池适用于多种发酵原料，通常埋设在地下，基本结构如图 4-5 所示，包括进料口、发酵池、出料管、水压箱、导气管等部分。水压式沼气池的工作原理是发酵池内发酵产气时，发酵池内的沼气压力增大，使水压箱内的液面升高，高于发酵池内液面；使用沼气时，发酵池内的压力减小，水压箱内的液体被压回发酵池。在不断地产气、用气时，发酵池内的液面和水压箱内的液面总是处于不断的升降变化中，从而实现自动调节。

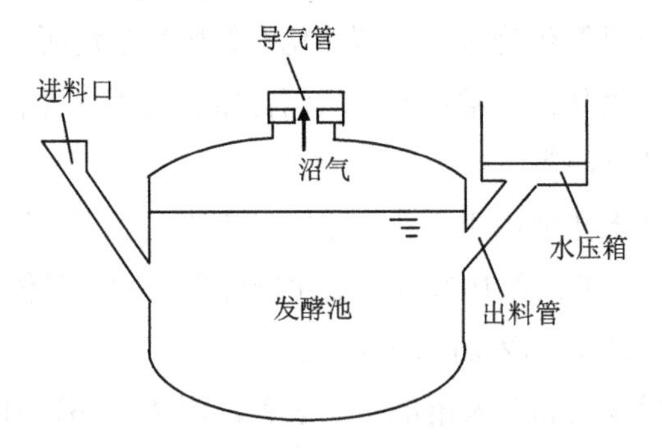


图 4-5 水压式沼气池基础结构

## 习题与思考题

1. 简述城市生活垃圾堆肥化的原理和特点。
2. 简述堆肥化对城市生活垃圾组成的要求。
3. 简述微生物在城市生活垃圾堆肥化中的作用。
4. 简述好氧堆肥化和厌氧堆肥化的异同。
5. 城市生活垃圾堆肥化存在哪些问题？

# 第五章　固体废物的卫生填埋处理

对于那些不能减量、不能回收利用和资源化的固体废物，填埋是一种安全、可靠的长久性处理方法。填埋处理就是利用工程措施，最大限度地减轻、避免固体废物对环境和人类健康的影响。人类很早就在地表低洼地带堆放、处置固体废物。随着社会的进步和科学技术的发展，固体废物的填埋技术也不断发展和完善。从最初的堆放、掩埋，发展到卫生填埋，直到现在出现了不同的填埋模式和填埋理论，如“最终储存”（Final Storage）模式、“生物反应堆”（Bioreactor）模式等。

## 第一节　固体废物的填埋处理

卫生填埋（Landfilling）是目前世界上最常用的城市固体废物处理技术。它是在科学选址的基础上，采用必要的场地防护处理措施和合理的填埋结构，最大限度地减少和消除固体废物对环境，尤其是对土壤和地下水体的污染。一个标准的卫生填埋场需要详尽的规划设计、精心的建设和有效的运营管理。

### 一、卫生填埋场及其结构

#### （一）卫生填埋

卫生填埋是利用工程手段，采取有效的技术措施，防止垃圾渗滤液及有害填埋气体对水体、土壤和大气等造成污染；将固体废物分层、压实减容，使填埋占地面积最小化；并且设置土壤或其他适当替代材料的日覆盖层或周期性盖层；使整个过程对公共卫生安全及环境均无危害的一种土地处理方法。

卫生填埋场的设计寿命应超过其运行至关闭的时间。固体废物从填埋以后到整个填埋场停止运行封闭，废物并没有达到稳定状态，对环境的潜在威胁仍然存在。在发达国家，一般城市固体废物卫生填埋场的设计寿命为30～50年，也就是说，在固体废物填埋期间和封闭后相当长的一段时间内，需要对其进行监测和管理，避免环境问题的发生。关于固体废物填埋场的长期环境影响问题，目前已受到国内外环境工作者的普遍重视，并已开展了相关的研究工作。

图5-1为固体废物卫生填埋场的剖面示意图。填埋单元是指一个操作期（通常为1 d）内填埋的固体废物，它包括填埋的固体废物及其周围的日覆盖层。日覆盖层可以采用回填土和其他适当的物质，其厚度一般为15～30 cm。日覆盖层的作用主要是防止废物吹扬、老鼠和苍蝇滋生以及疾病传播等问题，同时也可以防止在填埋操作期内外部的降水、地表水等进入填埋场。当填埋高度超过15～25 m时，为了保证填埋场边坡的稳定性，需要设置一定宽度的台阶（图5-1），同时设置地表水排泄通道和气体收集管道。

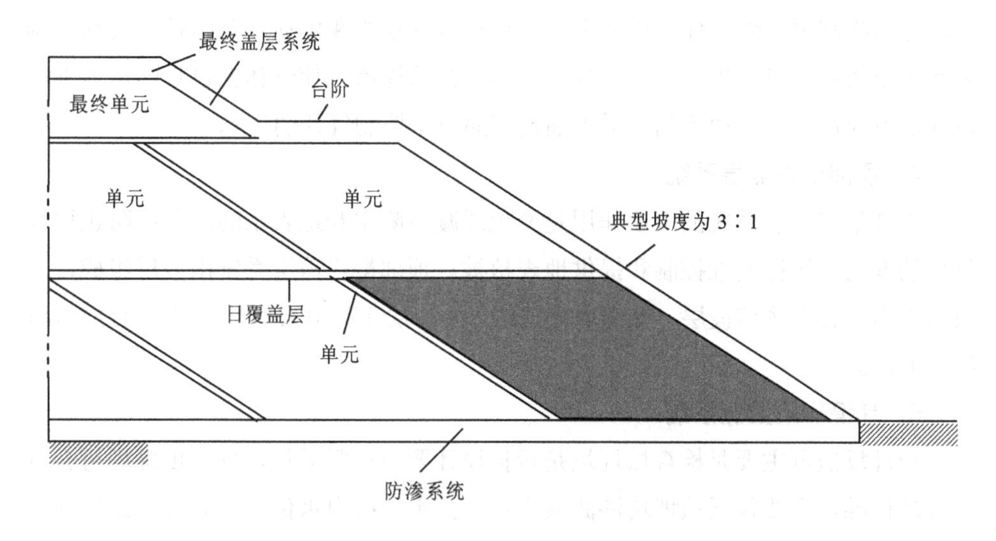


图5-1 固体废物填埋场剖面示意图

## （二）卫生填埋场的基本结构

一个完整的卫生填埋场必须包括底部及侧面防渗系统、渗滤液收排和处理系统，填埋气体（LFG）控制系统，顶部最终盖层系统和环境影响监测系统等部分。

### 1. 底部及侧面防渗系统

填埋场防渗系统的主要功能有两个，首先是防止填埋气体和垃圾渗滤液污染周围环境，其次是防止地下水和地表水进入填埋场内部。防渗系统的铺设是在填埋场的底部和侧部使用天然和人工材料，通常是压实的黏土层或压实的黏土与土工膜（geomembrane）的组合。

### 2. 渗滤液收排和处理系统

渗滤液的收排系统由收集系统和输送系统组成。收集系统主要部分是由位于底部防渗层上面的砂或砾石构成的排水层，排水层内设有穿孔管网，以及防止堵塞铺设在排水层表面和包在管外的无纺布。渗滤液的输送系统主要由渗滤液贮存罐、泵和输送管道组成。

### 3. 填埋气体控制系统

填埋气体控制系统的作用是减少填埋气体向大气的排放量和在地下的横向迁移，并回收利用甲烷气体。控制系统主要有被动控制和主动控制两种。被动控制是在主要气体大量产生时，为其提供高渗透性的通道，使气体在自身的压力下沿设计的方向运动；主动控制是采用抽真空的方法控制气体的运动。

### 4. 顶部最终盖层系统

顶部最终盖层系统的主要作用是避免或减少降水和地表水的渗入；防止填埋气体的逸出；进行侵蚀控制和提供地表植被。顶部最终盖层系统由多层组成，一般自上而下有土壤植被层、外部水排泄层、防渗层（可由天然材料/人工合成材料组成）等。

### 5. 环境影响监测系统

填埋场监测主要是检查填埋场是否按设计要求正常运行，确保填埋场符合所有管理标准，主要包括填埋场渗滤液水位、排水系统内水位、渗滤液渗漏情况、填埋场周围地下水水质、填埋场周围土壤和大气中填埋气体的浓度、渗滤液收集池中的渗滤液水位和水质、最终覆盖层的稳定性等。

## 二、填埋方式

固体废物的填埋方式和结构与地形、地貌有关，常见的主要方式有沟槽填埋、地上填埋和山谷或洼地填埋。

### （一）沟槽填埋

沟槽填埋又称坑式填埋、地下式填埋或半地下半地上式填埋（图 5-2），适合于场地有丰富的可供开挖的覆盖层物质，而且地下水水位埋深较大的地区。也可以利用野外现有的边坡稳定的黏土深坑或低凹地形，作一定程度的适当开挖即可使用，只要地质条件满足填埋要求就可以使用。固体废物在开挖的单元或沟槽中进行处置，开挖出来的原地土可堆存起来，用于日覆盖层和最终盖层。固体废物的填埋过程分层进行，并由专门机械压实。填埋场形状一般为正方形，边长为 300～400 m，边坡比例一般为 1.5∶1～2∶1。这种填埋场所要求的地质条件必须是有良好的低渗透性天然密封层，如各种矿物成分的黏土层、基岩山区的黏土岩和页岩等；且厚度较大，地下水水位埋深较大，至少在填埋场底部 3 m 以下；但在有些地区，地下水水位较高，在开挖时就有地下水出露，在这种情况下，建设填埋场的底部防护层时可采取抽取地下水降低水位的办法。此时的底部防护系统还要考虑防止地下水渗入填埋场的问题。

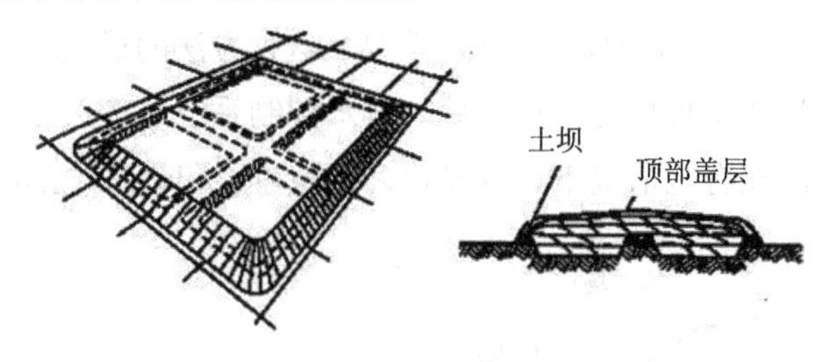


图 5-2　开挖沟槽单元填埋

### （二）地上填埋

地上填埋通常适用于不适合开挖地下单元或沟槽的地区或地下水水位较高的地区。这种填埋方法是地下水水位较高的平原地区唯一可采用的方法，填埋场要求建在较厚的黏土层之上。地上填埋最好是处置有害成分较少的惰性废物。由于这种填埋场的表面积/质量系数较高，增加了空气的渗透和表面释放气体进入大气的可能性。因为没有进行开挖，所以地上填埋方法（图 5-3）需要大量的日覆盖层和最终顶部盖层材料，必须从附近地区挖取；在有些情况下，如果缺乏防护层材料，可以使用稳定性好的其他废物或处理后的物质作为日覆盖层，也可以使用可移动的临时性日覆盖层。另外，填埋堆体的高度和坡度都要适当，避免对景观产生不利影响。

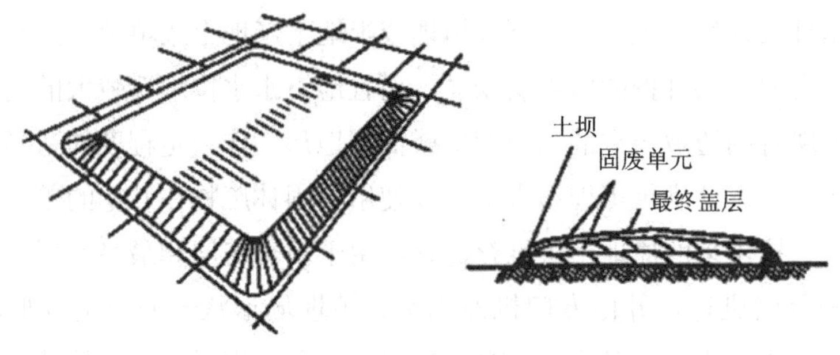


图 5-3　地上填埋

## （三）山谷或洼地填埋

山谷或洼地填埋类似于沟槽填埋，只是本方法不需要开挖（有时需要局部修整原地表面，如图 5-4 所示），充分利用天然的地形和地貌，如山谷、洼地、采石（土）坑等。我国大部分填埋场属于这种类型。这种方法的最大优点是填埋库容较大。建设这种类型的填埋场时，设置地表排水控制系统非常关键，要严格控制地表水进入填埋场。在有些情况下，可能缺乏日覆盖层和最终顶部盖层材料。

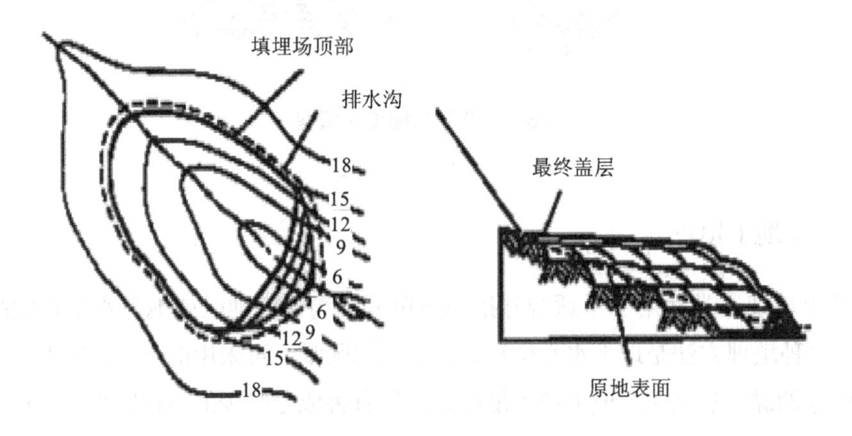


图 5-4　山谷或洼地填埋

## 三、危险废物的安全填埋

固体废物按照其危害特性可分为一般城市固体废物和危险废物。采用土地填埋处理时，相应的要求是不同的。一般城市固体废物可以卫生填埋处理，而对于危险废物，用填埋法进行处理时对其安全性的要求比卫生填埋更为严格。

危险废物是指列入《国家危险废物名录》或是根据国家规定的危险废物鉴别标准和鉴别方法认定具有危险特性的废物。危险废物的危险特性包括急性毒性、易燃性、反应性、腐蚀性、浸出毒性和疾病传染性等。2021 年由生态环境部、国家发展和改革委员会、公安部、交通运输部和国家卫生健康委员会联合颁布实施的《国家危险废物名录》中规定了我国的 50 类危险废物。

危险废物的处理方法有很多种，包括固化和稳定化、蒸发、脱卤、焚烧、热分解、堆肥化、生物降解和土地处理等，其中土地处理（安全填埋）技术在美国和欧洲的应用最为广泛。

危险废物安全填埋工程主要包括废物的预处理（中和、固化和稳定化等）、危险废物填埋场选址、渗滤液的收集与处理、填埋气体控制、防渗层设计、地下水保护及场地与周围地表径流的控制管理等。

### （一）危险废物安全填埋场的选址

安全填埋场的建设过程中，选址是一个关键的环节，涉及人文、地理、地质、水文、工程、经济、社会意识等方面的内容。场址的选择一定要周密考虑各相关因素并采用适当的方法最终确定。场址的选择通常要遵循两个原则：一是场址能够满足安全性原则，主要从区域地质学、地形学、气候、土壤和岩土工程等方面来考虑；二是满足经济合理的原则，主要考虑场地的规模、容量、征地费用、运输费、操作运行费和管理费等方面。

### （二）危险废物安全填埋场的设计

危险废物填埋场应是全封闭式的，废物填埋后可安全保存数十年甚至上百年。全封闭式填埋场的设计主要包括防渗技术、渗滤液收集处理系统、集排气网络、封场与复垦工程、预警监测系统等。

### （三）高放射性废物的深部地质处理

高放射性废物的比活度较高，释放的热量也大，而且通常含有半衰期长、生物毒性大的核素。因此，高放射性废物的安全处置就是通过各种处置技术手段，使其放射性降低到对生物无害的程度。

深部地质处理是目前国际上公认的、在安全上可接受的高放射性废物处置方法，其将高放射性废物预处理后，封装在坚固耐久的容器内并置于深层地质构筑物中，再用人工和天然屏障进行多层屏蔽，使之与外界隔离。这种处理方法可以实现高放射性废物与生物圈的隔绝，减小对生物的危害。

深部地质处理的多重防护屏障主要由四部分构成，首先是废物本身的固化，是将放射性固体废物固化在相对稳定的固化体中；其次是包装容器，也称为包装体，多为金属制成，可以起到阻止外部水穿透进入的作用；再次是黏土矿物材料，如膨润土，将黏土矿物材料充填在包装体与围岩之间，一方面可以缓冲围岩的压力，另一方面还可起到限制核素迁出的作用；最后是天然屏障，主要指周围围岩的性质及地质环境。对围岩的要求为水渗透系数较小，岩石孔隙度小，节理、裂隙不发育，且有阻止放射性核素迁移的地球化学和矿物学特征，具有良好的导热、抗辐射性能。

# 第二节　填埋场渗滤液及其处理

## 一、渗滤液的组成与特征

### （一）渗滤液的主要成分

渗滤液是垃圾在堆放和填埋过程中由于物理、化学和生物等作用、雨水的淋滤、冲刷以及地表水和地下水的浸泡而产生的一种成分复杂、污染物浓度较高的废水，是一种含有机物、重金属和病原微生物的污染源。其组分主要包括溶解性有机物、无机宏观组分、重金属和有机物等四大类，详见表 5-1。

表 5-1 垃圾渗滤液的成分及浓度 单位：mg/L

| | 指标 | 浓度 | 指标 | 浓度 | 指标 | 浓度 |
|---|---|---|---|---|---|---|
| 无机宏量元素 | 总磷 | 0.1～23 | Cl | 150～4 500 | $SO_4^{2-}$ | 8～7 750 |
| | $HCO_3^-$ | 610～7 320 | Na | 70～7 700 | K | 50～3 700 |
| | $NH_4^+$-N | 50～2 200 | Ca | 10～7 200 | Mg | 30～15 000 |
| | Fe | 3～5 500 | Mn | 0.03～1 400 | Si | 4～70 |
| 无机痕量元素 | As | 0.01～1 | Cd | 0.000 1～0.4 | Cr | 0.02～1.5 |
| | Co | 0.005～1.5 | Cu | 0.005～10 | Pb | 0.001～5 |
| | Hg | 0.000 05～0.16 | Ni | 0.015～13 | Zn | 0.03～1 000 |
| 有机物 | TOC | 30～29 000 | BOD | 20～57 000 | COD | 140～152 000 |
| | 有机氮 | 14～2 500 | BOD/COD | 0.02～0.80 | | |
| 其他 | pH | 4.5～9 | 电导率/（μS/cm） | 2 500～3 500 | 总固体 | 2 000～60 000 |

### 1. 溶解性有机物

溶解性有机物通常用化学需氧量（COD）或总有机碳（TOC）来表示，主要包括挥发性脂肪酸（VFA）和难溶物（棕黄酸和腐殖酸）等。1983 年，Harmsen 的研究表明：产酸阶段的垃圾渗滤液中的溶解性有机物 95%以上是 VFA，高分子化合物（MW＞1 000）仅占 1.3%，同时还有挥发性胺和乙醇被检出；产甲烷阶段的垃圾渗滤液中，没有检出挥发性酸、胺和乙醇，而且溶解性有机物中 32%为高分子化合物。另外，根据 Artiola-Fortuny 和 Fuller 的报道，溶解性有机物中 60%为腐殖质类物质。

### 2. 无机宏观组分

垃圾渗滤液中的无机宏观组分主要包括 $Ca^{2+}$、$Mg^{2+}$、$Na^+$、$K^+$、$NH_4^+$、$Fe^{2+}$、$Mn^{2+}$、$Cl^-$、$SO_4^{2-}$和 $HCO_3^-$等。和溶解性有机物一样，无机宏观离子的浓度变化主要取决于固体废物的稳定过程，如在产甲烷阶段，由于 pH 相对较高，吸附作用和沉淀作用增强，所以 $Ca^{2+}$、$Mg^{2+}$、$Fe^{2+}$和 $Mn^{2+}$等离子的浓度相对较低；其次，少量的溶解性有机物可以和这些金属离子发生络合作用，形成络合物；另外，受垃圾渗滤液污染的土壤和地下水处于厌氧还原状态，大部分 $SO_4^{2-}$被还原为 $S^{2-}$，可以和金属离子形成硫化物沉淀，因此，$SO_4^{2-}$的浓度也比较低；$Cl^-$、$Na^+$和 $K^+$等离子在产酸阶段和产甲烷阶段的浓度均无较大变化，因受吸附、络合和沉淀作用的影响比较小，其浓度的减小主要靠淋滤作用和稀释作用。

### 3. 重金属

垃圾渗滤液中的重金属主要包括 Cd、Cr、Cu、Pb、Ni 和 Zn 等。重金属在垃圾渗滤液中主要以自由离子、络合物（包括有机和无机）和胶体形态存在，其中自由离子态只占很小的一部分，如 Cu 和 Pb 仅为 1%～2%，Cd、Ni 和 Zn 为 7%～17%；大多数重金属主要以胶体形态存在于垃圾渗滤液中。1999 年 Jensen 对 Vejen（DK）垃圾填埋场渗滤液中的重金属分析结果表明，以胶体形态存在的 Cd 为 38%～45%、Ni 为 27%～56%、Zn 为 24%～45%、Cu 为 86%～95%、Pb 为 96%～99%，而且 Cd、Ni 和 Zn 主要以小分子胶体形态存在，而 Cu 和 Pb 主要以大分子胶体形态存在。其中，有机胶体 Cd 占 94%～99%，Ni 占 92%～99%，Cu 占 99%，Pb 占 87%～96%。无机胶体以 Zn 为主，为 74%～77%。络合态重金属也占一定的比重，Jensen 的研究表明在重金属络合物中有机络合物 Cd 占 85%，Ni 占 27%～62%，Zn 占 16%～36%，Cu 占 59%～95%，Pb 占 71%～91%。

### 4. 有机物

垃圾渗滤液中的有机化合物通常主要包括芳香烃（主要是苯、甲苯、二甲苯和乙苯等）、酚类和氯代烃（如三氯乙烯、四氯乙烯）等，一般情况下虽然其浓度相对较低，大多数都小于 1 mg/L，但是，其毒性和危害性则不容忽视。表 5-2 中列出了垃圾渗滤液中常见的有机物存在的浓度范围。

表 5-2 渗滤液中常见有机物及其浓度　　单位：μg/L

| | 污染物 | 浓度 | 污染物 | 浓度 |
|---|---|---|---|---|
| 芳香烃 | 苯 | 1～1 630 | 甲苯 | 1～12 300 |
| | 二甲苯 | 4～3 500 | 乙苯 | 1～1 280 |
| | 三甲苯 | 4～250 | 萘 | 0.1～260 |
| 氯代烃 | 氯苯 | 0.1～110 | 1,2-二氯苯 | 0.1～32 |
| | 1,4-二氯苯 | 0.1～16 | 1,1,1-三氯乙烷 | 0.1～3 810 |
| | 三氯乙烯 | 0.7～750 | 四氯乙烯 | 0.1～250 |
| | 二氯甲烷 | 1.0～64 | 氯仿 | 1.0～70 |
| 酚　类 | 苯酚 | 1～1 200 | 甲酚 | 1～2 100 |
| 杀虫剂 | 2-（4-氯苯氧基）丙酸 | 2.0～90 | | |
| 其他 | 丙酮 | 6～4 400 | 二乙酯 | 10～660 |
| | 2-*n*-丁酯 | 5.0～15 | 四氢呋喃 | 9～430 |
| | 3-*n*-磷酸丁酯 | 1.2～360 | | |

垃圾渗滤液中的污染组分的种类、存在状态和浓度均随固体废物的组成、填埋场的“年龄”和填埋技术的变化有较大的变化，在垃圾渗滤液污染的控制和治理中应充分考虑这些因素的影响。

### （二）渗滤液组分变化特征

渗滤液的组分随填埋时间、固体废物的组成、当地气候条件、水文地质和填埋方式等因素的变化而变化。在整个固体废物稳定化的过程中，渗滤液的化学成分变化较大，其浓度和性质与时间的动态变化关系主要取决于填埋场的“年龄”和取样时填埋场所处的稳定化阶段。在废物填埋初期，填埋场很快进入产酸阶段，渗滤液中的有机酸浓度较高，pH 较低，$BOD_5$、TOC、COD、各种营养物和重金属的含量均较高；在产甲烷阶段，渗滤液的 pH 介于 6.5～7.5，而 $BOD_5$、TOC、COD、各种营养物和重金属等的含量则明显降低。另外，渗滤液的 pH 不仅取决于渗滤液的酸度，还与渗滤液中填埋气体 $CO_2$ 的分压有关。

### （三）渗滤液的特点

渗滤液的色度较高，多呈浅茶色、暗褐色或黑色，有较浓的废物腐败臭味。

渗滤液中有机污染物的种类繁多，而且浓度高、成分极为复杂。一般渗滤液的 COD 可高达 60 000 mg/L，$BOD_5$ 可高达 30 000 mg/L。

氨氮含量高，固体废物稳定化进入产甲烷阶段后，氨氮浓度开始不断上升，其浓度可达 1 000 mg/L 以上，其含量占总氮的 85%～90%。“中老年”填埋场渗滤液的氨氮浓度高是导致其处理难度大的一个重要原因。

渗滤液的水质随填埋时间的变化也较大，详见表 5-3 和表 5-4。

①pH，填埋初期 pH 一般为酸性，随着时间的推移，可提高到 7.0～8.0，呈弱碱性。

②$BOD_5$ 随时间和微生物活动的增加也逐渐升高，一般在填埋 6～30 个月后达到最高值，此后开始下降，直到固体废物达到稳定为止。

③渗滤液的可生物降解性也随时间的变化而变化，一般用 $BOD_5$/COD 值来反映这种变化，其值在 0.4～0.6 时认为有机物是可生物降解的。填埋初期渗滤液的 $BOD_5$/COD 值大于 0.5；当填埋场达到稳定后，其值在 0.05～0.2，此时渗滤液中

的有机物主要是难生物降解的腐殖酸和富里酸。

④总有机碳（TOC）、$BOD_5$/TOC 可以反映渗滤液中有机碳的氧化程度。填埋初期，$BOD_5$/TOC 值较高；随着时间的推移，填埋场趋于稳定化，渗滤液中的有机碳主要以氧化态存在，$BOD_5$/TOC 值较低。

**表 5-3 新、老填埋场渗滤液组分浓度变化** 单位：mg/L（pH 除外）

| 组分 | 新填埋场（少于 2 年） | | 成熟填埋场 |
|---|---|---|---|
| | 范围 | 典型值 | （大于 10 年） |
| $BOD_5$ | 2 000～30 000 | 10 000 | 100～200 |
| TOC | 1 500～20 000 | 6 000 | 80～160 |
| COD | 3 000～60 000 | 18 000 | 100～500 |
| TSS | 200～2 000 | 500 | 100～400 |
| 有机氮 | 10～800 | 200 | 80～120 |
| 氨氮 | 10～800 | 200 | 20～40 |
| 硝酸盐 | 5～40 | 25 | 5～10 |
| 总磷 | 5～100 | 30 | 5～10 |
| 正磷 | 4～80 | 20 | 4～8 |
| 碱度（$CaCO_3$） | 1 000～10 000 | 3 000 | 200～1 000 |
| pH | 4.5～7.5 | 6 | 6.6～7.5 |
| 总硬度（$CaCO_3$ 计） | 300～10 000 | 3 500 | 200～500 |
| 钙 | 200～3 000 | 1 000 | 100～400 |
| 镁 | 50～1 500 | 250 | 50～200 |
| 钾 | 200～1 000 | 300 | 50～400 |
| 钠 | 200～2 500 | 500 | 100～200 |
| 氯化物 | 200～3 000 | 500 | 100～400 |
| 硫酸盐 | 50～1 000 | 300 | 20～50 |
| 总铁 | 50～1 200 | 60 | 20～200 |

表 5-4　典型固体废物填埋场中渗滤液化学组分变化

| 组分 | “青年”填埋场 | | “中年”填埋场 | | “老年”填埋场 | |
|---|---|---|---|---|---|---|
| | 弱 | 强 | 弱 | 强 | 弱 | 强 |
| 电导率/(mS/m) | 500 | 3 000 | | | 250 | 1 500 |
| TSS/（mg/L） | | | 500 | 2 500 | | |
| VSS/（mg/L） | 3 000 | 8 000 | | | 1 000 | 2 000 |
| TOC/（mg/L） | 3 000 | 15 000 | | | 150 | 750 |
| COD/（mg/L） | 5 000 | 30 000 | | | 1 000 | 5 000 |
| $BOD_5$/（mg/L） | 4 000 | 20 000 | | | 200 | 1 000 |
| $Cl^-$/（mg/L） | | | 1 000 | 3 000 | | |
| $SO_4^{2-}$/（mgS/L） | 50 | 400 | | | 10 | 30 |
| 总氮/（mg/L） | | | 500 | 1 500 | | |
| 氨氮/（mg/L） | | | 200 | 1 200 | | |
| 总磷/（mg/L） | | | 5 | 100 | 5 | 10 |
| Na/（mg/L） | | | 500 | 2 000 | | |
| Ca/（mg/L） | 500 | 1 500 | | | 80 | 200 |
| Fe/（mg/L） | 200 | 1 000 | | | 20 | 100 |
| Cd/（μg/L） | | | 10 | 100 | | |
| Cr/（μg/L） | | | 20 | 1 000 | | |
| Cu/（μg/L） | | | 10 | 1 000 | | |
| Ni/（μg/L） | | | 50 | 2 000 | | |
| Pb/（μg/L） | | | 20 | 1 000 | | |
| Zn/（mg/L） | | | 0.1 | 10 | | |
| 酚/（mg/L） | | | 0.5 | 5 | | |
| 油类/（mg/L） | | | 2 | 20 | | |

⑤渗滤液中溶解固体的总量随填埋时间的推移而变化，在填埋初期，溶解盐的浓度可高达 10 000 mg/L，其中钠、钙、氯化物、硫酸盐和铁等无机物的含量较高，此后随着时间的推移其浓度逐渐降低。

生活垃圾单独填埋时，渗滤液中的重金属含量较低，但与工业废物或污泥混合填埋时，重金属含量较高。

渗滤液中含有上百种微生物，其中包含大量致病菌和病原微生物。

## 二、渗滤液的产生与控制

### （一）渗滤液的来源

填埋场渗滤液的主要来源有以下几方面：

①外部水的入渗。如果控制不当，大气降水、地表水和地下水等就会渗入填埋场，与固体废物作用形成渗滤液，这是渗滤液的最主要来源。

②固体废物本身携带的水分。

③覆盖材料中携带的水分和有机物分解生成的水分等。

### （二）影响渗滤液产量的因素

渗滤液的来源是多方面的，因此，影响其产量的因素也是多方面的（图 5-5），主要因素为固体废物的获水能力、填埋场的地表条件、固体废物的自身条件、填埋场的构造和操作运行条件以及填埋场的水文地质条件等。另外，在地下水位较高的地区、地下水的渗入将影响渗滤液的产量。

### （三）渗滤液的产生量估算

#### 1. 水量均衡法

填埋场的水运移和水均衡情况如图 5-6 所示。渗滤液的产量可由式（5-1）表示：

$$L=P+S_{in}-S_{out}-E+\alpha W \tag{5-1}$$

式中，$L$——渗滤液产生量，$m^3/a$；

$P$——年降水量，$m^3/a$；

$S_{in}$——年地表流入的水量，$m^3/a$；

$S_{out}$——填埋场面积上排出的地表水量，$m^3/a$；

$E$——年蒸发蒸腾量，$m^3/a$；

$\alpha$——单位质量填埋废物压实后产生的渗滤液量，$m^3/t$；

$W$——填埋废物量，$t/a$。

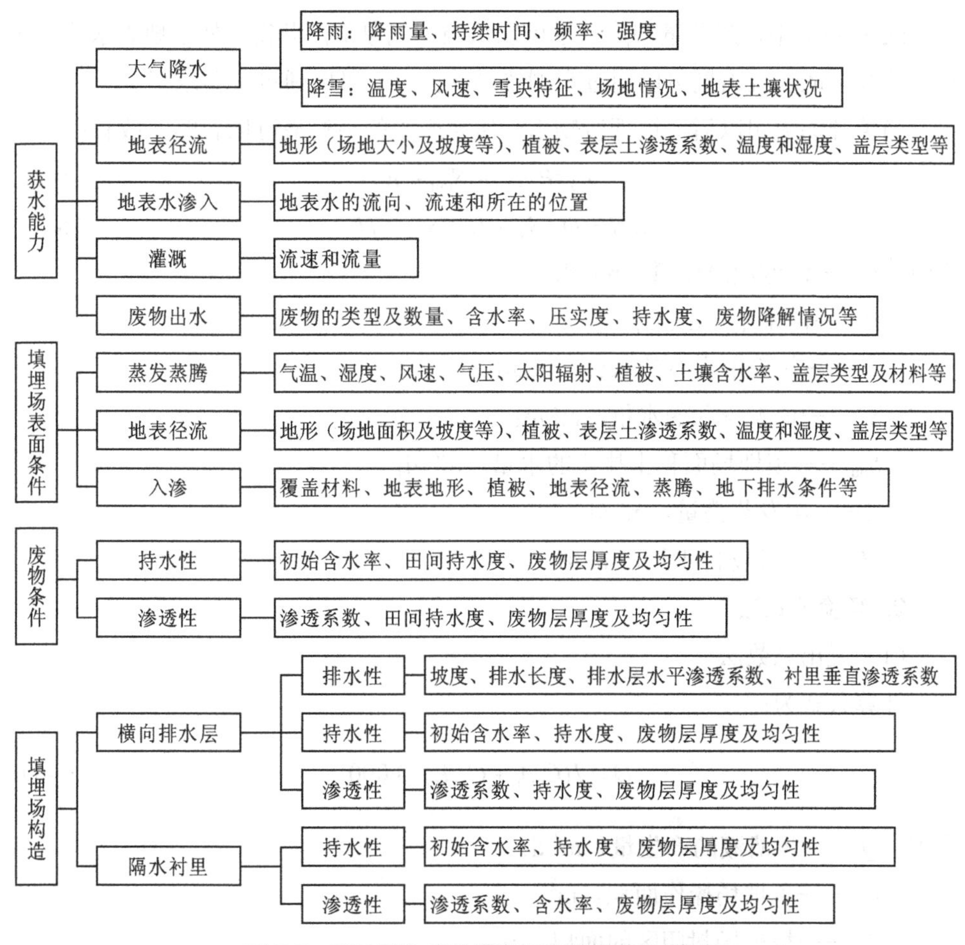


图 5-5　影响固体废物填埋场渗滤液产量的因素

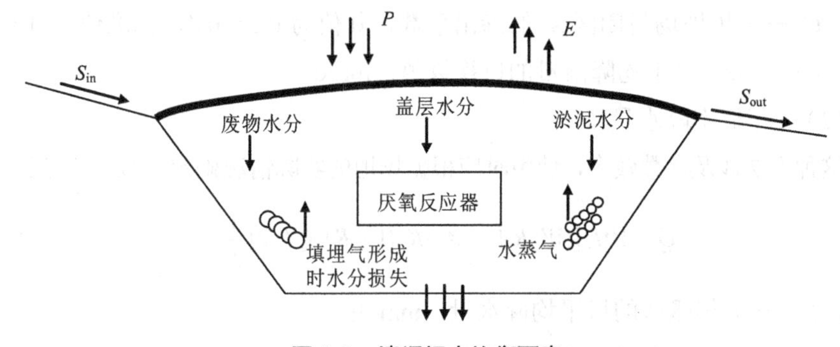


图 5-6　填埋场水均衡要素

式（5-1）中，蒸发量和降水量可以从当地气象部门获得，外部地表水流入量和从填埋场地表流出量可以通过观测资料获得。$\alpha$ 可以通过实验求得。

当填埋场封闭以后，填埋废物由于压实产生的渗滤液可以忽略，故有：

$$L_0=P+S_{in}-S_{out}-E \tag{5-2}$$

$$L=P+\omega+S_{in}-E-S_{out}-H \tag{5-3}$$

式中，$L$——渗滤液产生量，mL/d；

$P$——降水量，mL/d；

$\omega$——垃圾中含有的水分，mL/d；

$S_{in}$——地表流入的水量，mL/d；

$S_{out}$——填埋场面积上排出的水量，mL/d；

$E$——蒸发蒸腾量，mL/d；

$H$——填埋场持水量，mL/d。

2. 经验公式法

（1）浸出系数法

计算公式为：

$$Q=I(C_1A_1+C_2A_2)/1\,000 \tag{5-4}$$

式中，$Q$——渗滤液的产生量，m³/d；

$A_1$——填埋场操作面积，m²；

$A_2$——填埋场封闭区的面积，m²；

$C_1$——填埋操作区 $A_1$ 的渗出系数，其值为 0.4～0.7，标准值为 0.5；

$C_2$——填埋场封闭区 $A_2$ 的渗出系数，其值为 0.2～0.4，标准值为 0.3；

$I$——最大月平均降雨量的日换算值，mL/d。

（2）$n$ 年概率降水量法

这种方法涉及参数较多，使用时应根据场地的实际情况确定参数，计算公式为：

$$Q=10I_n[(W_{sr}RA_s+A_\alpha)K_r(1-R)A_s/D]\frac{1}{N} \tag{5-5}$$

式中，$I_n$——$n$ 年概率的日平均降水量，mm/d；

$W_{sr}$——流入填埋场场地的地表径流流入率，%；

$R$——由填埋场流出的地表径流流出率，其值为0.2～0.8；

$A_s$——场地周围汇水面积，万$m^2$；

$A_\alpha$——填埋场场地面积，万$m^2$；

$1/N$——降水概率，量纲一；

$D$——水从积水区中心到积水管的平均运移时间，d；

$K_r$——流出系数，通过下式计算：

$$K_r = 0.01 \times (0.002 I_n^2 + 0.16 I_n + 21) \tag{5-6}$$

## （四）渗滤液的处理

渗滤液是一种成分复杂的高浓度废水，如果控制不当发生泄漏会造成严重的土壤、地下水和地表水污染，所以对渗滤液进行处理是非常必要的。渗滤液的处理一直是固体废物填埋处理的一个难题，既要保证技术的可靠性，又要考虑经济上的可行性。渗滤液处理的方法主要包括物理化学法和生物处理法。

### 1. 物理化学法

物理化学法主要有活性炭吸附、化学沉淀、化学氧化、化学还原、离子交换、膜渗析等，详见表5-5。

表5-5 渗滤液处理的物理化学方法

| 处理方法 | | 目的 | 说明 |
| --- | --- | --- | --- |
| 物理方法 | 沉淀/漂浮法 | 去除悬浮物 | 一般同其他处理方法合用，很少单独使用 |
| | 过滤法 | 去除悬浮物 | 仅在三级净化阶段使用 |
| | 空气提 | 去除氨和挥发性有机物 | 一般需要安装空气污染控制设备 |
| | 蒸汽提 | 去除挥发性有机物 | 耗能高，需要冷凝，要进一步处理 |
| | 物理吸附 | 去除有机物 | 是一项可行的技术，处理费用取决于渗滤液的水质 |
| | 离子交换 | 去除溶解性无机物 | 仅在三级净化阶段使用 |
| | 反渗透 | 稀释无机溶液 | 费用高，需要预处理 |
| | 蒸发 | 渗滤液不外排 | 费用高，浓缩形成的污泥可能是危险废物 |
| 化学方法 | 化学中和法 | 控制pH | 在渗滤液的处理中应用较少 |
| | 化学沉淀法 | 去除金属和其他离子 | 产生的污泥可能要按危险废物处置 |
| | 化学氧化法 | 去除有机物，还原无机成分 | 用于稀释废物流效果最好，用氯可以同时进行氯消毒 |
| | 湿式氧化法 | 去除有机物 | 费用高，对顽固有机物的效果较好 |

### 2. 生物处理法

（1）活性污泥法

活性污泥法主要包括传统活性污泥法、低氧—好氧活性污泥法、物化—活性污泥复合处理法等。传统的活性污泥法通过提高污泥浓度来降低有机负荷，因其费用低、效率高而得到了最广泛的应用；低氧—好氧活性污泥法等改进的活性污泥法，具有能维持较高运行负荷、耗时短等优点，而且处理效果比传统活性污泥法好。试验表明，通过控制试验条件使渗滤液进入低氧—好氧活性污泥处理系统，$COD_{Cr}$、$BOD_5$和 SS 的去除率分别达到 96.4%、99.6%和 83.4%。低氧—好氧活性污泥法弥补了厌氧—好氧两段生物处理法因在第一段生成较多的$NH_3$-N 而导致第二段好氧处理历时太长的不足。

由于渗滤液中难降解的高分子有机化合物所占的比例较高，而且重金属会对微生物的生长产生抑制作用，因此，通常用生物法和物理化学法相结合的复合系统来处理。渗滤液首先进入复合系统的调节池可以避免毒性物质出现瞬时高浓度，从而缓解毒性物质对活性污泥中的微生物产生抑制作用；在澄清池中加入石灰可以去除重金属和部分有机质；气浮池能去除进水中 50%的氨氮，从而使氨氮的浓度处于抑制水平之下。运行时，通过调节污泥回流比来选用常规法或延时曝气法处理，具有较大的操作灵活性。

（2）生物膜法

与活性污泥法相比，生物膜法具有抗水量、水质负荷冲击强等优点。试验研究表明用生物膜处理与城市污水相近的渗滤液，能使其$BOD_5$降到 25 mg/L 以下，对于高浓度的渗滤液这种方法是否适用还有待进一步研究。

（3）厌氧生物处理法

厌氧生物处理已经应用了近 100 年，随着微生物学和生物化学等学科的发展和工程实践经验的积累，近年来又开发出了许多新工艺，如厌氧生物滤池、厌氧接触池、上流式厌氧污泥床反应器及分段厌氧消化等。

厌氧生物滤池要求渗滤液负荷保持较低的水平才能取得良好的效果。例如，加拿大多伦多大学的 J. G. Henry 等在室温条件下处理“年龄”为 1.5 年和 8 年的渗滤液，当$COD_{Cr}$负荷为 1.26～1.45 kg/（$m^3$·d）、水力停留时间为 24～96 h 时，$COD_{Cr}$去除率达 90%以上；当负荷增加时，$COD_{Cr}$去除率急剧下降。另外，据英国水研究中心报道，用上流式厌氧污泥床反应器（UASB）处理 $COD_{Cr}$＞10 000 mg/L 的渗滤液，当 $COD_{Cr}$负荷为 3.6～19.7 kg/（$m^3$·d）、平均泥龄为 1.0～4.3 d、温度为 30℃时，$COD_{Cr}$和 $BOD_5$的去除率分别为 82%和 85%，UASB 的负荷比厌氧滤池大得多。

与好氧方法相比，厌氧生物法具有以下优点：

①好氧方法需要消耗能量，而厌氧方法可产生能量（甲烷气体），$COD_{Cr}$越高，好氧耗能越多，而厌氧产能越多。

②厌氧处理时有机物转化成污泥的比例（0.1 kgMLSS/kg$COD_{Cr}$）远小于好氧处理时的转化比例（0.5 kgMLSS/kg$COD_{Cr}$），大大降低了污泥处理和处置的费用。

③厌氧处理时，污泥的生成量较小，而且对无机营养元素的需求远低于好氧处理，因此适合处理含磷比较低的渗滤液。

④许多在好氧条件下难以处理的不可生物降解或难生物降解的有机物，如卤代烃、腐殖质等，在厌氧条件下可以处理。

⑤厌氧处理有机负荷高，占地面积小。

（4）厌氧与好氧相结合的方式

经厌氧处理的渗滤液，出水的 $COD_{Cr}$和氨氮浓度仍比较高，不宜直接排入河流或湖泊，一般需要进行后续的好氧处理；而且，大多数渗滤液偏酸性（pH 一般在 5.5～7.0），当 pH＜7 时，产甲烷菌就会受到抑制而死亡，不利于厌氧处理。另外，厌氧处理最适宜的温度是 35℃，低于 35℃时，处理效率迅速降低，而好氧处理对温度要求不是很高，在冬季仍能达到较好的处理效果。因此，采用厌氧与好氧相结合的方式进行处理，既经济又高效，$COD_{Cr}$ 和 $BOD_5$ 的去除率分别可达 86.8%和 97.2%。考虑到渗滤液水质变化大这一特点，在厌氧段处理后可以加入气浮工艺，提高处理能力以应付进水浓度偏高的情况。在国内，深圳下坪垃圾填埋场已设计采用厌氧—气浮—好氧工艺处理渗滤液。

（5）渗滤液循环处理法

渗滤液循环是填埋场进行渗滤液控制和管理的重要方法之一，主要是利用填埋场覆盖层的土壤、废物层的净化作用和封场后表面植物的吸收作用来处理渗滤液。土壤的净化作用主要是利用栖息于土壤中的微生物对有机物进行吸附降解。另外，土壤中的有机质和无机胶体的吸附、络合、螯合和离子交换、机械拦截等作用也对处理渗滤液有一定的作用。

渗滤液循环处理法就是将收集起来的渗滤液通过喷灌系统循环喷洒到填埋场中。通过渗滤液循环，一方面，不但提高了废物的湿度，增加了微生物的种类和数量，而且提高了填埋场中营养物质、能量和水分等的均匀性，为微生物的生长繁殖创造适宜的环境，增加了微生物活性，从而促进和加快固体废物的稳定化进程；另一方面，由于喷洒过程的蒸发作用，使渗滤液体积减小，减少了进入污水处理厂的量，可节约能源，降低渗滤液的处理成本。在循环过程中，废物层相当于一个用废物作填料的厌氧生物滤池，废物表面有相当数量的菌胶团，吸附降解水中的有机物。渗滤液循环可以分为表面灌溉、竖井式、水平井、喷灌和小孔注入等5种方法。

自20世纪80年代以来，欧洲一些国家和美国对已有防渗层的填埋场进行了改造，增加了渗滤液收集系统和循环系统进行渗滤液循环。经过20多年的研究和实践，发现渗滤液循环具有减少渗滤液产量，改善水质，加快固体废物降解速率，缩短稳定化所需时间，提高产气率和节省填埋空间等优点。因此，渗滤液循环是一项具有广阔应用前景的处理技术。

## 第三节　填埋气体及其处理

### 一、填埋气体的组成和产生

#### （一）填埋气体的组成

填埋气体（LFG）主要包括两类：一类是主要气体，另一类是微量气体。不同的填埋场填埋气体的组成也有所不同，表5-6和表5-7是不同学者调查研究的固体废物填埋气体的组成。

表5-6　填埋气体的组成（一）　　单位：干体积%

| 组成 | 范围 | 组成 | 范围 |
|---|---|---|---|
| $CH_4$ | 45～60 | 氨 | 0.1～1.0 |
| $CO_2$ | 40～60 | $H_2$ | 0～0.2 |
| $N_2$ | 2～5 | CO | 0～0.2 |
| $O_2$ | 0.1～1.0 | 微量组分 | 0.01～0.6 |
| 硫化物 | 0～1.0 | | |

表 5-7 填埋气体的组成（二） 单位：体积%

| 组成 | 典型值 | 最大观测值 |
|---|---|---|
| $CH_4$ | 63.8 | 77.1 |
| $CO_2$ | 33.6 | 89.3 |
| $O_2$ | 0.16 | 20.93 |
| $N_2$ | 2.4 | 80.3 |
| $H_2$ | 0.05 | 21.1 |
| CO | 0.001 | — |
| 饱和碳氢化合物 | 0.005 | 0.074 |
| 非饱和碳氢化合物 | 0.009 | 0.048 |
| 卤代化合物 | 0.000 02 | 0.032 |
| $H_2S$ | 0.000 02 | 0.001 4 |
| 有机磷化合物 | 0.000 01 | 0.028 |
| 醇类 | — | 0.127 |

### 1. 填埋场主要气体的组成及特点

填埋场的主要气体是由固体废物中的有机组分通过生物化学分解产生的，其中主要包括甲烷、二氧化碳、氮、氨、硫化氢、氢、一氧化碳和氧等。填埋场主要气体的典型特征是：温度为 38～50℃，相对密度为 1.02～1.06 g/L，为水蒸气所饱和，高位热值为 15 630～19 537 kJ/$m^3$。其中甲烷和二氧化碳是填埋气体中含量最多的气体。甲烷在空气中的含量在 5%～15%时，容易发生爆炸，但是在产甲烷阶段，填埋场中的氧气含量十分有限，所以填埋场本身不存在爆炸的危险。但如果甲烷气体扩散出来，与空气混合，则有爆炸的可能。二氧化碳气体的密度较大，为空气的 1.5 倍、甲烷的 2.8 倍，因此，会向填埋场地的下部迁移，在防护比较薄弱的地带释放出来；或与渗滤液、地下水作用，使 pH 降低，引发一系列的水质变化问题。

### 2. 填埋场微量气体的组成和特点

填埋场的微量气体主要包括：挥发性有机物（VOCs）、氯氟烃（CFCS）、乙醛、甲苯、苯甲吲哚类、硫醇、硫醚、硫化甲酯气体等。英国学者在从 3 个不同填埋场采集的气体样品中发现了 116 种有机物，其中大多数是 VOCs。一般在接收含有挥发性有机物的工业废物的老填埋场中 VOCs 的浓度较高，而新填埋场中浓度则较低。这些填埋场微量气体虽然含量很小，但毒性很大，对公众的健康危害较大。

### （二）填埋气体的生成

固体废物填埋后，其中的氧气被好氧微生物逐渐消耗掉，形成厌氧环境。固体废物中的有机物在厌氧微生物的分解作用下产生以 $CH_4$、$CO_2$ 为主，兼含有少量的其他气体的混合气体。由于固体废物填埋场的条件、废物特性、压实程度和填埋温度等不同，所产生的填埋气体各成分的含量也不尽相同。

填埋气体的产生过程主要分为 3 个阶段：

①固体废物最初好氧分解，氧气很快被需氧有机物耗尽，然后兼性厌氧和厌氧微生物占主要地位，使反应成为发酵反应。一些容易被降解的物质被微生物利用并转化为发酵产物，如挥发性脂肪酸、氢气、二氧化碳，同时 pH 可降低到 4 或 5，而低 pH 对产甲烷菌有抑制作用，因此，在这一阶段无甲烷气体产生。

②随着 pH 的升高，产甲烷菌逐渐起主导作用，挥发性有机酸被降解，产生甲烷和二氧化碳。二氧化碳和甲烷的比率不仅取决于产甲烷菌的活性及其与其他微生物的关系，也依赖于固体废物有机组分的性质。例如，纤维质组分厌氧分解生成几乎等量的甲烷和二氧化碳；而蛋白质和脂肪分解产生的甲烷比二氧化碳多。城市固体废物中都含有蛋白质、脂肪和纤维素，一般填埋气体中甲烷与二氧化碳的比率在 1.1～1.2。

③城市固体废物中的可降解有机物大部分被降解后，填埋场进入生物反应成熟、稳定化阶段，微生物的分解逐渐减缓。在这一阶段，甲烷和二氧化碳的产生率明显下降，填埋气体中可能含有少量氮气和氧气。

### （三）填埋场产气的持续时间

填埋场产气的持续时间主要取决于填埋固体废物中有机化合物的组成、营养物质的含量、水分的含量和废物的初始压实情况等。如果填埋场的压实密度较大，不利于水分在整个填埋场的均匀分布，将会降低废物的生物转化速度，减小产气速率。

一般来说，固体废物中的可生物降解有机物可分为以下两种类型：①快速生物降解有机物（3 个月至 5 年），主要包括食品废物、新闻纸、办公纸、硬纸板、树叶和草等。②缓慢生物降解有机物（可达 50 年以上），主要包括纺织品、橡胶、皮革、木头和其他有机物。

通常塑料被认为是不可生物降解的。一个填埋场产气持续时间的长短与这些有机物的组成、比例有密切的关系。

## 二、填埋气体的产量

### （一）填埋气体产量的影响因素

填埋气体的产量由固体废物生物化学分解的程度和填埋气体产生速率决定。影响废物生物化学分解的主要因素有水分、温度、顶部盖层的渗透性、降水量、固体废物的可生物降解性以及废物填埋前的预处理程度等。

一般来说，废物的有机物含量越多、填埋区容积越大、填埋深度越深、填埋场密封程度越好、集气设施设计越合理，则填埋气体产量就越高；废物的含水率应保持在一定的水平，一般应大于 40%（有研究认为当含水量降到 20%以下时，废物分解基本停止）；当废物的温度在 30℃以上时，产气量较大；环境温度可以影响废物的温度，进而影响产气量。

### （二）填埋气体产量的估算

#### 1. 经验估算法

这种方法需要了解填埋场的尺寸、填埋废物的平均厚度、废物的组成、废物的降解速率、废物的填埋量和填埋场地的最大容量等有效数据。典型填埋场（25%的含水率）每年近似的产气量为 0.06 $m^3$/kg；如果是干旱或半干旱的气候条件，又没有水分加入，产气量则为 0.03～0.045 $m^3$/kg；如果填埋后有合适的湿度条件，产气量可达到 0.15 $m^3$/kg 或更高。

#### 2. 理论计算法

（1）化学计量计算法

有机固体废物厌氧分解的一般化学反应式可写为：

$$\text{有机物质（固体）}+H_2O \xrightarrow{\text{细菌}} \text{生物降解后的有机物质}+CH_4+CO_2+\text{其他气体}$$

上式表明有机废物的降解必须要有水的参与。在干燥条件下，填埋场的废物处于“木乃伊化”状态，不发生降解作用，如填埋几十年后的报纸上印刷的文字仍然清晰可读。

假如在填埋场中除塑料外的有机组分都可以用一般的分子式 $C_aH_bO_cN_d$ 来表示，并且可生化降解有机废物完全转化为 $CO_2$ 和 $CH_4$，则可用下式来计算气体产生总量：

$$C_aH_bO_cN_d+(\frac{4a-b-2c+3d}{4})H_2O \longrightarrow (\frac{4a+b-2c-3d}{8})CH_4+(\frac{4a-b+2c+3d}{8})CO_2+dNH_3 \tag{5-7}$$

（2）COD 法

假设填埋场在释放产生的气体时无能量损失，并且有机物全部分解生成 $CH_4$ 和 $CO_2$，则根据能量守恒定律，有机物所含能量全部被转化为 $CH_4$ 所含的能量，而有机物质所含能量与该物质完全燃烧所需氧气量（即 COD）成一定的比例，因而有：

$$COD_{有机物}=COD_{CH_4} \tag{5-8}$$

据甲烷燃烧的化学计量式：

$$CH_4+2O_2=CO_2+2H_2O$$

可得：

$$1gCOD_{有机物}=0.25gCH_4$$

或

$$1gCOD_{有机物}=0.35LCH_4\ （0℃，1atm） \tag{5-9}$$

据此，可以计算填埋场的理论产甲烷量。由于甲烷在填埋气体中的含量约为 50%，可以近似地认为总气体产量为甲烷产量的两倍，这样如果已知单位质量城市固体废物的 COD 以及总填埋量，就可以估算填埋场的理论产气量：

$$L_0=W(1-\omega)\eta_{有机物}C_{COD}V_{COD} \tag{5-10}$$

式中，$W$——废物质量，kg；

$C_{COD}$——单位质量废物的 COD，kg/kg，我国废物中的有机物主要为植物性厨房废物，$C_{COD}$=1.2 kg/kg；

$V_{COD}$——单位 COD 相当的填埋气体，$m^3$/kg；

$L_0$——填埋废物的理论产气量，$m^3$；

$\omega$——废物的含水率（质量分数），%；

$\eta_{有机物}$——废物中的有机物含量（质量分数），%（干基）。

考虑到有机废物的可生化降解比和在填埋场内的损失，实际潜在产气量为：

$$L_{实际}=\beta_{有机物}\xi_{有机物}L_0 \tag{5-11}$$

式中，$\beta_{有机物}$——有机废物中可生物降解部分所占比例，%；

$\xi_{有机物}$——填埋场内随渗滤液等而损失的可溶性有机物所占比例，%。

可收集到的填埋气体量为：

$$L_{收集}=\alpha_{LFG}L_{实际} \tag{5-12}$$

式中，$\alpha_{LFG}$——填埋气体收集系统的集气效率，其值为 30%～80%，一般堆放场可达 30%，而密封较好的现代化卫生填埋场可达 80%。

### 3. 试验测试法

填埋场中的有机物不可能全部被生物降解，而且降解后的有机物也不可能全部变成沼气。一般来说，一方面气体向水平方向扩散，流向场外，另一方面透过顶部盖层，散逸到大气。因此，潜在沼气产生量是很难测定的。在美国，有人估计填埋场的实际产气量仅为化学计算法求得的 1/2。而且，由于上述不稳定因素的存在，人们通常利用填埋模拟试验来获得生活垃圾在厌氧填埋时的产气量，进而推算实际填埋场的产气量。

## 三、填埋气体的产生速率

一般来说，填埋气体的产生速率在最初的 2 年达到高峰，然后开始缓慢下降，可以持续 25 年或更长。填埋气体的产生速率可以用 Scholl Canyon 一阶动力学模型来确定：

$$-\mathrm{d}L/\mathrm{d}t=kL \tag{5-13}$$

式中，$k$——产气速率常数，$a^{-1}$；

$t$——废物填埋后的时间，a。

该模型假设填埋场在厌氧条件下，由于微生物积累和稳定化造成的产气滞后阶段可以忽略，即在计算起点产气速率就已经达到最大值，在整个计算过程中产气速率随着填埋场有机废物组分的减少而递减。

对同一填埋场，假设 $L_0$ 为潜在产气量，$L$ 为从填埋开始到 $t$ 时刻的产气量，则剩余产气量为：

$$G = L_0 - L = L_0[1 - \exp(-kt)] \tag{5-14}$$

那么，填埋场的产气速率（$Q$）为：

$$Q = \mathrm{d}G / \mathrm{d}t = kL = kL_0 \mathrm{e}^{-kt} \tag{5-15}$$

对于运行期为 $n$ 年的填埋场，其产气速率为：

$$Q = \sum_{i=1}^{n} R_i k_i L_{0i} \exp(-k_i t_i) \tag{5-16}$$

式中，$Q$——填埋气体的产生速率，$m^3/a$；

$R_i$——第 $i$ 年填埋处理的废物量，t；

$t_i$——第 $i$ 年填埋处理的废物从填埋至计算时的时间，a，$t_i \geqslant 0$；

$L_0$——第 $i$ 年填埋废物的潜在产气量，$m^3$；

$k_i$——第 $i$ 年填埋废物的产气速率常数，$a^{-1}$。

Scholl Canyon 模型的优点是模型简单，需要的参数少，但是忽略了废物自填埋开始至产气速率达到最大这段时间及这段时间的产气量，只能大致反映产气速率的变化趋势。

## 四、填埋气体的迁移

甲烷和氢气在有氧气存在时都可燃烧，它们在空气中可以燃烧的含量分别为 5%～15%和 4.1%～75%（体积分数）。甲烷本身是无毒的，但在土壤植物根系带通过代替氧气，致使植物死亡。因此，有时可以通过观测地表植物的生长状况来跟踪填埋气体的迁移途径，如树叶枯萎、落叶、树木死亡等现象。在极端情况下，还可以测得地表土壤的发热程度。

$CO_2$ 能造成人窒息，$CO_2$ 的阈值是 0.5%，若 $CO_2$ 的浓度超过 5%会导致呼吸困难、头痛和视觉混乱。氧和氮在填埋气体中的存在通常是因为与空气的混合。硫化氢（$H_2S$）在填埋气体中的含量很少，但当废物中硫酸盐物质（如石膏板和其他含石膏的物料等），含量很高时，$H_2S$ 的浓度可达到 35%（$V/V$）。

填埋气体对环境的影响是多方面的，其中最重要的是甲烷气体向大气的排放和在封闭空间的积累所带来的爆炸危害。气体的迁移受浓度梯度和压力梯度的控制，包括对流作用和扩散作用。气体的扩散速率与其密度成反比，因此，密度较小的甲烷的迁移速度比密度较大的二氧化碳快 1.65 倍。

填埋方法是影响填埋气体迁移的重要因素，固体废物薄层压实，且设置日覆盖层将使填埋气体发生横向迁移，特别是当日覆盖层的渗透系数较小时。如果在填埋场设置垂直井，则有利于填埋气体的垂向迁移。在填埋场运行期间，产生的气体往往通过最小阻力的路径迁移、释放。如果临时性中间盖层具有一定的渗透性，填埋场运行期间产生的大多数气体可排放到大气中。然而，在填埋结束设置最终盖层之后，填埋气体向大气中的释放受到限制，气体压力升高，从而产生了气体迁移的驱动力。

填埋场固体废物的降解率和降解程度受填埋场内部环境条件的影响，因而它也影响填埋气体压力的增加速率和增加程度；而填埋场外部的地质、水文地质条件则影响气体迁移的路径，如断层、破碎地层等具有大的渗透系数，可以影响气体运移的方向和速度；水文地质条件（如地下水水位的高低）也将影响填埋气体的迁移路径。因此，很难确定填埋气体迁移的“安全距离”。

大气压力和降水等气候条件也能影响填埋气体的迁移。大气压力的下降有利于填埋场气体的迁移；降水能够使填埋场表面土层发生自然封闭，雨水湿润可使盖层黏土材料膨胀，使表面的裂隙被封闭，从而减少气体的释放。外部水的渗透能够抬升填埋场外部的地下水位和填埋场内的渗滤液水位，可减少体积并增加气体的压力。

## 五、填埋气体的处理和综合利用

### （一）填埋气体预处理

填埋气体中的甲烷、二氧化碳、氮气、氧气、$H_2S$ 等的含量在不断变化：湿度也许会降低到5%或升高到饱和；$H_2S$ 的含量能达到有害程度；含氧量的变化也很大，如果氧含量太高，会有爆炸的危险。因此，填埋气体在利用或直接燃烧前，通常需要进行一些预处理。

1. 脱水

填埋气体的温度一般在27～66℃，压力略高于大气压，其中的水蒸气近于饱和。在填埋场气体被抽到收集站之前，由于其在管道中温度降低，水蒸气发生凝聚，在管道里形成液体，从而会引起气流堵塞、管道腐蚀、气体压力波动和含水量高等现象。因此，首先需要对填埋场气体进行脱水，一般采用冷凝器、沉降器或过滤器等来除掉填埋场气体中的水分和颗粒；还可以使用分子筛吸附、低温冷冻、加脱水剂等方法进行脱水。此外在脱水过程中还伴有二氧化碳和硫化氢的去除。

2. 硫化氢的去除

硫化氢的含量与填埋废物的成分密切相关。当填埋废物中有石膏板之类的建筑材料或含硫酸盐的污泥时，填埋气体中的硫化氢含量会大幅增加。脱硫常用海绵铁吸附，即将填埋气体通过一个含有氧化铁和木屑"混合组成的海绵铁"，在潮湿的碱性条件下，硫化氢和水合氧化铁结合，反应式如下：

$$3\,H_2S+Fe_2O_3\cdot 2H_2O = Fe_2S_3+5H_2O$$

上面的反应一般进行得比较彻底。将海绵铁暴露在空气中可以再生，硫化铁转化为氧化铁和单质硫，反应式如下：

$$2\,Fe_2S_3+3O_2+2H_2O = 2Fe_2O_3\cdot 2H_2O+6S$$

3. 二氧化碳的去除

二氧化碳的密度较大，为空气的1.5倍，甲烷的2.8倍。二氧化碳的去除可提高填埋场气体的热值和减少贮存库容，但二氧化碳的去除费用相当高。多数情况下，在去除二氧化碳的同时能去除硫化氢。$CO_2$ 的去除方法采用最多的是水或化学溶剂吸收法，还可以用膜分离法。

4. $N_2$ 和 $O_2$ 的去除

$N_2$ 是惰性气体，用化学反应和物理吸收的方法都较难去除。迄今为止适用于商业应用的系统还没有推出，目前有冷冻除氮方法。氧气的去除可通过在催化反应器内加入 $H_2$ 使其发生反应生成水的方法来实现。

### （二）填埋气体的综合利用

我国大多数填埋气体被扩散排放或点燃，既浪费了能源又污染了环境。表 5-8 列出了填埋气体与各种气、液燃料的发热量。从表 5-8 中可以看出，填埋气体的热值与煤气的热值接近，每升填埋气体所含的能量相当于 0.45 L 柴油、0.6 L 汽油的能量。世界上许多国家如美国、英国、德国、澳大利亚等早已对填埋场气体进行开发使用，利用的基本形式有以下 4 种：①低热值气体直接进行利用。主要是销售给邻近的工业用户，或用以产生蒸气作为供热源；②通过内燃机发电；③经净化提纯，提高热值后，并入城市燃气网使用；④净化提纯，液化成天然气或作为甲醇等生产的工业原料。

表 5-8　气、液燃料发热量　　单位：$kJ/m^3$

| 燃料种类 | 纯甲烷 | 填埋气体 | 煤气 | 汽油 | 柴油 |
|---|---|---|---|---|---|
| 发热量 | 35 916 | 9 363 | 6 744 | 30 557 | 39 767 |

## 习题与思考题

1. 简述卫生填埋与安全填埋的异同。
2. 简述卫生填埋场渗滤液的组成和变化。
3. 简述卫生填埋气体的组成。
4. 简述垃圾渗滤液的形成机制及评估和控制方法。
5. 垃圾渗滤液的处理方法有哪些？
6. 简述垃圾填埋气体的控制与综合利用。

# 第六章　城市固体废物填埋场的设计与建设

现代城市固体废物填埋场的规划、设计和运行涉及环境工程、地质学、水文地质学、水文水资源、社会、经济等多学科的交叉应用。城市固体废物填埋场从设计、建设到封闭后的管理流程见图 6-1。

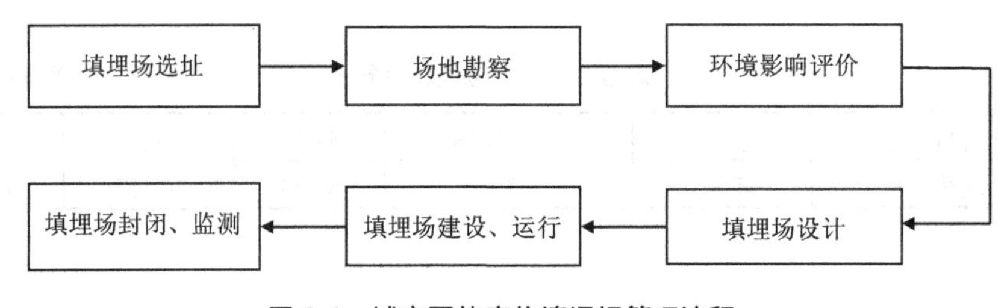


图 6-1　城市固体废物填埋场管理流程

## 第一节　填埋场选址

### 一、填埋场的选址原则

卫生填埋场的选址涉及政策、法规、经济、环境、工程及社会等要素，必须遵循安全和经济两条原则，从水文地质、生态环境、土地利用和社会经济等多方面加以考虑。选择一个合适的场址，可以减少环境污染的发生，降低运行成本，有利于填埋场的安全管理，并能达到经济效益、环境效益和社会效益之间的最佳平衡。因此，填埋场场址的选择，作为固体废物卫生填埋处置的第一步，也是填埋场在建设过程中最重要、最关键的一步。卫生填埋场场址的选择，涉及当地的经济、交通、地理地形、气候、环境地质条件、地表水文条件、水文地质、工程地质等情况，是一项复杂的工作。一般来说，卫生填埋场的选址应遵循以下 3 个原则。

①卫生填埋场选址应服从城市总体规划。固体废物填埋场是城市环卫基础设施的重要组成部分，对保护城市环境卫生和生态平衡、保障人民的身体健康和经济建设的发展起着重要作用。因此，卫生填埋场的选址和建设应服从城市总体规划布局，填埋场的规模应和城市建设规模、经济发展水平等相一致。只有这样，才能使填埋场充分发挥其经济效益、环境效益和社会效益，才能有效地发挥其为城市服务的功能。

②卫生填埋场选址满足的自然地理条件。为了保护城市大气环境质量，填埋场场地应选在城市常年主导风向的下风向和城市取水水源地的下游，与城市的距离要适中，交通条件要便利，使运输成本降到最低；填埋场地应选在人口密度低、周围 800 m 内无居民生活点、无矿藏资源或无开采价值，工农业以及旅游、文物、考古等使用价值不大的地区；填埋场地应远离飞机场、军事试验场和易燃易爆等危险品仓库；填埋场的垂向标高应不低于城市防排洪标准；尽可能利用天然地形。

③卫生填埋场选址满足的水文地质、工程地质条件。卫生填埋场应选择在岩性均匀、分布面积广、厚度大、渗透性小、地震烈度低、断裂和裂隙不太发育以及地层长期稳定的地区，如黏土层、基岩山区的黏土岩和页岩等；不能有滑坡、泥石流、地面塌陷等环境问题发生；隔水层、黏土厚度越大越好；场地应满足一定的地基承载力要求；场地的水文地质条件比较简单，地下水资源不丰富，地下水水位埋深大；专用水源地区、低洼湿地、河畔等地段不能建场。

## 二、填埋场选址程序、方法及适宜性评价

### （一）填埋场选址程序

#### 1. 收集资料

选址前要充分收集当地的地形、地貌、土壤条件、区域地质、水文地质、工程地质以及气象等方面的资料。

#### 2. 野外踏勘

通过野外踏勘可以直观地掌握预选场地的土地利用情况、交通条件、周围居民点分布情况、水文网分布情况和场地的地质、水文地质和工程地质条件等相关

的信息资料。根据野外踏勘所获得的资料对所选地点进行对比分析，分别列出每个可选地点的优点和弊端。

**3. 预选场地的社会、经济和法律条件调查**

对预选场址周围的社会、经济条件，以及公众对填埋场的反应和社会影响等进行进一步调查，确定其是否有碍于城市整体或工农业发展规划，是否影响城市景观。根据有关法律、法规和政策，特别是环境保护法、水域和水资源保护法等，排除与法律、法规相冲突、相抵触的预选地点。

**4. 预选场地可行性研究报告**

提交预选场地的可行性研究报告，充分利用调查资料来说明场地的可选性和可行性，以报告的形式提交给主管部门，使工程项目从可行性研究阶段进入正式计划内的工程项目审批、建设阶段。

**5. 预选场地初勘**

在征得管理部门的同意后，需要对场地的综合地质条件能否满足工程的要求进行初步勘察，查明场地的地质结构、水文地质和工程地质特征。场地初步的地质勘测工作和勘测结果是场址选择的最终依据。

**6. 预选场地的综合地质条件评价技术报告**

场地的初步地质勘测工作结束后，应由钻探施工单位提出场地地质勘查技术报告，再根据报告提供的技术资料和数据，由项目主管单位编写场地综合地质条件评价技术报告。报告内容应包括场地的综合地质、水文地质条件、场地的利弊、场地可选性结论，并对下一步场地的详细勘察和工程施工提出建议。

**7. 工程详勘和施工**

确定场地的可选性后，立即进入工程实施阶段。依据场地综合地质条件评价技术报告进行场地的详细勘察设计和施工。

### （二）场址选择方法

在充分收集资料和野外勘察的工作基础上，采用多种模型方法（如灰色系统理论、模糊综合评判、专家系统、地理信息系统和层次分析等）进行填埋场地的定量对比和选择。影响填埋场场址选择的因素很多，它们相互影响、相互制约，又相互联系，具有层次性。各影响因素之间的层次结构如图 6-2 所示。

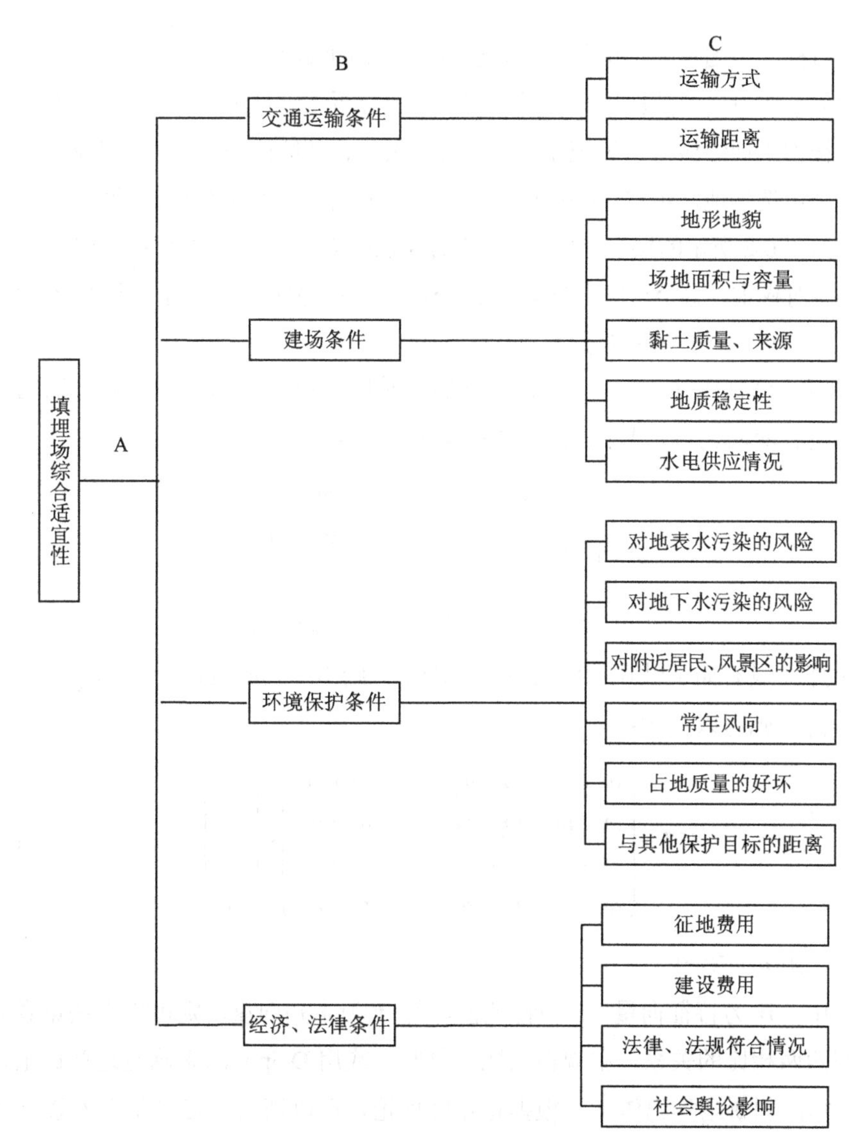


**图 6-2　拟选填埋场场址适宜性影响因素层次结构**

层次分析法能综合处理具有递阶层次结构的场地适宜性影响因素之间的关系，易于操作，而且能得到比较量化的结果，本书将重点介绍。层次分析法（Analytic Hierarchy Process，AHP）是美国运筹学家 T. L. Saaty 于 20 世纪 70 年代提出的，是一种定性和定量相结合的多目标决策分析方法，特别是将决策者的经验判断给予量化，对目标（或因素）结构复杂、必要资料欠缺的情况更为实用。层次分析法在我国其他领域已有广泛的应用和发展。利用层次分析法进行填埋场场址选择的基本思路是：根据当地的城市总体规划、交通运输条件、环境保护、环境地质条件等，拟订若干个可选场地，再将这些场地的适宜性影响因素与上述选择原则结合起来，构造一个如图 6-2 所示的层次分析图，再把各层次的因素进行量化处理，得出每一层各因素的相对权重，直至计算出方案的相对权重，最后根据这些权重进行综合评判。

**1. 层次分析法的基本原理**

设有 $n$ 个物体 $A_1$，$A_2$，…，$A_n$，它们的质量分别为 $\omega_1$，$\omega_2$，…，$\omega_n$，若将它们的质量进行两两比较，其比值可构成 $n\times n$ 矩阵 $A$：

$$A=\begin{pmatrix}\omega_1/\omega_1 & \omega_1/\omega_2 & \cdots & \omega_1/\omega_n\\ \omega_2/\omega_1 & \omega_2/\omega_2 & \cdots & \omega_2/\omega_n\\ \cdots & \cdots & \cdots & \cdots\\ \omega_n/\omega_1 & \omega_n/\omega_2 & \cdots & \omega_n/\omega_n\end{pmatrix} \tag{6-1}$$

矩阵 $A$ 具有如下性质：用权重向量表示，则 $W=(\omega_1, \omega_2, \cdots, \omega_n)^T$，若乘以 $A$ 矩阵，则可以得到：

$$AW=\begin{pmatrix}\omega_1/\omega_1 & \omega_1/\omega_2 & \cdots & \omega_1/\omega_n\\ \omega_2/\omega_1 & \omega_2/\omega_2 & \cdots & \omega_2/\omega_n\\ \cdots & \cdots & \cdots & \cdots\\ \omega_n/\omega_1 & \omega_n/\omega_2 & \cdots & \omega_n/\omega_n\end{pmatrix}\times\begin{pmatrix}\omega_1\\ \omega_2\\ \cdots\\ \omega_n\end{pmatrix} \tag{6-2}$$

即（$A-n_i$）$W=0$

式中，$W$ 为特征向量，$n$ 为特征值。若 $W$ 为未知向量，则可根据决策者对物体之间两两相比的关系，主观得出比值判断；或用 Delphi 法来确定这些比值，使 $A$ 为已知，判断矩阵记作 $\overline{A}$。根据正矩阵理论，可以证明，若 $A$ 矩阵有以下特点（设 $a_{ij}=\omega_i/\omega_j$）：

① $a_{ij=1}$ （$i=j$）

② $a_{ij}=1/a_{ji}$ （$i$，$j=1$，2，…，$n$）

③ $a_{ij}=a_{ij}$ （$i$，$j$，…，$n$）

则该矩阵具有唯一非零的最大特征值 $\lambda_{\max}$，且 $\lambda_{\max}=n$。若给出的判断矩阵 $\overline{A}$ 具有上述特性，则该矩阵具有完全的一致性。然而人们在对复杂事物的各影响因素进行两两比较时，不可能做出完全一致的判断，而是存在估计误差，这必然导致特征值及特征向量也产生偏差。这时，问题就由 $AW=nW$ 变成 $\bar{A}W'=\lambda_{max}W'$，这里 $\lambda_{max}$ 是矩阵 $A$ 的最大特征值，$W'$ 是带有偏差的相对权重向量，这是由判断不兼容而引起的误差。为了避免误差过大，所以要检验矩阵 $A$ 的一致性。当 $A$ 矩阵完全一致时，因 $a_{ij}=1$，$\sum_{i=1}^{n}\lambda_i=\sum_{i=1}^{n}a_{ij}=n$，所以存在唯一的非零解 $\lambda=\lambda_{max}=n$。

而当 $\bar{A}$ 矩阵判断存在不一致时，一般是 $\lambda_{max}\geqslant n$，这时：

$$\lambda_{max}+\sum_{i=1}^{n}\lambda_i=\sum_{i=1}^{n}a_{ij}=n \tag{6-3}$$

由于：

$$\lambda_{max}-n=-\sum_{i\neq max}\lambda_i \tag{6-4}$$

以其平均值作为检验判断矩阵的一致性指标，计算公式如下：

$$\mathrm{CI}=\frac{\lambda_{max}-n}{n-1}=\frac{-\sum\limits_{i=max}\lambda_{max}}{n-1} \tag{6-5}$$

式中，当 $\lambda_{max}=n$，$\mathrm{CI}=0$ 时，可判定矩阵为完全一致。CI 值越大，判断矩阵的完全一致性就越差，一般当 CI＜0.1 时，认为判断矩阵的一致性可以接受，否则必须重新进行两两比较判断。

一般来说，判断矩阵的维数 $n$ 越大，判断矩阵的一致性就越差，因此，应放宽对高维判断矩阵一致性的要求，于是引入修正值 RI 进行修正（表 6-1），并取合理的 CR 为衡量判断矩阵一致性的指标。

$$\mathrm{CR}=\frac{\mathrm{CI}}{\mathrm{RI}} \tag{6-6}$$

表 6-1　RI 与维数的关系

| 维数 | 1 | 2 | 3 | 4 | 5 | 6 | 7 | 8 | 9 | 10 |
|---|---|---|---|---|---|---|---|---|---|---|
| RI | 0.00 | 0.00 | 0.58 | 0.96 | 1.12 | 1.24 | 1.32 | 1.41 | 1.45 | 1.48 |

### 2. 标度的确定

为了使两两比较的各因素之间得到量化的判断矩阵，引入 1～9 的标度（心理学家研究指出，人们区分信息等级的极限能力为 7±2)，详见表 6-2。由此可见，对于一个 $n \times n$ 矩阵，只需要给出 $n \times (n-1)/2$ 个判断数值。

表 6-2 标度 $a_{ij}$ 的确定表

| 标度 $a_{ij}$ | 定义 |
| --- | --- |
| 1 | $i$ 因素与 $j$ 因素同样重要 |
| 3 | $i$ 因素比 $j$ 因素略为重要 |
| 5 | $i$ 因素比 $j$ 因素较重要 |
| 7 | $i$ 因素比 $j$ 因素非常重要 |
| 9 | $i$ 因素比 $j$ 因素绝对重要 |
| 2、4、6、8 | 为以上两判断之间的中间状态所对应的标度值 |
| 倒数 | 若 $j$ 因素与 $i$ 因素比较，得到的判断值为 $a_{ji}=1/a_{ij}$，$a_{ij}=1$ |

### 3．层次模型判断矩阵的建立与计算

根据问题的具体情况，判断矩阵一般分为目标层 $A$、制约因素层 $B$、制约因素层 $C$ 或层次更多的结构。对于表 6-2 所示的层次结构，可建立如下矩阵：

目标层 $A$ 和制约因素层 $B$ 的判断矩阵　　　　制约因素层 $B$ 和制约因素层 $C$ 的判断矩阵

$$\begin{array}{c|cccc} A & B_1 & B_2 & \cdots & B_k \\ \hline B_1 & a_{11} & a_{12} & \cdots & a_{1k} \\ B_2 & a_{21} & a_{22} & \cdots & a_{2k} \\ \vdots & \vdots & \vdots & \cdots & \vdots \\ B_k & a_{k1} & a_{k2} & \cdots & a_{kk} \end{array} \quad 或 \quad \begin{array}{c|cccc} B & C_1 & C_2 & \cdots & C_k \\ \hline C_1 & a_{11} & a_{12} & \cdots & a_{1k} \\ C_2 & a_{21} & a_{21} & \cdots & a_{2k} \\ \vdots & \vdots & \vdots & \cdots & \vdots \\ C_k & a_{k1} & a_{k2} & \cdots & a_{kk} \end{array} \tag{6-7}$$

一般来讲，在 AHP 法中计算判断矩阵的最大特征值与特征向量（即相对权重）时，并不需要很高的精度，故用近似方根法计算即可，计算步骤为：

①计算判断矩阵每行所有元素的几何平均值。

$$\overline{w} = \sqrt[n]{\prod_{j=1}^{n} a_{ij}} \qquad i=1，2，\cdots，n \tag{6-8}$$

得到

$$\overline{w} = (\overline{w}_1, \overline{w}_2, \cdots, \overline{w}_n)^{\mathrm{T}}$$

②将 $\overline{w}$ 归一化。

$$w_i = \frac{\overline{w}_i}{\sum_{i=1}^{n} \overline{w}_i} \qquad i=1,\ 2,\ \cdots,\ n \tag{6-9}$$

得到 $w = (w_1, w_2, \cdots, w_n)^{\mathrm{T}}$，即为所求特征向量的近似值，这也是各因素的相对权重。

③计算矩阵的最大特征值。

$$\lambda_{\max} = \sum_{i=1}^{n} \frac{(A\overline{w})_i}{(n\overline{w})_i} \tag{6-10}$$

式中，$(A\overline{w})_i$——$A\overline{w}$ 的第 $i$ 个元素；

$A$——判断矩阵。

④计算判断矩阵一致性并检验。

计算得到的相对权重通过一致性检验后，就认为这个权重正确，各制约因素对上层因素的相对权重求得后，即可利用下述广义目标函数定义的数学模型进行适宜性评价。

### （三）场址适宜性综合评价数学模型

对于填埋场适宜性评价子系统，拟采用多目标决策线性加权法描述，首先建立一个广义目标函数，即：

$$Z = \sum_{i=1}^{n} Z_i \tag{6-11}$$

式中，$Z$——填埋场适宜性总分；

$i$——第一层制约因素的第 $i$ 项影响因素，$i$=1，2，…，$n$；

$n$——填埋场第一层制约因素的个数；

$Z_i$——第一层制约因素的第 $i$ 项影响因素的总分。

$$Z_i = \sum_{L=1}^{k_1} K_{i00} \cdot K_{ij0} \cdot K_{ijl} \cdot K_{ijls} \tag{6-12}$$

式中，$Z_i$——第一层第 $i$ 个影响因素的总分；

$i$——第一层制约因素的个数；

$j$——第一层第 $i$ 项的第二层第 $j$ 个子因素，$j$=0，1，2，…，$n$；

$L$——第二层第 $j$ 项影响因素的个数，$L$=1，2，…，$n$；

$K_{i00}$——第一层制约因素的第 $i$ 个子因素的权重；

$K_{ij0}$——第二层制约因素的第 $j$ 个因素的权重；

$K_{ijl}$——第三层制约因素的第 $l$ 个因素的权重；

$K_{ijls}$——第三层制约因素的第 $l$ 个因素的实际贡献权重。

若按百分制，层次分析综合评价数学模型为：

$$Z=\sum_{i=1}^{n} Z_i =100\sum_{i=1}^{n} \sum_{L=1}^{k1} K_{i00}\cdot K_{ij0}\cdot K_{ijl}\cdot K_{ijls} \tag{6-13}$$

本评价只用到两层制约因素，所以只考虑到 $K_{ijl}$，更多的层次可以类推。

利用层次分析法求得各因素的权重和评价模型后，即可对填埋场进行适宜性评价。

### 三、填埋场场地勘察

填埋场场地勘察工作主要包括前期资料收集、野外现场调查、取样分析和必要的勘探工作。调查的内容主要有拟建填埋场地区的一般情况，如人口、工农业生产、经济发展规划等；气象、水文和自然灾害情况；地形、地貌条件；地质、水文地质条件；固体废物基本情况，如固体废物的特性、产量、场地的容量和使用年限等；拟建填埋场地区生态环境方面的情况，包括生态脆弱性、污染防护能力、稳定性等方面。

## 第二节　填埋场环境影响评价

### 一、卫生填埋场环境影响评价研究现状

#### （一）国外填埋场环境影响评价研究进展

美国是采用卫生填埋处理固体废物比例最高的国家，达 95%。从 20 世纪 30 年代起，美国就有 1 400 多个城市采用卫生填埋处理固体废物，到 90 年代，卫生

填埋场总数多达 75 000 个，当时加拿大只有 2 200 个。此外，英国、澳大利亚、新西兰、挪威、法国、丹麦、德国、意大利等都建立了大量卫生填埋场。发达国家的政府、科研机构和高等院校十分重视卫生填埋场处置方法、技术和环境影响评价等方面的研究。卫生填埋场环境影响评价研究的发展可分为下列几个阶段。

①前期阶段（20 世纪 30—50 年代）。人们尚未认识到固体废物对环境和人类健康的危害，卫生填埋很少被使用，固体废物以简单露天堆放为主，场址选择主要以交通条件方便为准则，较少考虑地貌、地形情况和环境地质条件，极少考虑资源环境的保护。

②场址评价阶段（20 世纪 60—70 年代早期）。由于固体废物简单露天堆放所造成的环境污染事件不断增多，特别是 1972 年在斯德哥尔摩召开联合国人类环境会议以后，环境问题在全世界范围内引起人们的警觉和重视。这一阶段，填埋场在选址时，地质、水文地质、工程地质、环境地质等条件成为调查、分析和评价的对象。

③地质环境影响的机理研究阶段（20 世纪 70 年代中后期—80 年代中期）。这一阶段主要研究单个污染物与地下水或地层中的矿物成分相互作用的机理，评价其对环境造成的影响。主要采用物探、同位素、示踪等方法，应用溶质运移解析模型和数值模型、有机质降解运移模型、零通量面法等使环境影响评价从定性走向定量。

④全面系统化研究阶段（20 世纪 80 年代后期至今）。1984 年，美国学者 Schroeder 等研发了卫生填埋场水力学评价模型（Hydraulic Evaluation Landfill Programme，HELP）。该模型从水力学角度，对填埋场中水量的转化进行综合计算，重点考虑了填埋场中渗滤液量的大小，给出了不同结构组合条件下渗滤液渗出量的估算方法。1988 年，Peyton R. L.等通过对 17 个填埋场的长期模拟试验，验证了 HELP 模型的可靠性和适用范围；Honllingshead S. C.等利用该模型对填埋场的黏土隔水层厚度、渗透系数、表层土厚度等因素的影响进行了分析，对顶部盖层系统的改进作了进一步研究。

Freeze R. A.和 Massman J.等在 20 世纪 90 年代初，将决策分析方法应用到该研究领域，以工程设计中的风险性理论为基础，以系统工程最优化为目的，研究基于风险—费用—效益的目标决策模型、地下水流与溶质运移模型和不确定性模型等三种模型的相互耦合，其研究结果对认识固体废物对环境的影响，指导填埋场优化设计、合理运行和管理具有重要意义。有的学者还研究了固体废物中的有机质、$NO_2^-$、$NO_3^-$、$NH_4^+$、COD 等污染物在填埋场的水-土系统中的相互作用和转化机理，并建立了相应的数学模拟模型进行预测。

1991 年，Modymont G. L. 将人工智能知识系统应用到填埋场对地下水的环境影响评价中。德国的 M. Langger 在 1994 年指出，填埋场地除了要考虑工程地质、水文地质与环境地质等因素，还需做岩土工程安全分析（岩土承载力、多层屏障系统评价，边坡稳定性分析等）、制订减少或避免危害的措施，建立防止岩土坍塌和遭受破坏的方法等。

### （二）国内填埋场环境评价的研究现状

我国在对生活垃圾进行“资源化、减量化、无害化”处置还处于初期阶段。在现有国力条件下，卫生填埋作为一种既经济合理又容易推广的固体废物处置方法已受到国家的高度重视。在“七五”期间，我国已经建成了杭州天子岭、广州大田山、深圳下坪等卫生填埋场。另外，天津、宁波、沈阳、青岛、武汉、成都等城市也在进行填埋场的建设。建设部颁布的《城市生活废物卫生填埋技术标准》（CJJ 17—88）于 1989 年 7 月 1 日正式实行。该标准的施行，使我国的固体废物卫生填埋工作进入了一个新的阶段。

## 二、填埋场环境影响评价

### （一）渗滤液渗漏对环境污染预测

#### 1. 数量统计分析法

数量统计分析法包括一元回归法和多元回归法，常用的是一元回归法。例如，某填埋场不同距离的地下水水质情况详见表 6-3，从表 6-3 中可以看出，污染物的浓度随着距离的增加而不断减小，用一元回归分析法建立的污染物衰减方程见表 6-4。

表 6-3 填埋场地下水中污染物质水平衰减情况 单位：mg/L

| 与场地的距离/m | 0 | 0.3 | 1.8 | 3.3 | 4.8 | 6.3 | 80.0 |
|---|---|---|---|---|---|---|---|
| $COD_{Cr}$ | 181.4 | 184.1 | 151.5 | 95.5 | 28.5 | 42.5 | 17.91 |
| $Cl^-$ | 1 251.2 | 1 233.8 | 1 094.8 | 886.3 | 500.5 | 542.2 | 396.2 |
| $NO_3^-$ | 24.0 | 15.0 | 13.0 | 16.0 | 9.0 | 9.0 | 8.0 |
| $NH_4^+$ | 760.0 | 780.2 | 520.0 | 170.0 | 2.72 | 0.60 | 0.40 |

表 6-4 填埋场地下水中污染物质水平衰减方程及预测值

| 污染组分 | 回归方程 | 相关系数（$R$） | 均方差（$S$） | 方程预测影响范围/m |
|---|---|---|---|---|
| $COD_{Cr}$ | $c = 219.53e^{-0.306\,842L}$ | 0.903 | 0.40 | 8.15 |
| $Cl^-$ | $c = 1\,362e^{-0.161\,81L}$ | 0.945 | 0.162 | 7.63 |
| $NO_3^-$ | $c = 121.213\,4e^{-0.447L}$ | 0.935 | 0.401 | 6.80 |
| $NH_4^+$ | $c = 511.27 - 271.65\lg L$ | 0.952 | 11.96 | 6.60 |

从表 6-4 可以看出，地下水中的污染物质以指数衰减，可以利用回归衰减方程预测填埋场中的不同污染物对周围环境的影响。

### 2. 地下水流速估算法

可以通过监测填埋场地区地下水水位进行区域地下水流场分析，计算填埋场地下水的水力梯度，利用达西定律计算地下水的渗透流速，以此来预测渗滤液污染晕的迁移速度。

$$V = \frac{K}{n_e} I \tag{6-14}$$

式中，$V$——污染物随水流迁移速度，m/d；

$K$——含水层渗透系数，m/d；

$n_e$——含水层有效孔隙度，%；

$I$——地下水水力梯度，m/m。

### 3. 地下水污染的数值模拟方法

应用地下水渗流理论和溶质运移弥散理论建立污染物在地下环境中的迁移模型，模型包括地下水流方程、污染质运移方程、初始条件和边界条件。模型中可以包括对流、弥散和各种化学反应。如果填埋场的地质、水文地质条件比较简单，可用解析方法求解，预报地下水的污染情况。但在实际应用中，地质、水文地质条件通常十分复杂，并且地下介质是非均质、各向异性的，所以常用数值方法求解地下水污染的定解问题，从而达到在空间和时间上对污染物的分布、变化进行模拟预报的目的。

### 4．渗滤液对土壤环境影响的预测与评价

渗滤液泄漏会导致填埋场周围土壤环境受到污染。调查表明，法国某填埋场附近的土壤中锌、铅、铜等重金属元素的含量分别达到正常土壤含量的5～43倍、6～48倍、3～232倍。试验表明，重金属可以完全抑制土壤中的共生固氮作用，并使土壤中的微生物群落总量降低。随着时间的推移，填埋场周围土壤的净化能力日趋饱和，污染物质不断累积，土壤质量明显下降。

（1）渗滤液与土壤的作用

①物理过滤。土壤颗粒间的空隙具有截留、滤除悬浮颗粒的能力。

②物理吸附。在非极性分子间范德华力的作用下，土壤中的黏土矿物颗粒能够吸附土壤中的中性分子；土壤胶体颗粒表面一般带负电，可以吸附渗滤液中的部分重金属离子；在阳离子交换作用下，部分污染物被吸附并生成难溶性的物质固定在矿物的晶格中。

③化学反应和化学沉淀。渗滤液中溶解的$H_2S$和土壤中的部分有机物质还原生成的$H_2S$与渗滤液中的镉、汞和铅等重金属离子结合生成不溶于水的硫化物滞留在土壤中；另外，磷酸盐也可以和部分金属离子发生化学反应生成金属磷酸盐，沉积在土壤中。

④微生物代谢。一般土壤中的微生物种类繁多，数量巨大，它们不断对渗滤液中的有机物进行降解和转化；另外，植物根瘤菌可以吸收含氮污染物。

（2）渗滤液污染组分截留容量预测与土壤环境容量的计算

①土壤截污容量计算。渗滤液渗漏或溢出进入土壤，部分污染物质在土壤的吸附、离子交换、氧化还原、地球化学、微生物降解和植物吸收等作用下不断衰减；部分则残留在土壤中。污染物质$i$在土壤中的累积残留量（$W_i$，mg/kg）可以用式（6-15）估算：

$$W_i = \phi_i + X_i K_i \cdot \frac{1-K_i^n}{1-K_i} \tag{6-15}$$

式中，$\phi_i$——污染物在土壤中的背景值，mg/kg；

$X_i$——单位质量土壤每年接纳该污染物的量，mg/（kg·a）；

$K_i$——污染物 $i$ 在土壤中的年残留率，可以通过试验获得；

$n$——污染年限。

$X_i$可用式（6-16）计算：

$$X_i = \frac{Q}{M} \cdot C_i \tag{6-16}$$

式中，$Q$——渗滤液渗漏水量，$m^3/a$；

$M$——土壤质量，kg；

$C_i$——污染物质 $i$ 的浓度，mg/L。

② 土壤环境容量的计算

重金属和难降解污染物（如 Cd、Pb、苯并[$a$]芘等）在土壤环境中的固定容量可用式（6-17）计算：

$$Q_i = (C_i - B_i) \times 0.225 \tag{6-17}$$

式中，$Q_i$——土壤中某污染物质的固定环境容量，$g/m^2$；

$C_i$——土壤中某污染物的允许含量，g/t 土壤；

$B_i$——土壤中某污染物质的环境背景值，g/t 土壤；

0.225——每平方米表土的计算质量，$t/m^2$。

式（6-17）表明，在填埋场的特定区域，当环境背景值确定后，土壤环境容量的大小和土壤的临界含量（污染物允许含量）密切相关。因此，制订适宜的土壤环境临界含量非常重要。根据土壤污染程度，可以计算土壤达到严重污染的时间。

## （二）大气环境影响预测与评价

### 1. 甲烷（$CH_4$）产生量模型

目前，填埋场 $CH_4$ 气体的产量和产率在理论上有 3 种计算模型，即基于质量平衡理论的产气量模型、理论动力学产气量模型和生物降解最大产气量理论模型。

（1）基于质量平衡理论的产气量模型

$$E = \mathrm{MSW} \cdot n \cdot \mathrm{DOC} \cdot t \cdot (16/12) \times 0.5 \tag{6-18}$$

式中，MSW——城市固体废物产生量，t/a；

$n$——固体废物填埋率；

DOC——固体废物中可降解有机碳的含量，联合国政府间气候变化专门委员会（the Intergovermental Panel on Climate Change，IPCC）推荐值：发展中国家为 15%，发达国家为 22%；

$t$——固体废物中可降解有机碳的降解率，IPCC 推荐值为 77%。

该模型计算产气量方便快捷，只需知道某种城市固体废物的总产量以及填埋率就能估算出产气量。但由于没有考虑固体废物产气的规律及其影响因素，计算过程过于粗略，仅适用于较大范围产气量的计算，如一个国家、一个省或一个城市。

按此公式计算 1 t 固体废物的甲烷产量

$$E_{CH_4}=1\times 100\%\times 15\%\times 77\%\times(16/12)\times 0.5=0.077\ (\mathrm{t}) \quad (6\text{-}19)$$

（2）理论动力学产气量模型

N. Gardner 和 S. D. Probert 提出下述公式

$$P=C_{\mathrm{d}}\times X\times\sum_{i=1}^{n}F_i(1-\mathrm{e}^{-K_i t}) \quad (6\text{-}20)$$

式中，$P$——单位质量的固体废物在时间 $t$ 内的甲烷排放量；

$C_{\mathrm{d}}$——固体废物中可降解有机碳的百分含量（IPCC 推荐值为 15%）；

$X$——填埋气体中 $CH_4$ 的含量；

$n$——可降解组分的总数（$i$=1，2，3，…，$n$）；

$F_i$——降解组分 $i$ 占有机碳的含量；

$K_i$——降解组分 $i$ 的降解系数；

$t$——填埋时间。

这个模型表示固体废物的产 $CH_4$ 量随时间的动态变化，有利于对固体废物稳定化过程中各个阶段产气变化情况的分析，从而进行填埋气体收集系统设计。

（3）生物降解最大产气量理论模型

该模型主要依据对固体废物的组成成分和元素的分析，并通过生物化学反应计算产气量，计算模型为：

$$C=\sum_{i=1}^{n}KP_i(1-M_i)V_iE_i \quad (6\text{-}21)$$

式中，$C$——单位质量废物的产甲烷量，L $CH_4$/kg 湿废物；

$K$——单位质量的挥发性固体废物在标准状态下的产甲烷量，其值通常取 526.5 L $CH_4$/kg，是经验常数；

$P_i$——有机组分占单位质量废物的湿重百分比，%；

$M_i$——某有机组分的含水率，%；

$V_i$——某有机组分中挥发性固体含量，以干重计，%；

$E_i$——某有机组分中可生物降解的挥发性固体的含量，%。

该方法的主要特点是利用有机物的可生物降解特性，更切合实际，并能较准确地反映填埋场气体的主要成分，但最终的计算值偏高。

**2. 填埋气体排放强度预测**

预测了每年的 $CH_4$ 产生量后，就可以换算出每小时的排放强度。利用填埋气体中各组分占填埋气体总产量的相对比例，可以计算出其余各组分的相对排放强度。表 6-5 是以国内某城市的填埋场为例计算的填埋气体各组分的产生率和百分含量。

表 6-5　填埋场气体各组分的产生量及其百分含量

| | $H_2S$ | $NH_3$ | $CH_4$ | $N_2$ | $CO_2$ | $SO_2$ |
|---|---|---|---|---|---|---|
| 产生量/（mg/m³） | 0.018 5 | 0.584 | 2.997 | 0.177 | 0.612 | 0.021 |
| 百分含量/% | 0.41 | 13.24 | 67.98 | 4.01 | 13.88 | 0.47 |

**3. 气体恶臭影响范围预测**

填埋气体中的恶臭气体主要是 $H_2S$ 和 $NH_3$。估算填埋场下风向某处恶臭气体的浓度时，可以认为填埋场是一个有限线源。当风向与线源的方向垂直时，取与平均风向平行的方向为 $x$ 轴，线源的中点为坐标原点。线源的范围为 $y_1$～$y_2$，且 $y_1 < y_2$，则下风向某处污染物的浓度估算模型为：

$$C(x,y,0,H)=\frac{2Q_{\mathrm{L}}}{\sqrt{2\pi}\sigma_Z\mu}\exp\left[-\frac{1}{2}\left(\frac{H}{\sigma_Z}\right)^2\right]\times\int_{P_1}^{P_2}\frac{1}{\sqrt{2\pi}}\exp\left(-\frac{p^2}{2}\right)\mathrm{d}p \qquad (6\text{-}22)$$

$$P_1=\frac{y_1}{\sigma_y},\quad P_2=\frac{y_2}{\sigma_y}$$

式中，$H$——排放源的高度，m；

$C$——下风向某处的污染物浓度，mg/m$^3$；

$Q_L$——线源的强度，g/（m·s）；

选择帕斯奎尔分类法划分的大气稳定度（A—极不稳定，B—不稳定，C—弱不稳定等），利用 $P$-$G$ 曲线得下风向某处的扩散系数$\sigma_y$、$\sigma_z$。

## （三）噪声环境影响预测与评价

噪声环境影响评价主要是评价在固体废物运输、场地施工、固体废物填埋等操作过程中由运输工具和各种机械设备产生的振动和轰鸣等对公路沿线和施工场地周围的环境造成的影响。

### 1. 公路沿线噪声的预测与评价

线声源随传播距离增加，噪声强度逐渐降低，引起的衰减值可用式（6-23）计算：

$$\Delta L_1 = 20\lg\frac{l}{4\pi r^2} \tag{6-23}$$

式中，$\Delta L_1$——距离衰减值，dB；

$r$——线声源到受声点的距离，m；

$l$——线声源的长度，m。

公路沿线的噪声随距离的变化可用式（6-24）的模型进行预测：

$$L_{eq(x)} = L_{eq} - 20\lg\frac{l}{4\pi r^2} \tag{6-24}$$

式中，$L_{eq}$——公路基底噪声声压级，由当地的环境资料获得，dB。

### 2. 填埋场场地周围噪声影响预测

填埋场施工场地的噪声对周围的影响可用式（6-25）的模型进行预测：

$$L_{eq(x)} = L_{eq} + 20\lg(\frac{x}{0.328} + 250) - 48 \tag{6-25}$$

式中，$x$——离场地边界的距离，m。

### 3. 减小噪声污染的措施

减小噪声污染的措施主要包括以下 3 点：①建立围墙或围栏，一般噪声可减小至少 6 dB；②填埋场场地距离居民区尽量远一些；③建立防护林带；④使用声压级较小的设备，采用一定的消声措施。

## （四）环境经济损益影响评价

### 1. 填埋场费用-效益分析方法

固体废物填埋场的建设、运行费用主要包括填埋场的总投资，固体废物处理设备运行费用，渗滤液处理、除尘、除噪等外部处理设备费用，环境损失补偿费等；收益主要包括直接收益和环境收益。填埋场建设力求使环境效益、经济效益和社会效益均达到最大。因此，有必要对填埋场的费用-效益进行综合评价和定量分析。填埋场的费用-效益定量分析可用下式进行：

$$\mathrm{NPV} = B_\mathrm{d} + B_\mathrm{e} - C_\mathrm{d} - C_\mathrm{p} - C_\mathrm{e} \tag{6-26}$$

式中，NPV——净现值；

$B_\mathrm{d}$——项目的直接收益；

$B_\mathrm{e}$——外部（或环境）收益，指填埋场建成后的环境收益；

$C_\mathrm{d}$——项目的直接成本，指建设项目的总投资费用及处理设施运行费；

$C_\mathrm{p}$——环境保护费用，即污水处理设施及除噪、除尘装置费；

$C_\mathrm{e}$——外部（环境）费用，即该项目给当地居民及周围环境造成的损失补偿费。

根据 NPV 是否大于 0 来判断项目是否可行。

（1）各指标的计算

1）项目的直接收益（$B_\mathrm{d}$）

项目的直接收益指固体废物填埋场在正式建成投产运行后的直接经济收益，主要包括向产生固体废物的工厂、企事业单位、社区居民等征收的固体废物处理费、填埋气体资源化利用收益和国家财政补贴等。

2）外部效益（$B_\mathrm{e}$）

填埋场建设的最终目的是保护环境，通过封闭场地，杜绝其与外界的直接接触等措施把固体废物对环境的污染降到最低程度。如果对废物控制不当或监管不严，最终会导致环境污染，给经济造成损失。由于环境污染造成的经济损失可用因子价格计算，折算成货币进行估算，具体计算内容和方法如下：

①固体废物占用农田而造成的农业经济损失（$B_{e1}$）。按每平方米农田堆放 15 t 固体废物计算，若每年需填埋 B t 废物；该地按种植某一经济农作物计算，根据《建设项目经济评价方法与参数》中提供的因子价格，每平方米农田产出的某经济作物的净效益为 C 元，则

$$B_{e_1} = B / 15 \times C \tag{6-27}$$

②固体废物的任意堆放和渗滤液渗漏造成的地下水污染损失（$B_{e2}$），主要是地下水污染调查、控制和修复治理所需的费用。

③补偿性损失（$B_{e3}$）。我国大多数城市没有严格的安全填埋场，大多数工厂、企业和个人对产生的固体废物随意堆放，故应向环保部门交纳一定的排污费。按排污规定，排放 1 t 固体废物需要交纳 $d$ 元，每年排放固体废物 $D$ t，可收取的排污费用为 $d \times D$ 元，如建成填埋场，交纳的排污费转为效益，故 $B_{e3}=d \times D$ 元。

④不可预见损失（$B_{e4}$）。任意堆放的固体废物会给大气、地表水、景观、环境等造成污染。由于难以准确确定此类经济损失，所以通常采用经验估算法进行估算：

$$B_{e_4} = 0.1 \times (B_{e_1} + B_{e_2} + B_{e_3}) \tag{6-28}$$

所以外部总（环境）效益

$$B_e = B_{e_1} + B_{e_2} + B_{e_3} + B_{e_4}$$

3）项目的直接成本（$C_d$）

项目的直接成本包括固定资产投资（$C_{d1}$）和设施运行费（$C_{d2}$）。

4）环境保护费用（$C_p$）

环境保护费用主要包括渗滤液的收集、控制和处理等设施费用以及填埋气体的收集、控制和净化处理等设施费用。

5）外部环境费用（$C_e$）

外部环境费用主要指在填埋场建设施工和填埋场操作运行前后给当地居民造成的不便和失去工作机会、健康状况下降、劳动力受损等情况的经济补偿。

（2）折现率的费用-效益分析

由以上分析计算得到的数据可以得出净现值（NPV）。为了动态分析，用社会折现率（$r$）把未来使用年限内的资金折现到现在，则

$$\mathrm{NPV}=\sum_{i=0}^{n}\frac{B_t}{(1+r)^i}-\sum_{i=0}^{n}\frac{C_t}{(1+r)^i} \tag{6-29}$$

式中，$B_t$——第 $t$ 年总效益，即 $B_d+B_e$；

$C_t$——第 $t$ 年总费用，即 $C_d+C_p+C_e$；

$r$——社会折现率；

$n$——填埋年限。

**2. 成本与费用分析**

固体废物的处理从企事业单位、学校、社区居民等固体废物产生源的收集工作开始，一直到填埋场封闭后的最终管理，固体废物处理过程中的每一个环节的成本都包括固定成本和运营成本。所谓固定成本主要是指土地成本、填埋场的建设成本及机动车成本等。一般来说，固定成本在填埋场运行期间就已经确定。运营成本是指维护所需要的劳动费用和填埋场运营期间发生的费用。运营成本是变化的，总是随着固体废物处理速度和总量的增加而增加。

具体的固定成本可以按开发前的成本、建设成本和机械成本划为三大类。其中，开发前的成本包括确定设施的位置进行的工程及土力学勘测费、场地绘图（地形边界勘测）费、工程设计费、申请法定批准和论证费、征购土地费、行政管理辅助服务费、不可预见费等；建设成本包括入口及进出道路、土地平整、侵蚀和沉降控制设施、防渗层系统、渗滤水收集系统、填埋气收集系统、渗滤液处理设施、填埋气体的处理或综合利用设施、厂房居住区、场地景观、其他设施等费用；机械成本包括购进推土机、压实机、挖掘机、铲运机、装载设备、运输设备、起吊设备、筛分设备等费用。

具体的运营费用大致包括工作人员管理费用、设施管理费用、设备运行和维护费用、设备租赁费用、道路维护费、日常环境检测费、工程服务费、设备保险费、渗滤液处理费、气体处理费、其他费用、不可预见费等。

# 第三节 填埋场设计

## 一、设计内容及程序

填埋场场址选定以后，就进入规划设计阶段，表 6-6 是固体废物填埋场设计阶段的程序和工作内容。

表 6-6 固体废物填埋场设计的程序和工作内容

| 程序 | 工作内容 |
| --- | --- |
| 1 | 确定现存和规划产生固体废物的数量和特性 |
| 2 | 收集现有和新建填埋场资料，主要包括：①定界和地形测量；②填埋场及附近地区草图准备，如地貌调查、地形坡度、地表水系、公共设施、道路、建筑物、土地利用等；③收集水文地质资料，如土壤（深度、构造、密度、孔隙度、渗透性、湿度、挖掘难度、稳定度、pH 和离子交换容量等），基岩（深度、种类、断面的存在、地表露岩位置），地下水（平均深度、季节性涨落、水力梯度、流向、流速、水质等）；④收集气象资料，包括降雨量、蒸发量、温度、冰冻期天数、风向等；⑤确定设计标准，包括负荷率，覆盖频率，距居民点、道路和地表水体等的距离，环境监测，建筑规范等 |
| 3 | ①根据场址的地形、坡度、土壤性质、基岩和地下水等选择填埋方法；②设计数据准备说明，包括导沟的布局、深度、宽度和长度，填埋单元的结构和大小，填埋深度，中间覆土和最终覆土的厚度；③操作说明，如覆盖土的使用、土质要求、填埋方式、设施要求等 |
| 4 | 各种设施设计，包括渗滤液控制、气体控制、地表水控制、进出道路、专门作业区、建筑物、公共设施、围栏、照明、监测井、清洗器械台和景观等 |
| 5 | 总体设计准备：①填埋场概况计划，包括挖掘计划、整体填埋计划、填埋次序、火种、废纸、菌体、气味和噪声等控制；②估算填埋场的库容量、覆盖土需求量和填埋场的寿命；③判断填埋高度和制定阶段进展计划；④建造细则准备，包括渗滤液控制、气体控制、地表水控制、进口道路、建筑物和监测井等；⑤拟订最终土地利用计划；⑥准备费用估算和设计报告；⑦提交申请并获取相关许可证；⑧制订操作及运行指南 |

一般固体废物填埋场的合理使用年限应满足其服务区 5 年以上；填埋场的设计建设，如公路、辅助设施等使单位质量固体废物的处置费用增大，所以设计时要结合城市规模、卫生规划、填埋场地形条件和经济因素等确定填埋场的规模。根据填埋场的规模可将填埋场划分为小型、中型、大型和特大型 4 类。

| 填埋规模 | 服务年限 |
| --- | --- |
| 小型≤500 t/d | 不小于 5 年 |
| 500 t/d＜中型≤1 000 t/d | 不小于 8 年 |
| 1 000 t/d＜大型≤3 000 t/d | 不小于 12 年 |
| 特大型＞3 000 t/d | 不小于 15 年 |

## 二、城市固体废物填埋场的构成

填埋场的主体结构主要包括基底和侧面防渗系统、渗滤液收排系统、气体收排系统、最终覆盖系统和地表水控制系统、环境监测系统等。典型固体废物填埋场的结构见图 6-3。

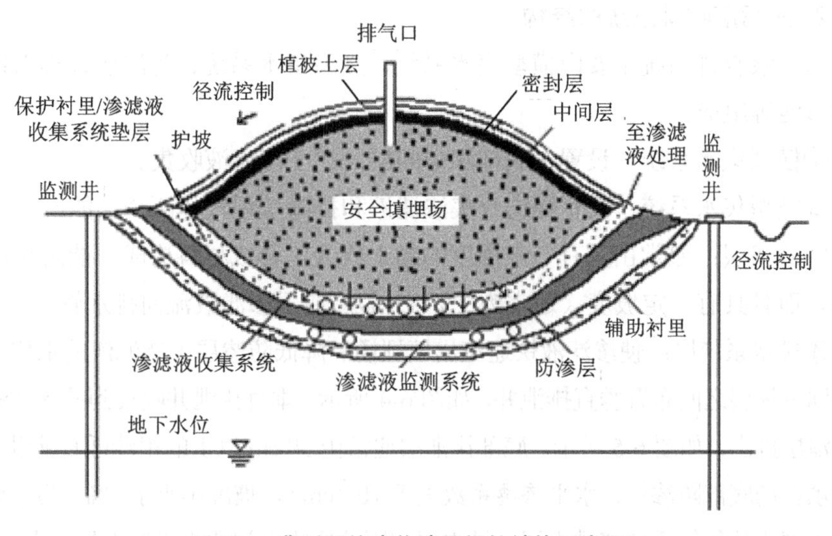


图 6-3　典型固体废物填埋场的结构示意图

## 三、填埋场主体结构设计

### （一）渗滤液收排系统的作用及结构

#### 1. 渗滤液收排系统的作用

固体废物填埋场渗滤液收排系统的主要作用是收集渗滤液并导送到污水处理设施进行处理，避免其在填埋场底部蓄积；同时又将空气通过管道导入固体废物层内，可加速废物降解，改善水质。渗滤液收排系统应保证在填埋场预设寿命期限内正常运行，否则可能引起下列问题：

①填埋场内渗滤液的水位升高，导致更多污染物溶出，使渗滤液中污染物的浓度增大；

②渗滤液水位的升高使填埋场底部防渗层上的静水压增加，使更多的渗滤液渗漏到土壤-地下水系统中；

③渗滤液水位的升高使填埋场的稳定性受到一定的影响。

#### 2. 渗滤液收排系统的结构

渗滤液收排系统主要由横型集水系统、竖型集水系统、防渗层、排水系统层和调节池等组成。

①横型集水系统：设置在底部和中间层，便于渗滤液收集。

②竖型集水系统：具有竖向收集渗滤液和排除填埋气体两个功能。

③防渗层：通常由具有一定厚度的黏土或人工合成材料构成，能阻止渗滤液下渗，而且具有一定坡度（通常为2%～5%），便于渗滤液流向排水管。

④排水系统层：使渗滤液快速流出填埋场，降低防渗层上渗滤液的水位。一般在不同废物层之间布置垂直排泄井，如图6-4所示。垂直排泄井收集到的渗滤液由底部排泄层排出，如图6-5所示。底部排泄层通常由30 cm以上的粗沙砾石铺设，覆盖整个填埋场底部防渗层，水平渗透系数大于$10^{-2}$ cm/s，坡度不小于2%。为了避免小颗粒土壤或其他物质堵塞排水层，排水层和固体废物之间通常设置天然或人工滤层。

⑤调节池：供贮存、调节排出的渗滤液之用。此外，在填埋场运行初期，污染物的浓度极高，可以在调节池设置渗滤液循环装置，将渗滤液回灌到填埋场中以调节进入污水处理场渗滤液的水量和水质。

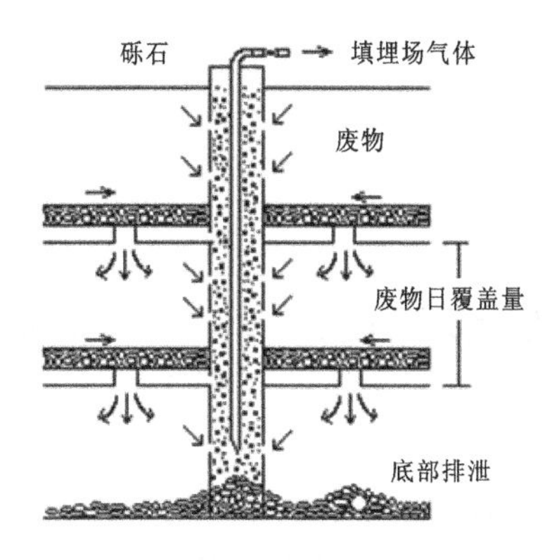


图 6-4　垂直排泄井示意图

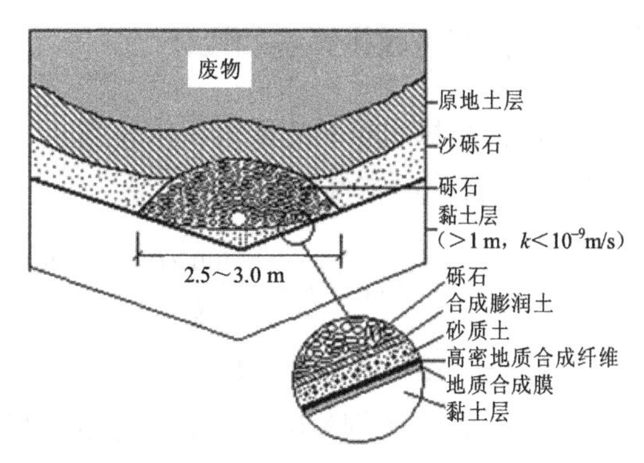


图 6-5　典型底部排泄层剖面

### 3. 渗滤液收排系统的构造和配置形式

卫生填埋场渗滤液收排系统的构造可分为管暗渠式、盲沟式和组合式 3 种（图 6-6），其配置方式有直线形、树枝形和阶梯形 3 种（图 6-7）。

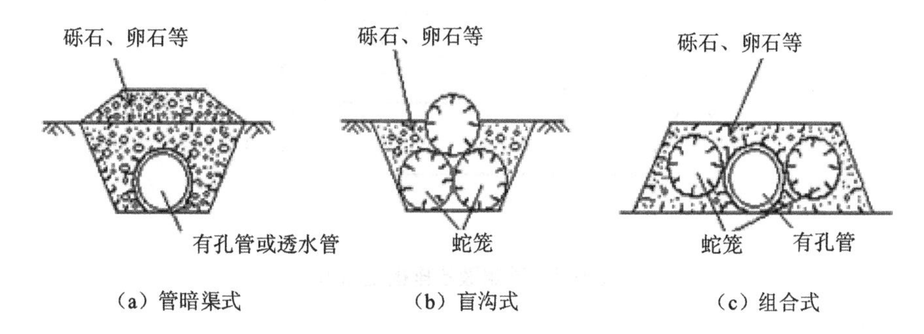


图 6-6　渗滤液收排系统构造

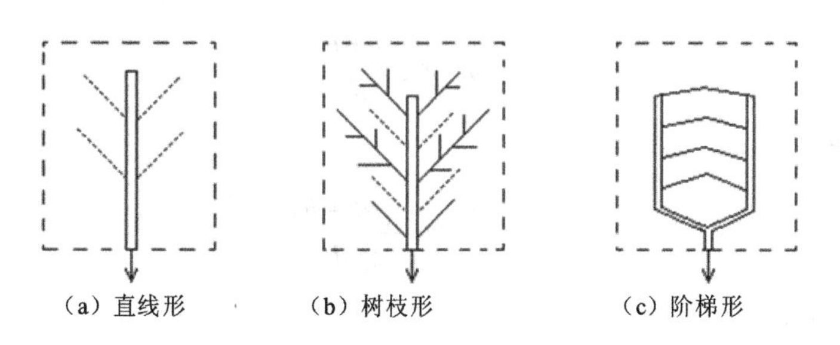


图 6-7　渗滤液收排系统配置形式

## （二）渗滤液收排系统的设计

### 1. 防渗层-排水层系统最大积水深度

防渗层-排水层系统最大积水深度

$$h_{\max}=L\sqrt{C}(\frac{\tan^2\alpha}{C}+1-\frac{\tan\alpha}{C}\sqrt{\tan^2\alpha+C}) \tag{6-30}$$

式中，$h_{\max}$——最大积水深度，cm；

$e$——进入填埋场废物层的水通量（图 6-8），cm/s；

$C\equiv e/K_s$，其中 $K_s$ 为横向排水层（沙砾石层）水平方向的渗透系数，cm/s；

$h_{\max}$——$e/K_s$ 的函数。

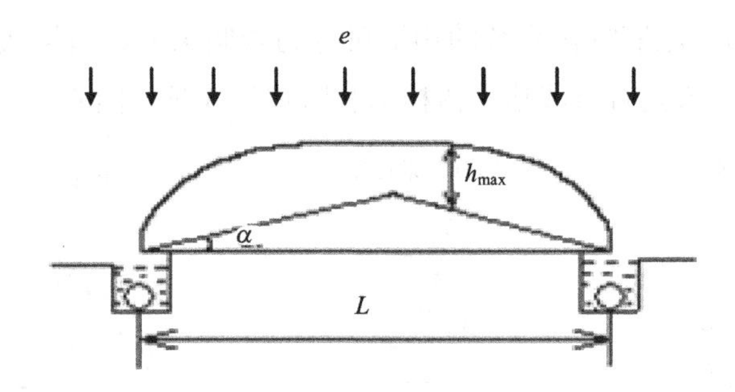


图 6-8 渗滤液收排模型图解

### 2. 渗滤液通过底部防渗层的运移速度和穿透时间

渗水通量：

$$q=K_s\frac{d+h}{d} \tag{6-31}$$

运移速度：

$$v=\frac{q}{\eta_e}=\frac{K_s(d+h)}{\eta_e d} \tag{6-32}$$

穿透时间：

$$T=\frac{d}{v}=\frac{d^2\eta_e}{K_s(d+h)} \tag{6-33}$$

式中，$h$——渗滤液在衬层上的积水高度，cm；

$d$——防渗层的厚度，cm；

$K_s$——防渗层的渗透系数，cm/s；

$\eta_e$——有效孔隙度。

**3. 渗滤液泄漏量**

通过单层黏土层渗滤液泄漏量为：

$$Q=AK_s\frac{d+h}{d} \tag{6-34}$$

式中，$A$——填埋场底部衬层面积，$m^2$。

**4. 渗滤液收集管和收集沟设计**

（1）渗滤液收集管和收集沟

渗滤液收集管一般按如图 6-9 所示安放在渗滤液收集沟中，四周的砾石应按如图所示堆积，以便分散压实时的机械负荷，防止收集管破碎。收集沟下方的衬里应该有较大的厚度，以保证沟底同样达到最小设计厚度。过滤层可以用地质合成纤维，将其包覆在砾石的上面，或用分级砂滤层防止固体废物细粒进入渗滤液收集沟。

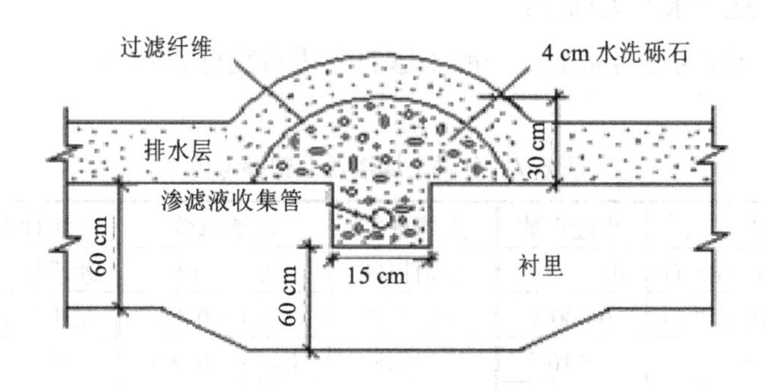


**图 6-9　渗滤液收集沟**

（2）集水管的设计

1）横型集水管

①集水管配置。集水管的配置以图 6-7 所示为基本方式，其配置间隔可以用式（6-35）计算。然而各填埋场地条件不同，式（6-35）仅作参考，一般横型集水管配置的间隔为 15～20 m。

$$L_0 = \frac{2(H_0 - h_1 - h_2)}{\tan\beta} \quad (6\text{-}35)$$

其中，

$$\tan\beta = \frac{0.09 + 0.0175\times10^5 K}{1+10^5 K}$$

$$h_1 = \frac{0.5 + 1.01\times10^5 K}{1+1.12\times10^5 K}$$

$$h_2 = \frac{0.35 + 0.16\times10^5 K}{1+1.47\times10^5 K}$$

式中，$L_0$——集水管的配置间距，m；

$H_0$——集水管的埋设深度，m；

$h_1$——地表到地下水最高水位的深度，m；

$h_2$——集水主干管到地下水水位的深度，m；

$\beta$——地下水水力梯度；

$K$——土壤的渗透系数（一般土壤的渗透系数见表 6-7）。

**表 6-7　各种土壤渗透系数参考值**

| 土壤种类 | 渗透系数 | 土壤种类 | 渗透系数 | 土壤种类 | 渗透系数 |
|---|---|---|---|---|---|
| 级配良好的细砂和砾石 | 0.01～0.1 | 均匀粗砂 | 0.47～1.0 | 砂质黏土 | $5\times10^{-6}$ |
| 级配良好的淤砂和砾石 | 0.000 5 | 均匀中砂 | 0.1～0.2 | 泥质黏土 | $1\times10^{-6}$ |
| 均匀淤泥砂 | $5\times10^{-5}$ | 均匀细砂 | 0.001～0.005 | 黏土 | $1\times10^{-7}$ |
| 粉土 | $1\times10^{-5}$ | 泥质砂土 | 0.000 1 | 胶质黏土 | $1\times10^{-8}$ |

②管径和流速计算。管径与流速可依据式（6-36）～式（6-39）计算。由于填埋场管线容易堵塞或受废物沉降的影响，一般情况下，设计流速为 1.0～2.5 m/s，

管径为 200 mm 以上。

Hazen-Williams 公式：

$$v = 0.849\,35 C R^{0.63} S^{0.54} \tag{6-36}$$

Manning 公式：

$$v = \frac{1}{n} R^{2/3} S^{1/2} \tag{6-37}$$

$$Q = A \cdot v \tag{6-38}$$

式中，$v$——水的流速，m/s；

$A$——流水断面面积，$m^2$；

$Q$——流量，$m^3/s$；

$R$——水力半径，$R=A/P$，m；

$P$——湿周，m；

$n$——粗糙系数；

$C$——流速系数；

$S$——水力坡降。

③有孔管的集水孔面积。有孔管的集水孔面积可按式（6-39）计算。一般孔数要求在 50 个/$m^2$ 以上，孔面积为 150～200 $cm^2/m^2$。

$$a = \frac{A}{l} \times C \tag{6-39}$$

式中，$a$——集水孔的面积，$m^2/m$；

$A$——集水管断面面积，$m^2$；

$l$——铺设集水管的长度，m；

$C$——富裕系数。

④注意事项。在横型集水管的设计中，要充分考虑填埋体和机械压实对集水管的损坏、固体废物及渗滤液的腐蚀作用、管线的沉降、集水管的堵塞等问题。

2）竖型集水管的设计

竖型集水管随着填埋体的增加而逐渐加长，设计时应充分考虑不妨碍填埋作业、有充分的强度、设置简单等，一般采用有孔水泥管或蛇笼，设置间隔为 40～50 m。

## （三）填埋气体控制系统

填埋气体控制系统的主要作用是减少填埋气体向大气的排放量，控制其在地下的横向迁移，并回收利用甲烷气体。气体控制系统分为主动控制系统和被动控制系统。在被动控制系统中，填埋气体的压力是气体运动的动力，当大量的填埋气体产生时，如果为其提供高渗透性通道，气体就会沿着设计方向运动；在主动控制系统中，通过抽真空的方法控制气体的运动。

### 1. 被动控制系统

被动控制系统（图 6-10）主要用于释放填埋场内部的压力或阻断填埋气体的地表迁移，适用于填埋量不大，填埋深度浅、产气量较小的小型填埋场（<40 000 $m^3$）和非城市固体废物填埋场。被动控制系统的主要组成包括被动排放井和管道、水泥墙、截流管道等。

（1）排放孔/燃烧器

在填埋场最终顶部盖层上安装一定数量深入废物中的排气孔，并将它们用一根埋在底层的穿孔管连接起来，每 7 500 $m^3$ 废物设置 1 个通气孔。如果排出气体中甲烷的浓度足够高，可将几个管连接起来，并安装燃气系统。

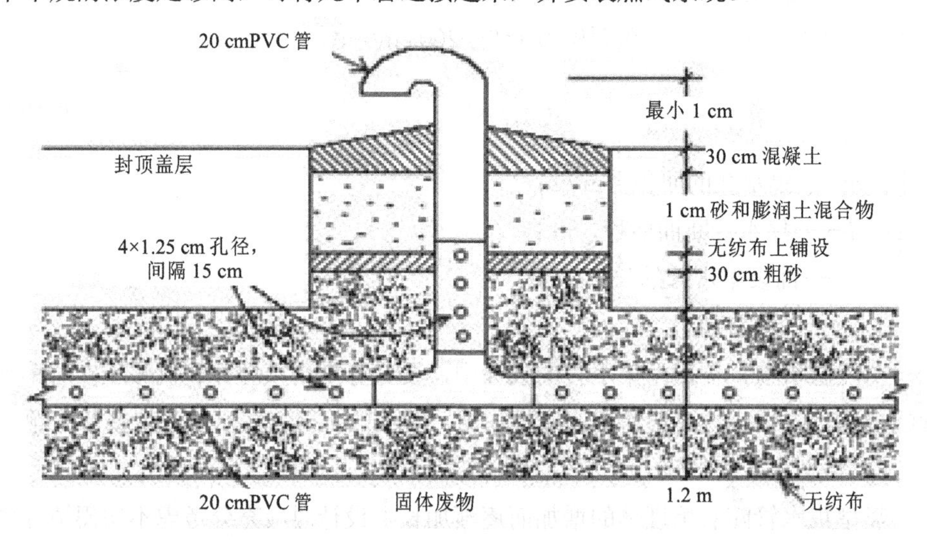


图 6-10　典型被动气体控制系统

（2）周边拦截渠

周边拦截渠主要由砾石填充的沟渠和埋在砾石中的塑料孔管组成，如图 8-11（a）所示。周边拦截渠可有效阻截填埋气体的横向运动，并通过与穿孔管道连接的纵向管道收集填埋气体并排入大气中。在沟渠外侧还要铺设防渗层。

（3）周边屏障沟渠或泥浆墙

屏障沟渠或泥浆墙是填充渗透性相对较差的膨润土或黏土的阻截沟渠，如图 6-11（b）所示，是阻截填埋气体横向运动用的物理拦截屏障。

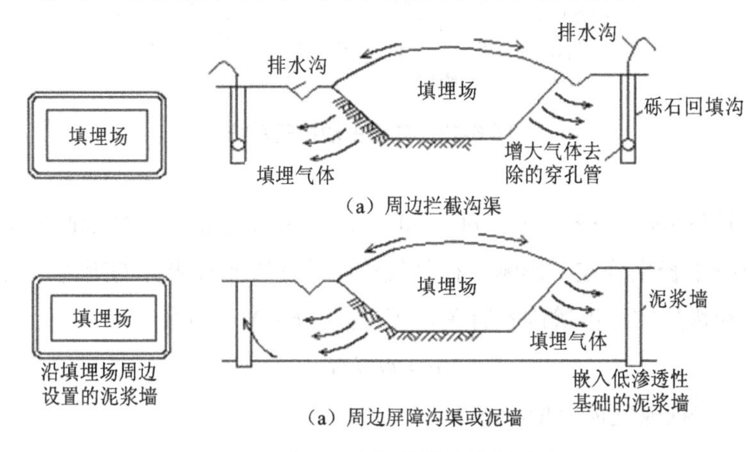


**图 6-11　填埋周边气体被动控制系统**

（4）填埋场内的不可渗透屏障

虽然防渗层能够防止填埋气体向下扩散，但填埋场气体仍会通过黏土防渗层扩散迁移，只有使用天然和人工复合材料的防渗层才可以有效地限制填埋气体的迁移。

**2. 主动控制系统**

主动控制系统可有控制地抽取填埋气体，主要有内部填埋气体回收系统和控制填埋气体横向地表迁移的边缘填埋气体回收系统两种系统。

（1）内部填埋气体回收系统

内部填埋气体回收系统由垂直深层抽气井、集气/输送管道、抽风机、冷凝液收集装置、气体净化设备及发电机组组成（图 6-12）。在垃圾填埋场形成一个气体传输网，总管与风机的负压面相连，使收集系统处于负压状态。

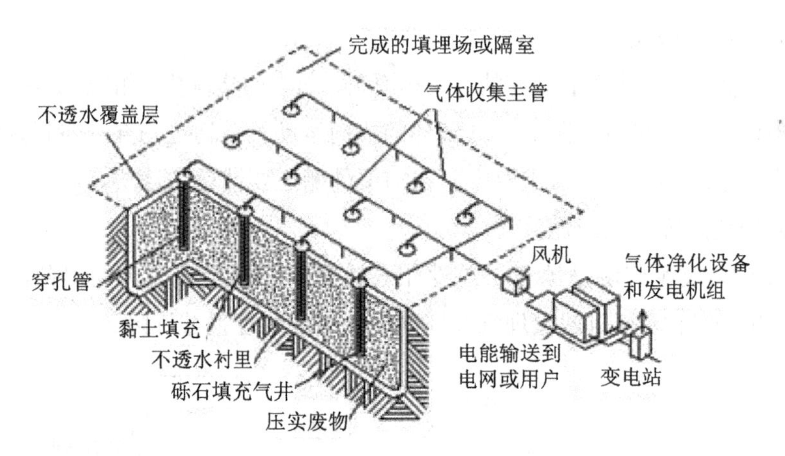


**图 6-12　典型主动排气系统**

气体抽气井的井径一般在 60～90 cm，井深为垃圾厚度的 50%～90%，井距一般由影响半径来确定。影响半径是气体能被抽吸到抽吸井的距离，它与气体抽吸速率及垃圾压实程度等因素有关，可用式（6-40）计算：

$$q = \pi r^2 hG \tag{6-40}$$

式中，$q$——抽吸气体流量，$m^3/h$；

$h$——井深，m；

$r$——影响半径，m；

$G$——气体的单位产率，$m^3/$（$m^3$ 垃圾·h）。

理论上，填埋场抽气井的井距为影响半径的两倍，每口井都设有 1 条管道，通往各自的收集站。每根连接收集站的管道都带有测量管接头，以便连接测量仪器。每个集气站可以收集十几个到几十个井的气体，收集站与加压站之间设置两条集气管，一条输送优质气体，另一条输送劣质气体（燃烧）。

填埋气体的温度在进入收集管道以后会发生下降。按理论计算，每立方米填埋气体会产生冷凝液 20 多 g。为了避免冷凝液堵塞管道，收集管在填埋场中应设有一定的坡度（一般大于 5%），使冷凝液通过排放管排放。

（2）边缘填埋气体回收系统

边缘填埋气体回收系统主要由周边气体抽排井和沟渠构成，其主要功能是回收并控制填埋气体的横向地表迁移。边缘填埋气体回收系统收集的气体质量较低，必须与内部回收系统中的填埋气体进行混合或添加气体燃料后再进行燃烧。

### （四）填埋气体控制系统的选择

在设计填埋气体收排系统时，选择被动控制系统还是主动控制系统，主要取决于以下几个问题：

①填埋场的类型，如自然衰减型填埋场比全封闭型填埋场逸出气体的机会要大得多。

②填埋场周围的土壤类型，填埋气体在砂土中比在黏土中更容易迁移。

③有用的封闭空间距填埋场的距离。填埋气体一般可以迁移 150 m 以上，任何距填埋场 300 m 以内的有用封闭空间（如居室、仓库等）都应监测甲烷的浓度。

④废物的类型。城市生活垃圾填埋场中会产生大量的气体，而工业废物填埋气体的产生量要少得多。当填埋气体产量很小时，被动控制系统是无效的，但控制挥发性有机酸（VFA）需要同时使用主动和被动控制系统。

⑤填埋场将来利用的可能性。在填埋气体控制系统运行过程中需要对系统中的氧气含量进行监测，因为氧气达到一定比例后会导致甲烷的燃烧和爆炸，因此控制填埋气体中的氧气含量是避免发生事故的重要途径。有研究者认为填埋气体中氧气含量在 13%（*V*/*V*）以上时发生爆炸的风险会很高。

# 第四节　填埋场防渗系统

## 一、防渗层及其功能

在 20 世纪 70 年代以前，国际上固体废物填埋场的设计非常简单。1982 年以前，美国的大部分卫生填埋场也只有一层黏土防渗层，并在上面铺设一层埋有管道的沙砾层用于渗滤液的收集排放，这种简单的结构并不足以保护地下水，据美国国家环境保护局估计，美国 70%的现存固体废物填埋场已经污染了地下水。

一般来说，卫生填埋场防渗系统的主要功能是对渗滤液和填埋气体的排放进行控制，也就是尽可能地减少渗滤液和填埋气体对周围环境的影响。填埋气体通过适当的防护装置就能得到较好的控制，所以其对环境的影响并不大；相对来说渗滤液对环境的潜在影响更大。填埋场中的有毒有害物质可随渗滤液迁移到周围环境中污染地下水和土壤。为了防止渗滤液毫无节制地向环境中渗漏，填埋场必须建造有效的防渗系统，并对渗滤液进行收集和处理。防渗系统一般包括 3 个部分，即最终顶部盖层、侧面防渗层和底部防渗层。最终顶部盖层的主要功能是防渗和排泄，减少地表水、雨水等的入渗，防止填埋气体的散发。另外顶部盖层还为上部植被和其他防渗控制措施提供支撑；侧面防渗层主要是防止渗滤液的侧漏和外部水的渗入，并对渗滤液进行排泄；底部防渗层主要用于防止渗滤液泄漏、阻止填埋气体进入地下环境、为固体废物提供支撑等，并通过设置过滤系统、收集系统和排泄系统防止渗滤液在卫生填埋场中积累。

防渗层本身也有优缺点，从长远来看，没有一种防渗层百分之百有效，尽管建造了防渗系统，也不能说这个固体废物填埋场就是绝对安全的，所以必须将固体废物填埋场的建设作为一个完整的体系来考虑，将填埋场的选址、防渗系统的建造和环境污染监测系统的设置有机结合起来，这样才能最大限度地控制固体废物对环境的影响。

## 二、防渗层常用材料

在建造防渗层系统时，可以采用天然或人工材料（表 6-8），而且这些材料既可单独使用，又可以联合使用。

表 6-8　防渗层常用材料的性能对比

| 材料 | | 防渗 | 渗透 | 排放 | 土层加固 | 隔离 | 侵蚀控制 | 过滤 | 气体控制 |
|---|---|---|---|---|---|---|---|---|---|
| 天然防渗材料 | 黏性土 | H | | | | | | | |
| | 膨润土 | H | | | | | | | |
| | 细砂土 | | M | L | | L | | H | H |
| | 砾石 | | H | H | L | L | | L | H |
| 人工合成材料 | 地质合成膜 | H | | | | | | | |
| | 地质合成纤维 | | L | | M | H | L | H | L |
| | 排泄网 | | | H | M | M | M | | L |
| | 塑料网状结构 | | | | H | | H | | |
| | GB | H | | | H | L | | | |
| | GD | | L | M | L | M | | M | H |

注：H、M、L 表示在不同使用目的下该材料应用的性能：H—强，M—中等，L—低。GB 和 GD 表示采用组合体方法，其中 GB 表示“地质合成纤维+膨润土+地质合成纤维”；GD 表示“地质合成纤维+排泄网+地质合成纤维”。

### （一）天然防渗材料

#### 1. 黏性土

黏性土是最常用的天然防渗材料。影响天然黏土防渗层性能的主要因素有渗透系数、压实程度、水分含量、黏土组成、场地铺设技术和防渗层的厚度等。无论是从其他地方运来的黏土还是场地本身的黏土，都要进行详细的调查，并用适当的方法，按一定的设计参数合理建设，以确保防渗层能正常发挥作用。

#### 2. 膨润土

膨润土也是常用的防渗材料之一，一般将能够膨胀的黏土矿物笼统地称为膨润土。这种土在湿润之后，体积膨胀，是它们干重体积的15～18倍。在缺乏天然黏性土的地方，膨润土和砂土的混合物可以构成低渗透性防渗层。

#### 3. 细砂土

细砂土被广泛地用于保护人工防渗层和增加过滤的稳定性。

#### 4. 砾石

砾石是过滤层和排泄层的主要材料。底部砾石层的有效性主要取决于孔隙度、砾石的形状、强度、岩性、过滤层的稳定性、排泄层的厚度以及系统的整体工程质量等。

### （二）人工合成材料

近年来，人工合成材料的运用越来越广泛。与天然材料相比，合成材料的主要优势在于不受场地的限制，可随时购买使用，体积小，消耗小，而且性能也好。常用的地质合成材料有地质合成膜（geomembranes）、地质合成纤维（geotextile）、地质合成滤网（geonets）、组合体（Geocomposites）等，它们分别具有不同的防护功能，如防渗、隔离、排泄、过滤和加固等。

## 三、天然防渗材料防渗机理

天然防渗材料必须具有膨胀性能好、离子交换容量大和颗粒粒径小等性质。天然黏土和黏土矿物的防渗功能与其组成、结构和性质有直接的关系，下面就以膨润土（Bentonite）为例对其防渗机理进行介绍。

## （一）膨润土的成分和结构

膨润土又称膨土岩或斑脱岩，是一种化学组成为$(Na, Ca)_{0.33}(Al, Mg)_2Si_4O_{10}(OH)_2 \cdot H_2O$的蒙脱石为主要成分的黏土岩，主要由含水铝硅酸盐矿物组成，主要化学成分是二氧化硅、三氧化二铝和水，有时还含有氧化镁和氧化铁。另外，钙、钠、钾等碱金属和碱土金属以不同形式存在于膨润土中。根据可交换钠离子和钙离子的含量把膨润土分为钠基膨润土和钙基膨润土，钙基膨润土可用钠盐活化转变为钠基膨润土，见图 6-13（a）。

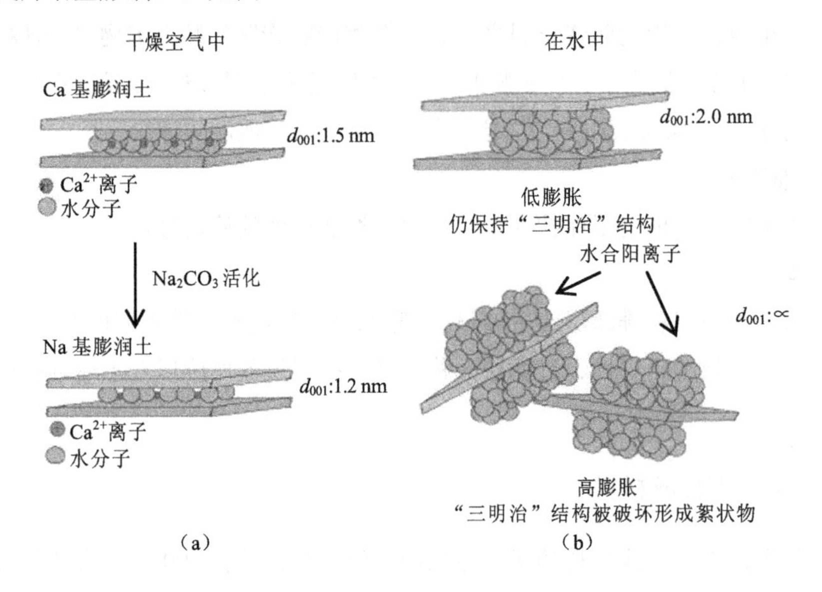


图 6-13　膨润土变化

## （二）膨润土的主要性质

膨润土的主要性质是吸湿膨胀性、离子交换性、吸附性和化学稳定性等，这些性质与其在填埋场防渗层中的应用有着密切的关系。

### 1. 吸湿膨胀性

膨润土的晶层之间以范德华力结合，键能较弱，易解离。水分子能够进入晶层之间并使晶层键断裂、层距增加，引起晶格定向膨胀，见图 6-13（b），同时晶胞带有许多金属阳离子和羟基亲水基，因此它表现出强烈的亲水性。有些膨润土能够吸收 5 倍于自身质量的水，同时体积能够膨胀到吸水前的 20～30 倍。作为防渗材料，膨润土吸湿膨胀后能够降低防渗层的渗透系数。

#### 2．离子交换性

从膨润土的结构来看，外面两层硅氧四面体和中间的铝氧八面体中，高价的硅离子、铝离子能被其他低价离子所置换，使单位晶胞带负电，从而使整个颗粒成为一个大负离子团。这个大离子团的内部和外部都具有吸附某些阳离子的能力，层间吸附的阳离子靠共用氧原子连接，在一定条件下能与其他金属离子实现离子交换。

#### 3．吸附性

由于膨润土为层状结构，具有较大的比表面积（950 $m^2/g$），从而对某些阳离子、极性分子、气体、水分以及溶液中的某些色素和有机化合物等具有较强的吸附性。

#### 4．化学稳定性

膨润土具有良好的化学稳定性，几乎不溶于水和有机溶剂，微溶于强酸和强碱；常温下不会被强氧化剂或强还原剂破坏。

### （三）膨润土与水溶液的作用

#### 1．黏土矿物微粒的双电层结构

黏土矿物微粒的表面带负电荷，正离子将扩散分布在微粒界面的周围，如图 6-14 所示，界面 *NM* 表示黏土矿物微粒表面的一部分，实际界面周围的溶液中既有正离子，也有负离子；但受微粒负电场的作用，正离子过剩，离界面 *NM* 越远，微粒电场力越弱，正离子过剩趋势也越小，直至为零。这样界面 *NM* 和同它距离为 $d$ 的正离子过剩刚刚为零的液面 *CD*，构成了微粒扩散双电层。界面 *NM* 至 *AB* 的液层随微粒一起运动，称为不流动层（固定层），其厚度为 $\delta$，约与离子大小相近；而界面 *AB* 至 *CD* 的液层不和微粒一起运动，称为流动液层（扩散层），其厚度为 $d-\delta$。曲线 *NC* 表示相对于界面 *NM* 在不同距离液面的电位，液面 *CD* 呈电中性，设其电位为零，并作为衡量其他液面电位的基准。界面 *NM* 电位为 $E$，称为微粒总电位。不流动层与流动层交界液面 *AB* 的电位为 $\xi$，称为微粒的 $\xi$ 电位或电动电位。由于不流动层中总有一部分与微粒电性相反的离子，所以 $\xi$ 电位的绝对值小于总电位 $E$ 的绝对值。由于同种微粒具有相同的 $\xi$ 电位，而且电性相同，相互排斥，所以微粒可长时间稳定存在而不发生聚沉。

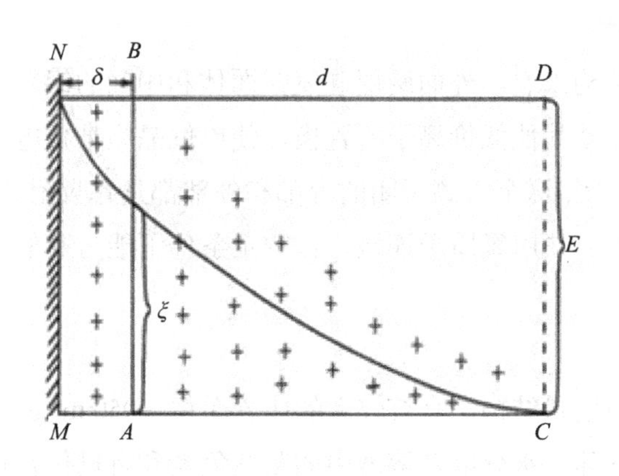


图 6-14 黏土矿物微粒双电层结构

2. 黏土矿物微粒的聚沉

微粒的聚沉是指微粒通过相互碰撞结合成聚集体而发生沉淀的现象。影响微粒聚沉的因素较多，主要包括电解质的浓度、微粒的浓度、水体温度、pH 及流动状况、带相反电荷微粒间的相互作用等，其中电解质的浓度对微粒的聚沉起决定性作用。从微粒本身的结构来看，微粒带同号电荷及其周围的水化膜是使其稳定存在的两个主要原因，若消除这两个因素，微粒便可聚沉。图 6-15 是电解质浓度对微粒 $\xi$ 电位的影响。曲线 $NC$ 和 $NC'$分别表示未加入和加入电解质时带负电荷的黏土溶液中微粒周围各液面的电位分布。当溶液加入电解质时，更多的正离子被微粒吸附进固定层使 $\xi$ 电位绝对值下降，即由 $\xi$ 下降到 $\xi'$，同时固定层中的正离子相对增多，而扩散层中的正离子相对减少，扩散层的厚度变薄（由 $d$ 变为 $d'$）。当 $\xi$ 电位降到不足以排斥微粒相互碰撞时的分子间作用力，则微粒聚集变大，并在重力作用下沉降。微粒开始明显聚沉的 $\xi$ 电位为临界电位。若加入的电解质离子能被微粒大量吸附到固定层内，可使 $\xi$ 电位减为零，甚至变号。$\xi$ 电位等于零时，表明微粒及其固定层的整体呈现电中性；若 $\xi$ 电位变号后绝对值较大，又可阻止胶体微粒的聚沉。

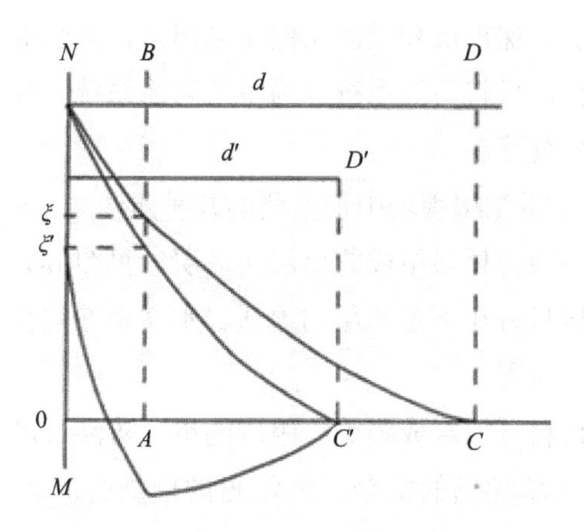


图 6-15　电解质对 ξ 电位的影响

某些微粒（如有机高分子胶体微粒）本身具有一定的亲水性，直接吸附水分子形成水化膜，带有水化膜的有机胶体微粒之间的距离较大，分子间作用力很弱，难以聚沉。因此，对于这类微粒的聚沉虽要降低 ξ 电位，但更重要的是去除水化膜。

胶体微粒除能聚集成沉淀以外，还能形成松散絮状物，该过程为胶体微粒的絮凝。例如，腐殖质分子中的羧基和酚羟基可与水合氧化铁胶体微粒表面的铁螯合，而腐殖质分子中可供螯合的成分很多，这样有可能形成腐殖质胶体微粒的庞大聚集体，从而絮凝沉降。对于天然黏土防渗层来说，絮状物的形成使防渗层的渗透系数增大。

某些污染质（尤其是 $Ca^{2+}$、$Mg^{2+}$、$NH_4^+$、$K^+$）也会使黏土产生絮凝物，从而使黏性土的渗透系数急剧增加。

## 四、固体废物填埋场的防渗系统

### （一）防渗系统的结构

卫生填埋场防渗系统的设计，根据不同的安全水平要求其结构也有所不同。防渗系统的设计主要根据固体废物的种类来选择不同的材料和结构。通过对渗滤液收排系统、防渗层、保护层和过滤层的不同组合，就形成了不同的防渗系统。根据防渗系统的结构，可将防渗系统分为单层防渗系统、复合防渗系统、双层防渗系统和多层防渗系统等。

图 6-16 中列举了卫生填埋场中最重要的几种防渗系统的结构，现分述如下：

①由天然的低渗透性材料组成的单层防渗层，见图 6-16（a）。这是最简单的防渗系统，这种结构只有在下覆地层的地质、水文条件完全安全或某些认为是可以接受的具体情况下应用。

②由单一合成材料（如合成膜等）组成的单一防渗层，见图 6-16（b）。这种防渗层无法确保卫生填埋场的安全。最常见的地质合成膜为高密聚乙烯（High Density Polyethylene，HDPE）。

③单一组合防渗层（黏性土+合成膜），见图 6-16（c）。这是在城市固体废物填埋场中应用最为广泛的一种结构，这种结构被认为具有较高的安全性，并可以有效防止黏土防渗层的风干和开裂。但如果卫生填埋场坐落在斜坡上需要考虑其稳定性。与单层防渗层相比，这种结构对控制渗滤液的迁移具有绝对优势。

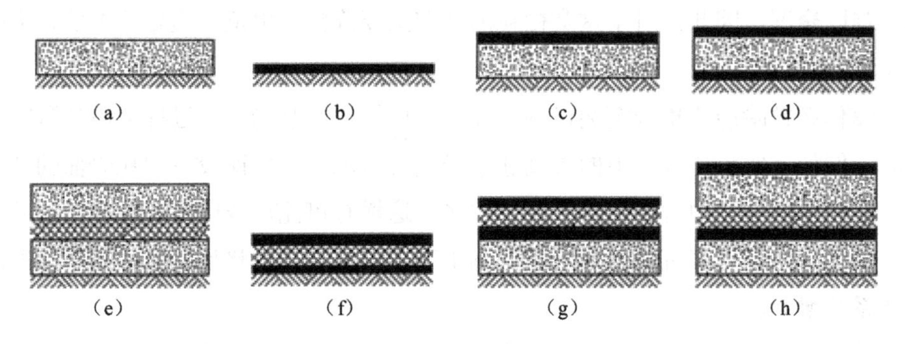


图 6-16 卫生填埋场中最重要的几种防渗系统的结构

④双层防渗系统，见图 6-16（d）。将单一组合防渗层和一层排泄层组合起来就是双层防渗系统，这样既可以增加防护层体系的安全性，便于监测渗滤液的渗漏情况、控制系统的总体运行，又可以对渗滤液进行收集和处理。

⑤天然材料双层防渗层，见图 6-16（e）。这种结构极少使用，但它的改进型使用相对较多，如在黏土层和排泄层之间增加分隔层（如合成膜）。

⑥合成材料双层防渗层，见图 6-16（f）。对于侧向防渗体系，合成材料双层

防渗层尤为适用，但这种结构的有效性受铺设质量和合成膜的耐久性的影响较大。

⑦双层半组合防渗层，即上部双层合成材料防渗层+单一天然材料防渗层，见图 6-16（g）。这种防渗结构集中了单层组合防渗层和双层合成材料防渗层的优点。因此，其安全性相对较高。

⑧双层组合防渗层具有极好的防渗性能和完善的排泄系统，见图 6-16（h）。这种结构是当前最有效的防渗层，同时也是最昂贵的防渗层，主要用于工业废物、危险废物等的填埋场。为了尽可能地减小城市固体废物卫生填埋场对环境的负面影响，在将来的城市固体废物卫生填埋场中采用这种防渗层也是有可能的。

## （二）底部防渗层

根据美国国家环境保护局发布的《城市固体废物卫生填埋技术标准手册》（MSWLF Criteria），卫生填埋场必须具有一层组合防渗层，由至少 61 cm 厚的黏土及上覆的合成膜防渗层和渗滤液收集系统组成，其渗透系数小于 $1\times10^{-7}$ cm/s。底部矿物性防渗系统要求防渗层的厚度不得小于 0.75 m，渗透系数（$K$）$\leqslant5\times10^{-8}$ cm/s。图 6-17 列举了美国城市生活垃圾填埋场几种典型的防渗层结构设计；图 6-18 是主要发达国家及地区的底部防渗层结构。

对于底部防渗层，我们既可以通过改进和尝试新材料，增加防渗层的性能，也可以改进防渗层的设计理念，如 Jean Frank 和 Wagnor 在 1994 年提出了“双层基底矿物防渗层”的新概念。双层基底矿物防渗层由两层矿物层组成，上部是反应性层，具有较大的反应性。其主要目的是尽可能多地去除渗滤液中的污染物质，主要由富含绿松石和方解石的天然黏土矿物组成，这种材料具有较大的比表面积、吸附性和离子交换容量；下部是惰性层，主要目的是将渗滤液尽可能地阻滞在填埋场内，一般由颗粒细小的矿物组成，如天然高岭石黏土或用高岭石提纯的黏土。常规的防渗层虽然渗透系数较小，但容易受有机污染物和无机污染物的影响；而双层基底矿物防渗层既能确保尽可能多的污染物被去除，又能确保对渗滤液长期的稳定的低渗透性。

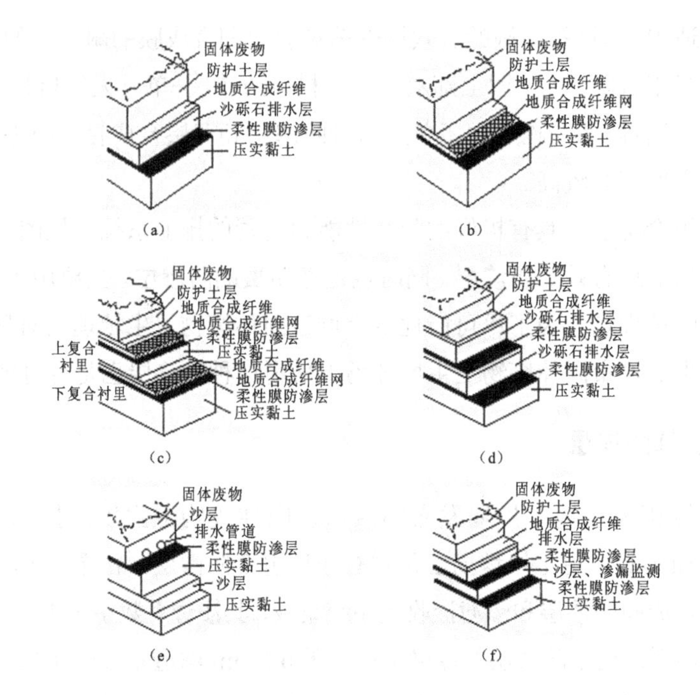


图 6-17 美国城市固体废物填埋场典型防渗层结构

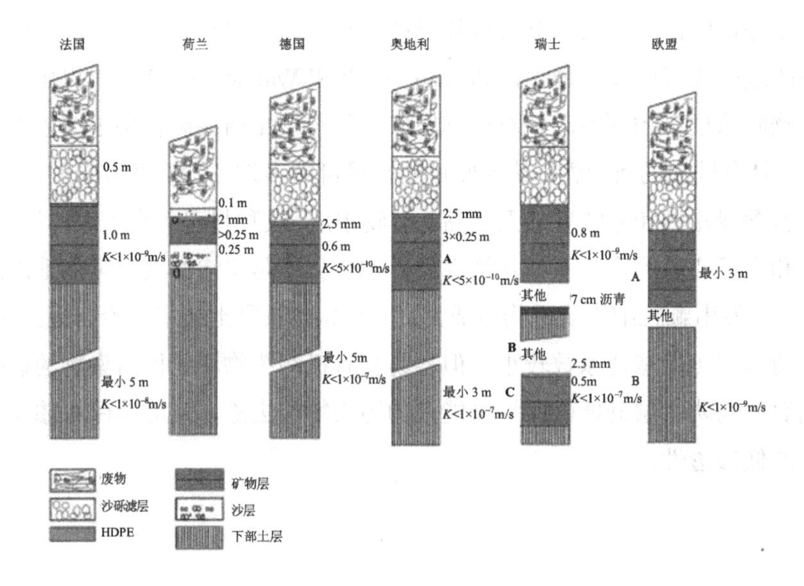


图 6-18 主要发达国家及地区的底部防渗层结构

## （三）顶部盖层

### 1. 传统顶部盖层

顶部盖层的设计也因当地气候、地形、地貌等环境的不同而不同。典型的顶部盖层一般由植被层、侵蚀控制系统、植被支持层、分隔层、表面排泄层、防渗衬里、分隔层和气体排放层组成（图 6-19）。对于坡度较大的顶部盖层，必须建造侵蚀控制系统、植被支持层和地表径流渠道排泄系统。

顶部盖层系统要求矿物性防渗层的厚度不得小于 0.5 m，渗透系数（$K$）≤ $5\times10^{-7}$ cm/s。根据美国国家环境保护局发布的《城市固体废物卫生填埋场技术标准手册》（MSWLF Criteria），过滤层至少 18 英寸（约 45 cm）厚，由渗透系数小于或等于底部防渗层的土层组成；植被土层的最小厚度应为 60～80 cm，如需种植树木，植被土层应大于 150 cm；另外，还应铺设地下排泄层，从而可以迅速地排泄地表入渗的水，该层可采用砾石、粗砂、合成滤网等建造，若用天然材料，最小厚度为 30 cm。

对于顶部盖层，采用一个低渗透系数的防渗层也是必要的，一般可采用黏土和膨润土的组合或合成膜。另外，还需要一层下覆的排泄层来收集和转移填埋气体。

对于危险废物，在设计顶部盖层时要更加注意其有效性，图 6-20 是美国国家环境保护局建议的危险废物填埋场的顶部盖层结构。

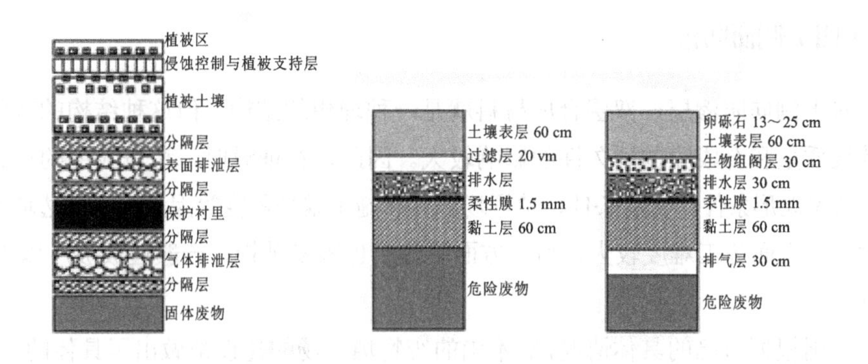


图 6-19　典型顶部盖层结构

图 6-20　危险废物填埋场顶部盖层结构

### 2. 毛细盖层

毛细盖层是基于在两种粗细不同颗粒介质的交界面上存在着毛细作用这一科学事实而产生的。也就是说在非饱和介质中，细小颗粒的材料和粗大颗粒材料的交界面就是一种“毛细盖层”。当其毛细作用力大于重力时，液体无法从上部的细颗粒物质中进入下部的粗颗粒介质中。因此，水分在初始阶段就被阻滞在上部细颗粒介质中，只要界面上的毛细吸引力足够大，就可以阻滞上部水的渗漏。为了保持这种作用，对细颗粒介质一定要及时、充分排水，所以一般的毛细盖层都建成 5°～10°的斜坡（图 6-21）。盖层的上部一般由厚度为 30～40 cm、粒径小于 0.25 mm 的压实的细砂组成，其渗透系数为 $10^{-5}$ m/s；下部由粒径为 2～8 mm、厚度为 30 cm 的圆砾构成，另外，为了防止上部细砂进入下部粗砂中，中间用一层地质合成纤维隔开。

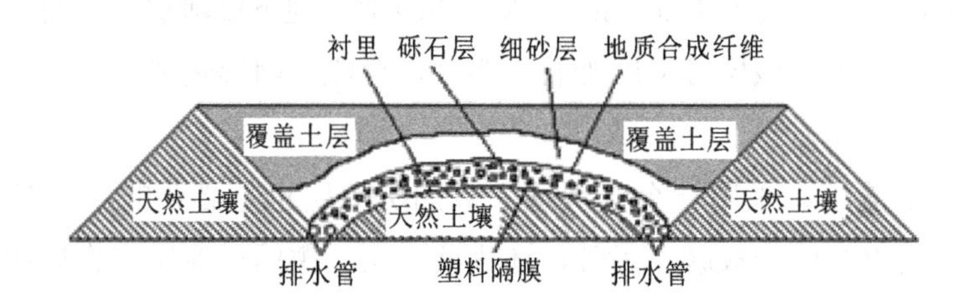


图 6-21 毛细盖层结构

## （四）侧面防渗

对于侧向防渗层，双层合成材料就是一种理想的结构，但这种结构的有效性受铺设质量和合成膜的耐久性的影响较大。因此，在铺设时，边坡坡度的设计应充分考虑地形条件、土层条件、填埋场容量和施工难易程度等因素。如果边坡坡度太大，一方面施工难度较大，另一方面防渗层也容易破损，一般边坡坡度以 1∶3 为宜。

各国根据自己的具体情况，对本国的废物填埋场的建设都做出了具体的要求。德国的卫生填埋技术一直处于世界领先水平，对卫生填埋场的建造有详细的法律规定。根据德国废物处理相关要求，自 1999 年 6 月 1 日起，所有新建和扩建的生活垃圾填埋场都应设基底防渗和最终顶部盖层系统等，并对基底防渗和最终顶部盖层系统做出了具体的规定，其结构如图 6-22 和图 6-23 所示。

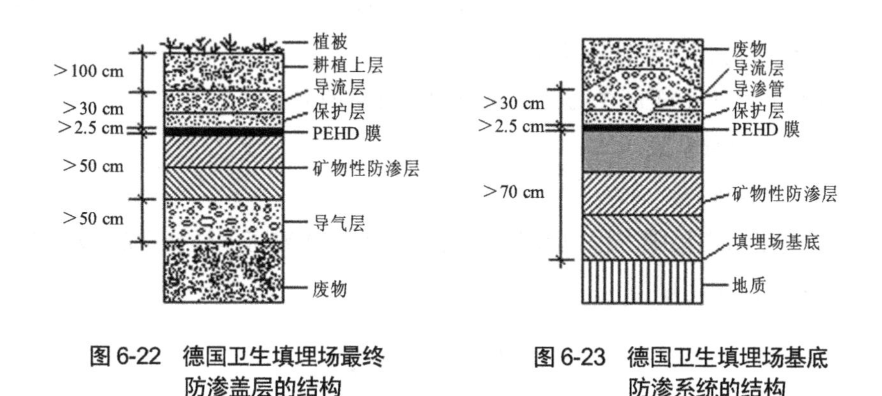


图 6-22　德国卫生填埋场最终防渗盖层的结构

图 6-23　德国卫生填埋场基底防渗系统的结构

## 第五节　防渗层可靠性评价

可靠性评价在地质工程领域已广泛应用，尤其在边坡稳定性评价中的应用最为普遍。近年来，可靠性评价在环境地质工程中也有应用，主要用于填埋场防渗层的评价。

### 一、极限状态方程

对固体废物填埋场防渗层可靠性的评价主要是通过渗透系数来进行的，防渗层的可靠性可用下面的关系表示：

$$R=P\ (k_e<k_0) \tag{6-41}$$

式中，$k_0$——极限渗透系数，$1\times10^{-7}$ cm/s 或 $1\times10^{-9}$ m/s；

$k_e$——期望渗透系数。

极限状态函数为：

$$g\ (x)=\ln k_0-\ln k_e \tag{6-42}$$

式中，如果 $k_e$ 大于 $k_0$，就可以判定防渗层可靠程度不大。$K_e$ 可以用下面的方程来表示。

$$\ln k_e = Y = X \cdot \beta' + \varepsilon \tag{6-43}$$

式中，$Y$——$\ln k_e$ 分布的任意变量；

$X$——包括任意 $m$ 个与渗透系数相关变量的向量；

$\beta'$——向量系数；

$\varepsilon$——误差。

根据这个状态极限方程，应用一级可靠性方法估算可靠性指数$\beta$，假设 $X_i = x_1$，$x_2$，…，$x_n$，简化变量为：

$$X_i' = x_1', x_2', \cdots, x_n'$$

$$X_i' = \frac{X_i - \mu_{x_i}}{\sigma_{x_i}}$$

因此，

$$X_i = \sigma_{x_i} \cdot x_i' + \mu_{x_i}$$

功能函数和状态方程为：

$$G(X) = G(\sigma_{x_1} x_1' + \mu_{x_1}, \sigma_{x_2} x_2' + \mu_{x_2}, \ldots, \sigma_{x_n} x_n' + \mu_{x_n}) = 0 \tag{6-44}$$

$$\beta = \min_{x \in F} \sqrt{(x_1')^2 + (x_2')^2 + \cdots + (x_n')^2} \tag{6-45}$$

式中，$x_1'$，$x_2'$，…，$x_n'$是任意变量。

$$P_f = P(X \in F) = P[G(X) \leqslant 0] = \int_{G(x) \leqslant 0} \mathrm{d}F_x(x) \tag{6-46}$$

$$P_f = P(G(X) \leqslant 0)$$

即 $P_f = \Phi(-\beta)$

因此，$\beta_f = -\Phi^{-1}(P_f)$

## 二、回归模型

### （一）实验回归方程

Benson 和 Trast 在 1995 年通过逐步线性回归表明压实情况和土壤成分的变化对渗透系数具有较大的影响，并建立方程估算渗透系数。回归方程的结果为：

$$\ln k=-15.0-0.087S_i-0.054\mathrm{PI}+0.022C+0.91E+\varepsilon \quad (R^2=0.81) \tag{6-47}$$

式中，$k$——渗透系数，m/s；

$S_i$——初始饱和度，%；

PI——塑性指数；

$C$——黏土含量，%；

$\varepsilon$——压缩倾向指数（Compactive effort index）（–1，0，1 分别表示修正的、标准的和缩减 Proctor 压缩倾向指数）。

### （二）场地回归方程

Benson 等在 1994 年也通过对不同土壤类型和压实条件进行分析，建立了逐步线性回归方程对野外的渗透系数进行估算，模型为：

$$\ln k_g=-18.85+\frac{894}{W}-0.08\mathrm{PI}-2.87S_i+0.32\sqrt{G}+0.02C+\varepsilon \quad (R^2=0.78) \tag{6-48}$$

式中，$k_g$——渗透系数的几何平均数，cm/s；

PI——塑性指数；

$S_i$——初始饱和度，%；

$W$——压土机的重量，kN；

$G$——沙砾的含量，%；

$C$——黏土的含量，%。

# 第六节 填埋场环境监测

## 一、填埋场环境监测项目

固体废物填埋场的环境监测项目主要包括填埋场内渗滤液的水位、地下排水系统内的水位、填埋场渗滤液通过底部防渗层或基础的渗漏情况、填埋场周围地下水的水质、填埋场及其周围土壤和大气中的填埋气体浓度、渗滤液收集池中的渗滤液水位和水质、顶部最终盖层的稳定性等。

## 二、填埋场监测

### （一）渗滤液水位监测

填埋场内渗滤液的水位随时间在不断地变化，为了确保填埋场按设计要求运行，需要对填埋场内的水位进行监测。

填埋场的监测井主要包括垂直式监测井和水平式监测井。垂直式监测井（图 6-24）在填埋废物的过程中容易损坏，易受废物移动或沉降的影响。而水平式监测井（图 6-25）则受废物移动或沉降的影响较小，损坏的概率也较小。通常在填埋场运行的前三四年需每周对渗滤液水位进行一次监测，以后每月监测一次。

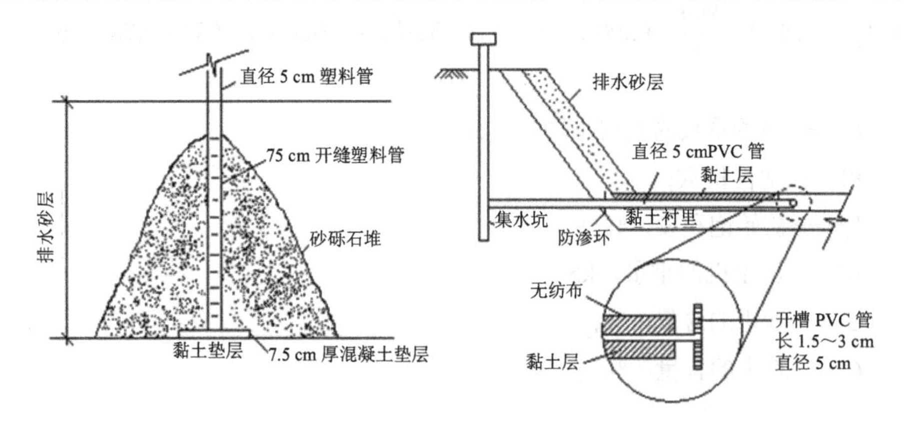


图 6-24 垂直式渗滤液水位监测井　　图 6-25 水平式渗滤液水位监测井

### （二）地下排水系统中水位监测

一般用水平监测井监测地下排水系统中的水位。地下排水系统中的水位随时间和地点的变化而变化，通常在填埋场开始运行的最初三四年内需按月监测其水位变化，摸清其季节性变化规律后，可仅在丰水期月份监测。

## 三、地下水监测

当填埋场底部防渗系统不完善或受到破损时，渗滤液就会向下渗漏并污染周围土壤和地下水。因此，地下水的监测是填埋场监测的重点。地下水的监测项目包括 pH、温度、电导率、色度、浊度、COD、$BOD_5$、硬度、总氮、$NH_3$-N、总磷、总硫、大肠菌群和细菌总数等。填埋废物的类型、填埋场的大小、采用的防渗材料等决定了地下水的监测频率，通常情况下应每季度监测一次。

在设计地下水监测井时，主要考虑以下两个因素：

①填埋废物的特性。填埋废物的特性直接决定了产生的渗滤液和污染含水层中污染物质的性质。不同的污染物质的流动性是不同的，如较轻的、不易混溶的污染物容易漂流；而较重的、易混溶的污染物的迁移则受其黏滞度和密度的影响；不具反应性的物质和小分子有机物容易流动；而重金属和大分子有机物最不易流动。

②在设计地下水监测井之前，必须了解填埋场的地质、水文地质特征和发生污染时污染晕的范围和形状，特别是当在地下水位以下存在分层现象、不同渗透性土壤的透镜体及断层等情况时更应注意。一般在均质含水层中布置的监测井比较简单，但在非均质含水层和以砂质为主的地层中夹以黏土透镜体则比较复杂。

图 6-26 是一个建在互层型含水层上的填埋场地下水监测网，在 3 个含水层中均要采集水样，监测点很好地分散在每一个含水层。对于互层型含水层，地下水流向在浅层和深层可能不同，而且每一层的水平水力梯度和垂直水力梯度也可能不同。因此，了解地下水水流方向和梯度是监测网设计成功的关键。图 6-27 是带有黏土透镜体的潜水含水层监测系统。对于这类含水层，黏土透镜体的大小是重要问题，它决定了是否需要对透镜体进行监测。

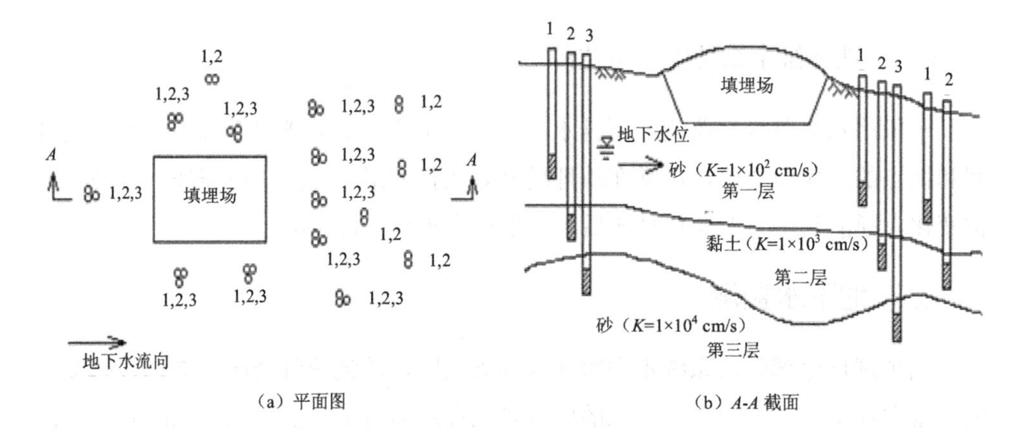


图 6-26 含有多层含水层的监测系统

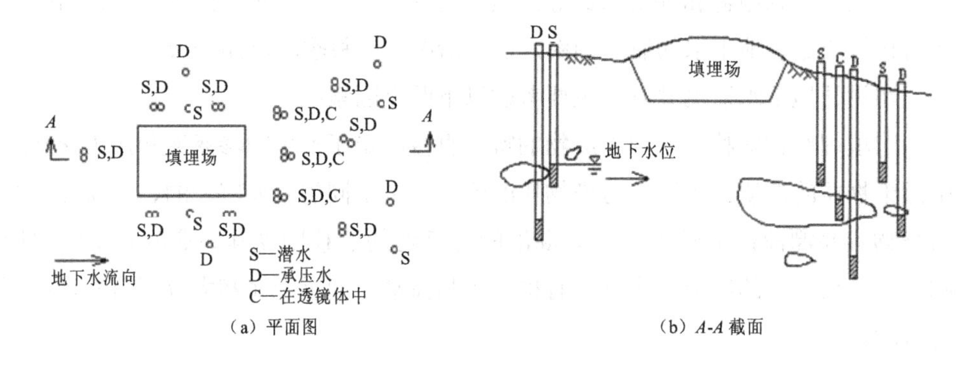


图 6-27 带有黏土透镜体的潜水含水层监测系统

## 四、地表水监测

对填埋场周围的地表水进行监测主要是为了了解填埋场渗滤液和其他污水排入地表水水体后对受纳水体的水质影响情况，包括填埋场施工和运营前的本底值监测、填埋场运营期的水质监测和填埋场封场后的水质监测。主要监测项目包括pH、色度、浊度、COD、$BOD_5$、硬度、总氮、$NH_3$-N、总磷、总硫、大肠菌群和细菌总数等，一般要有丰水期、平水期、枯水期3个水文期的监测数据。

## 五、气体监测

填埋气体中含有许多有毒有害的气体，为了保证填埋场工作人员和周围居民的健康，需要对填埋场内、周围土壤环境中填埋气体的浓度和大气进行监测。

### （一）地下气体监测

地下气体探测器通常安装在距填埋场 300 m 以内的建筑物之间，可单独采集也可跨深度采集各个深度的样品。一般跨深度安装的设备深度为距离废物边缘 30～150 m，在选择监测点时，应先摸清填埋场周围的地层结构，确定气体迁移的各种可能渠道和方向，装置应该覆盖任何潜在的沟壑或填埋气体收集系统难以控制的无效区和任何特殊的监测点和建筑物。

地下填埋气体主要监测甲烷的浓度、气压和静止压力等。监测频率取决于场址条件，可以是每天一次、每周一次或每月一次。由于大气压会影响填埋场气体的排放，一般下午的大气压最低。因此，地下环境中甲烷的浓度和静止压力最高。另外，气体的迁移具有脉冲性，其浓度变化较大，在实际中不可能做到每次都在高浓度时取样，每季节或每日的监测都难以测定出真实的气体迁移状况。因此，在可能发生迁移的地区，可在一个月内连续进行 7～10 d 的气体浓度变化监测。

### （二）地表排放气体监测

地表排放气体的监测方法包括瞬时监测、整体地表取样和自由流通空气 24 h 取样。瞬时监测是使用便携式测试仪器，嵌入取样管道提取废物表面以上 8 cm 处通风口的样品，测量样品中总有机化合物的含量；整体地表取样是在废物表面以上大约 8 cm 处进行取样，将所取样品放入 10 L 的取样容器，并送往实验室在 72 h 内进行分析；自由空气流通取样是对自由流通空气进行 24 h 收集，然后送往实验室在 72 h 内进行分析。

## 六、最终盖层稳定性监测

最终顶部盖层是隔离固体废物与外界环境直接接触的重要屏障，如果盖层坡度较大，应对其稳定性进行监测。另外，由于干湿、冻融、风化侵蚀等环境变化因素引起的盖层侵蚀和沉降等都有可能造成膜的剪切和断裂。对于人工合成材料盖层，监测格点间距一般为 30 m，一个季度或半年监测一次；对不稳定的填埋废物（如污泥），监测格点可小一些。对于黏土覆盖层，一般用沉降标记石桩来监测其稳定性。沿坡线至少建立 3 个标记石桩，通过监测这些标记石桩的水平和垂直运动来判断盖层的稳定性。监测格点间距为 30 m 或更小，监测频率为每季度一次或半年一次。

## 习题与思考题

1. 简述城市垃圾填埋场建设的工作流程。
2. 简述卫生填埋场选址的要求。
3. 简述卫生填埋场环境影响评价的方法。
4. 简述卫生填埋场的主体结构和组成。
5. 简述卫生填埋场防渗系统设计及要求。
6. 简述卫生填埋场环境监测的内容和要求。

# 第七章 固体废物的最终储存处置

世界上多个国家都有关于固体废物处理方面的政策和法规，如瑞士在 1986 年关于固体废物的管理提出了以下原则：①每一代人都应使其产生的不可回收利用的固体废物具有最终储存质量（final storage quality），此时向空气和水中释放的物质无须进一步处理；②具有最终储存质量的固体废物应具有与地球表层物质（自然沉积物、岩石、矿物、土壤等）相类似的特性。

最终储存处置就是通过一定的技术手段使固体废物中能够进入环境（空气、水和土壤）中的物质不会显著改变周围环境，固体废物降解和转化的产物在短期和长期内无须其他处理，是固体废物回归自然的过程。从最终储存处置的概念可以看出，它主要包括两个方面：一是采用必要的措施使固体废物达到一定的质量标准（即最终储存质量）；二是达到最终储存质量标准的废物能够被环境所接受。

## 第一节 最终储存质量

固体废物的最终储存质量取决于多个方面，如固体废物本身的化学、生物化学反应和转化；固体废物与自然和人工屏障层的反应；环境的缓冲和地下水的稀释作用等。根据瑞士的定义：固体废物达到最终储存质量就不会对环境产生危害，也就是说，固体废物中的活性物质必须通过各种反应进行降解和转化，从而达到稳定状态，如有机物经过分解最终变为二氧化碳和水。实际上，使固体废物达到上述标准是非常困难的，至少在目前的科技水平下，很难使所有的固体废物达到最终储存质量。因此，应充分利用天然屏障和工程防护来达到固体废物的无害化处置。

O. Adrian Pfiffner（1988）提出固体废物稳定所达到的最终储存质量水平可用

风险评价来确定，风险因子可由式（7-1）计算：

$$R = P \times C \tag{7-1}$$

式中，$R$——风险因子；

$P$——危害事件出现的概率；

$C$——危害程度。

危害程度主要指固体废物填埋场地遭受自然或人为破坏后给周围环境和生态造成的最严重的程度，这一评价因素依赖于生态毒理学标准。风险评价包括多种影响因素和相关条件，如固体废物填埋场地的情况（废物的性质、填埋场规模、填埋场年龄等），风险评价反映了多种影响因素的综合结果。需要注意的是，相同的 $R$ 值可以表达不同的情形，如严重污染危害但具有较低的发生概率，或较轻的污染程度但有较高的发生概率，这两种情形有可能评价出相同的风险因子值。

图 7-1 为化学物质处置过程中毒性随时间的变化。图中横坐标为时间的对数；纵坐标为毒性指数。毒性指数的表达有多种方式，如可用每月渗滤出的有危害性的物质总量来表示。随着毒性的不断变化，不同的时间所采用的处置策略也有所不同。如图 7-1 所示，在毒性指数最高的阶段，采用 C+C（Concentration and Containment）法，即集中和包容法；在接近最终储存质量时采用 A（Attenuation）法，即衰减法；在达到最终储存质量标准后，但有波动情形出现时采用 D+D（Dilution and Dispersion）法，即冲淡和扩散法。图中的 $L$ 表示最终储存质量水平。

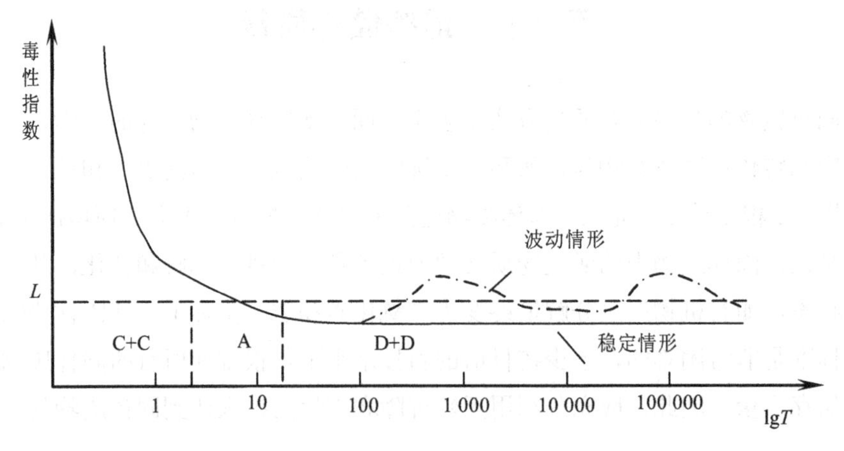


图 7-1　化学物质处置过程中毒性随时间的变化

# 第二节　包容方法

由于目前很难使固体废物本身达到最终储存质量标准，所以首先需要采用各种自然屏障和人工防护屏障技术达到保护环境的目的。自然屏障主要指充分利用地层、环境条件等，防止污染物迁移和泄漏；人工防护屏障是指采用一定的工程措施，利用天然材料（如黏性土）或人工合成材料（合成地质膜等）对固体废物填埋场地进行防护。防护屏障的作用：首先，应对固体废物进行包容和隔离，使产生的污染物不会对环境产生显著的影响；其次，它还应具有一定的污染物降解功能，如冲淡、衰减等。

包容方法的核心技术是利用各种工程技术手段，建立完善、有效的固体废物填埋场防渗系统，主要包括底部、侧部和顶部防渗层系统。包容方法是目前固体废物处置使用较为普遍的方法。

## 一、对防护层的要求

建造包容型固体废物填埋场时，对底部防渗层的要求受到普遍重视。为了防止渗滤液的泄漏，采用天然材料和人工合成材料等建造多层、复合型防渗层系统。基于包容理论思想，美国国家环境保护局（EPA）提出了一种新的填埋策略，即干燥填埋（Dry Tomb）法。因为填埋场内部渗滤液的聚集会形成并保持较高的水位，使填埋场底部防渗层的渗透系数增大，从而增大了泄漏量，这是造成周围土壤和地下水污染的最大威胁。因此，美国 EPA 提出了干燥填埋的策略。其核心思想是尽可能地防止和减少外部水进入，使填埋场中的废物尽量处于干燥状态，达到防止污染物溶出和泄漏的目的。由此可见，包容理论的关键问题是渗滤液的控制，首先要控制渗滤液的产生，主要通过建造完善有效的最终顶部盖层来实现；其次还要考虑渗滤液的排泄问题，使填埋场中产生的渗滤液及时排出并得到处理。

最终顶部盖层（Final Cap）主要包括顶部防渗层、中间排水层、土壤层，以及植被恢复和地表水控制系统，最大限度地减少和避免外部水的渗入。美国 EPA 要求最终顶部盖层的渗透系数必须低于填埋场底部防渗层的渗透系数。

由于冻融作用是使最终顶部盖层遭受破坏的重要原因之一。所以要求最终顶部盖层的防渗层设置在冻融层以下；另外，由于固体废物的性质、压实程度等的差异以及微生物降解等作用的发生造成固体废物不均匀沉降，也会破坏顶部最终盖层。因此，应尽量避免不均匀的压实和可降解物质的不均匀分布。

### 二、对场地岩石地层的要求

固体废物的永久性“包容处置”只是那些可生物降解的固体废物才有可能，也有意义；而对那些不可生物降解的固体废物，所谓的“包容处置”只不过是滞后或延缓污染物向环境排放的一种措施，但它可以控制污染物进入环境的浓度和通量。因此，包容型固体废物填埋场的建设对场地的下覆地层具有一定的要求。首先，下覆地层应具有一定厚度的黏土层，对污染物具有较高的净化能力，其黏粒含量应在20%～50%或50%以上；其次，下覆地层中应含有一定量的碳酸盐和有机质等，对污染物具有一定的缓冲作用。

在环境对污染物的阻滞、净化作用中，生物降解作用最重要，其通过化学、生物化学等作用将有害污染物分解为无害组分；地层的机械过滤和吸附作用（包括黏土矿物的吸附和有机固体颗粒的吸附），从理论上讲，并不是一种彻底的净化作用。首先，地层介质对污染物的吸附具有一定的容量，若超过这一容量，污染物就会发生迁移；其次，机械过滤和吸附作用只能起到阻滞、延缓的作用，当环境条件发生变化时，被吸附、阻滞的污染物可以重新活动、释放进入土壤和地下水环境。因此，对于迁移性较强的毒性物质，需要加强人工防护屏障的性能，达到安全填埋。

## 第三节　冲淡-衰减方法

### 一、设计思路与原则

冲淡-衰减型填埋场的基本设计思路是允许部分渗滤液从填埋场底部渗漏进入地下环境，利用下覆包气带土层和含水层的自净功能来降低渗滤液中污染物的浓度。因此，在设计冲淡-衰减型填埋场时要求考虑废物在场地中发生的各种物理、化学和生物化学作用，以及场地下覆地层的各种性质。具体来说，就是在研究场地下覆地层衰减污染物能力的基础上，控制渗滤液在下覆地层的自净能力范围内进行渗漏。这种固体废物处置方法在英国已得到成功应用，填埋场地运转正常。

采用冲淡-衰减方法，首先要对填埋废物的特性、物理化学反应和变化过程进行详细研究，充分掌握渗滤液中污染物的组成、浓度及其变化规律；其次，对填埋场地下覆地层岩性进行详细勘察研究，具体内容包括岩性颗粒分析、黏土含量分析、阳离子交换容量、非饱和带厚度、氧化还原缓冲能力和pH缓冲能力等。

采用这种处置方法的关键是根据地层的净化能力确定渗滤液的允许渗漏量并对其进行准确控制。必须遵循的原则是：有计划地控制渗滤液向土壤、包气带和含水层中渗漏的量，使进入环境的污染物与氧气发生反应，或与地下水混合发生冲淡作用，使污染物得到降解，达到环境质量允许的浓度。

## 二、对下覆地层的基本要求

冲淡-衰减法对填埋场下覆地层的性质对污染物的衰减有重要的影响，因此在冲淡-衰减填埋场的设计中对下覆地层有下述要求。

①岩性颗粒均匀、细小的下覆地层对污染物的衰减有利，而裂隙地层对污染物的衰减不利。渗滤液在中、细颗粒岩性的地层中的渗流速度相对较小，污染物与地层矿物的作用时间长，有利于污染物的衰减，而渗滤液中的污染物在裂隙地层中未得到衰减就顺裂隙流走，会造成一定程度的土壤和地下水污染。

②下覆地层中应含有一定量的黏土矿物，且离子交换容量大。首先，黏土矿物具有一定的防渗性能，使得污染物在地层中的迁移速度大大降低，延长了地层中矿物与污染物的作用时间；其次，黏土矿物的吸附性和离子交换性使污染物被阻滞，缩小了污染物的扩散范围。

③下覆地层中应含有一定量的碳酸盐。中性或偏碱性条件可使多数污染物的活动性降低，也有利于微生物降解作用的进行。

④铁锰氧化物含量高的地层有利于污染物的自然衰减及其活动性的降低。近年的研究发现铁还原对氯化有机物等多种污染物质的降解有积极作用。

⑤下覆地层应具有一定厚度的包气带。

⑥地下水流场的影响。地下水的流速大，氧气的补给量也大，有利于微生物的好氧降解；另外，流速越大，冲淡作用也越强。

因此，采用冲淡-衰减法处置固体废物时，对于污染物的可生物降解性具有重要的作用。当渗滤液进入包气带中并发生生物降解反应时，包气带在数个月内可能变为厌氧环境，所以在包气带中既可以发生好氧生物降解又可以发生厌氧生物降解，降解速度主要取决于营养物质的供给、微生物量、pH、Eh、温度和接种体等。但要注意，在采用冲淡-衰减法时，如果渗滤液控制不当，进入环境的污染物量超过了环境的净化能力，就会造成污染，而且较大的地下水流速会导致污染范围扩大。

## 三、污染物的衰减过程

渗滤液在下覆地层中的衰减过程主要分为在包气带中的衰减和在含水层中的衰减两个阶段。

### 1．污染物在包气带中的衰减

渗滤液在通过填埋场底部包气带土层向下运移时，主要发生吸附和解吸附、离子交换、沉淀和溶解、机械过滤和生物降解等作用。其中吸附、离子交换和过滤等作用使污染物的迁移速度变慢，使其在地下水中的浓度在一段时间内有所降低；解析、离子交换和溶解等作用则会使污染物的迁移速度加快；生物降解、化学反应或物理衰变才会使土壤-地下水系统中的污染物消失，但同时会产生新物质。因此，如果渗滤液中的污染物能够在填埋场下覆地层中停留足够长的时间可使污染物在生物降解、化学反应和物理衰变等作用下得到真正的衰减。

### 2．污染物在含水层中的衰减

由包气带土层中流出进入含水层的渗滤液，污染物在混合、弥散、对流等作用下逐渐被稀释，并在随地下水流迁移的过程中与含水层介质发生的吸附、离子交换、过滤、沉淀等作用而降低。影响稀释作用的主要因素有渗滤液与周围地下水的密度关系、渗滤液的流速、地下水的流速、污染物在含水层中的扩散-弥散系数等。

# 第四节 填埋场防护系统的天然防渗材料

## 一、天然防渗材料

防护系统是固体废物最终储存填埋处置的重要组成部分，而防渗层则是防护层体系必不可少的组成部分。近年来，人工合成材料被广泛应用于固体废物填埋场的防渗层，但合成材料的破坏也日益引起了人们的关注。尽管一般认为人工合成膜渗透性极小，但由于机械破坏和安装技术不过关，易造成合成膜渗漏。因此，研究渗漏检测方法和技术对防止渗滤液污染地下水十分重要。传统的方法是通过检测水样中渗漏的污染物和示踪剂的浓度或地下水压力的变化来寻找渗漏源，这种方法难以确定具体的渗漏位置。随着科学技术的发展，电子方法逐渐被应用到渗滤液渗漏检测上，如 Parra 等通过测量填埋场内部的电压确定渗漏位置；Laine 的研究表明可以用电极检测出很小的渗漏裂隙；William 针对固体废物填埋场中的电性非均匀性，提出了一种检测渗漏的方法。具体来说，电子检测方法就是在垃圾填埋场建设时将传感电极分别放在合成膜的下部和填埋场内部，在内部和外部的电极之间就会产生电流，传感电极通过检测电流产生的电压，并对数据进行处理，可以确定渗漏的位置。

对渗漏点进行修复也是一个难点。Landreth 介绍了常用的方法，如将废物转移出去，确定渗漏的位置，清除渗漏附近的防渗层，然后对渗漏进行修补，这种方法既耗时又不经济；Glenn 等根据电泳的原理提出将黏土颗粒吸引到渗漏处，堵塞合成膜防渗层中的渗漏裂隙，这种方法在修复填埋场的渗漏裂隙时不用转移固体废物及渗滤液，是一种省时、可靠、安全的方法；Albert 等对 Glenn 提出的方法作了进一步研究，他的试验研究表明，黏土颗粒在外加电场的作用下向渗漏处迁移，形成一个黏土饼；另外，他还对黏土类型、悬浮颗粒物的浓度和渗漏孔隙的大小及电场强度对黏土颗粒迁移及黏土饼形成的影响进行了研究。

与天然防渗材料相比，人工防渗材料除了存在上述问题，还缺少对渗滤液中污染物的降解和衰减作用。也就是说人工防渗材料的主要功能是防渗，而天然材料具有防渗和降解两方面的功能，防渗层一旦遭到破坏，天然材料防护层对污染物有一定的阻滞和降解作用。因此，天然防渗材料是不可取代的。实际上，目前对天然材料的研究比较重视，现有的填埋场大多数采用天然材料与人工材料相结合的防护方法。

常用的天然防渗材料主要是黏性土，因其廉价、易得而被广泛用于填埋场。但未经任何处理的天然黏性土防渗性能并不理想。黏性土的防渗能力与其设置厚度有关。我国城市垃圾填埋场黏性土防渗层的渗透系数要求小于 $10^{-7}$ cm/s，有些国家要求小于 $10^{-8}$ cm/s。根据国外学者的研究结果，一般的天然黏性土防渗层的渗透系数很难达到小于 $10^{-8}$ cm/s，因此，需要对天然黏性土进行改性，以达到固体废物填埋场防渗性能的要求。

## 二、天然防渗材料的改性

### （一）研究现状和趋势

虽然天然黏土的吸湿膨胀性能够减小防渗层的渗透系数，但由于长期受渗滤液中有机污染物和无机离子的作用，使得防渗层的顶层严重絮凝化，增加了其渗透性，影响天然黏土的防渗能力。

对天然黏土的研究包括黏土颗粒大小、矿物成分、压密程度以及对污染物的抵抗和衰减能力等（图 7-2）。增大厚度也可以提高防护层的效果，但会导致费用增加、库容减小，有时还存在难以寻找黏土来源的问题。所以目前研究的重点还是减小黏土的渗透系数或增加黏土的吸附容量，因此，需要对防渗材料进行改性。改性的目的主要有以下几点：

①降低防渗材料的膨胀性和絮凝化程度，加强微粒的聚沉和沉淀；

②增强防渗材料的强度、抗剪切性能和工程稳定性；

③增大防渗材料的吸附容量、离子交换能力等对污染物的拦截和去除能力；

④增强防渗材料的自修、自封能力。

防渗材料的改性方法较多，主要有石灰改性、粉煤灰改性、聚合阳离子改性、有机阳离子改性、高温焙烧活化、酸活化、盐溶液活化等。

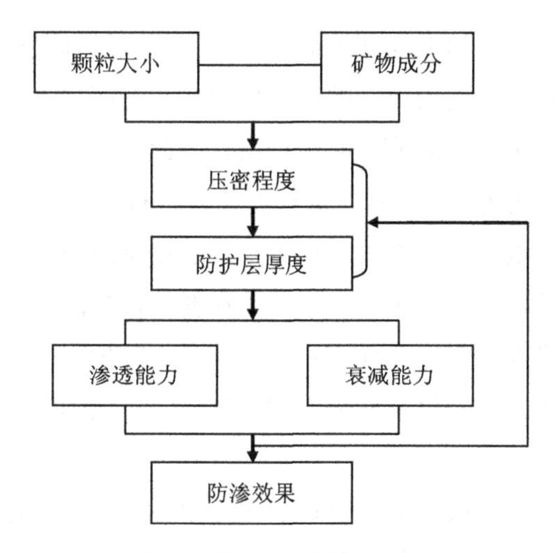


图 7-2　天然黏土防护层的研究

有许多学者开展了黏性土改性的研究，Laura 提出了一种新型的能抵抗污染质破坏的抗污染黏土（contaminant resistant clay，CRC）用来解决污染质对黏土防渗层的破坏作用。通过一系列测试，如液体损失实验、固定渗透层水力传导实验和顶部荷载滤压测试等，对这种新型的抗污染黏土的有效性进行了综合评估。测试结果表明抗污染黏土对污染质有抵抗作用，能在与污染质接触的情况下，保持良好的性能。

在黏土防护层中添加石灰也可以改善黏土防护层的性能。1996 年 Bell 对最常见的几种黏土矿物（高岭石、蒙脱石、石英）进行了测试，结果表明添加石灰可以提高黏土防渗层的稳定性和工程性质。此外，Irene 等提出经有机处理的黏土也能使防渗层有效去除溶解性有机污染物和控制渗滤液的渗透，并进行了一系列试验。试验表明：经过化学处理的有机黏土的液限为 61%，塑性指数为 20%（一般液限为 20%，塑性指数大于 7%的土适于衬里的建造），并且这种黏土对苯系物和酚有很强的吸附能力，有效压力为 70 N 时，自来水和渗滤液的渗透系数分别为 $7\times10^{-9}$ cm/s、$1.6\times10^{-8}$ cm/s，这说明有机黏土防护层具有阻滞污染质迁移和减少渗滤液渗透的作用。James 等也报道了有机改性膨润土具有 $10^{-8}$ cm/s 数量级的渗透系数，而且对苯的吸附容量比常规防护层大得多。

通过改性和尝试新材料可以增加防护层的性能，也可以通过改变防护层的设计理念达到同样的目的。如 Jean Frank 等提出了“双层基底矿物衬里”的设计，这种双层矿物基底衬里由两层分开的矿物层组成，上部是具有反应能力的基层，其目的是尽可能多地去除渗滤液中的污染质。因此，这一层选取的材料一般具有较大的比表面积和吸附容量，如富含绿松石和方解石的天然黏土；下部是惰性层，其目的是尽可能将渗滤液阻滞在填埋场内，一般由空隙极小的矿物组成，如天然高岭石黏土或提纯的高岭石黏土。常规防渗材料仅仅是渗透系数小，但容易受有机污染物和无机污染物的影响，如聚乙烯类和黏土防护层。与常规防护层不同的是，双层基底矿物防护层不仅能够去除污染物质，还能确保对渗滤液长期稳定的低渗透性。

与双层矿物基底防护层类似，Michel 等提出了一种毛细盖层。这种毛细盖层的毛细力大于重力，液体无法从上部细颗粒介质进入下部粗颗粒介质。因此，水分在初始阶段都被阻滞在上部细颗粒介质中。只要截面上的毛细吸引力足够大，就可以有效阻滞上部水渗漏。为了保持这种作用，细颗粒介质层要及时、充分排水，所以一般界面都被建成 5°～10°的斜坡。这种毛细盖层的上部一般由粒度大于 0.25 mm 的压实细砂组成，其渗透系数 $10^{-3}$ cm/s，下部为 30 cm 厚的圆砾（粒径为 2～8 mm）。Carl 等证明这种毛细盖层甚至优于美国国家环境保护局推荐的常规盖层。

尽管当前许多学者做了大量的工作，但还有许多方面需要进一步研究：例如，新兴的 CRC 防护层在野外现场的有效性还需进一步证实；无机污染物对有机处理黏土防护层的影响及该防护层的实际效用还需现场试验研究和证实；黏土中添加石灰的方法还需进行更多的研究才能在实际中应用，如不同条件下的最佳配比目前还不清楚；影响黏土与石灰混合物性质的因素也需进一步明确。

### （二）添加膨润土

在湿润状态下，一般压实黏土的饱和渗透系数为 $5\times10^{-7}$ cm/s（0.5 mm/d）左右，渗透系数仍然偏大。J. Hoeks 在 1982 年的研究表明膨润土和砂的混合物可以降低渗透系数，当膨润土质量占比为 12%～16%时，其渗透系数可以降低到 $2\times10^{-8}$～$4\times10^{-8}$ cm/s（0.02～0.03 mm/d）（图 7-3）。这样的渗透系数可以满足固体废物填埋场防渗层的要求。

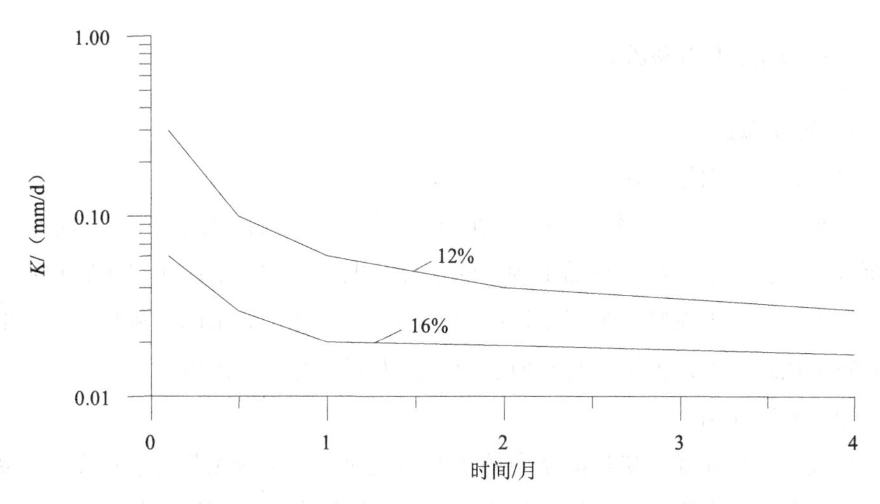


图 7-3　通过野外地中渗透仪求得的混合材料的渗透系数

图 7-4 为膨润土与粉煤灰不同比例混合后的渗透性能，渗透系数随着膨润土质量含量的增加而呈指数下降。当膨润土的质量含量大于 10%时，混合物的饱和渗透系数小于 1.0 mm/d，当膨润土质量含量大于 15%时，则混合物的饱和渗透系数就可以满足固体废物填埋场地防渗层的要求。但在实际应用中，膨润土与粉煤灰的混合在操作方面存在困难。

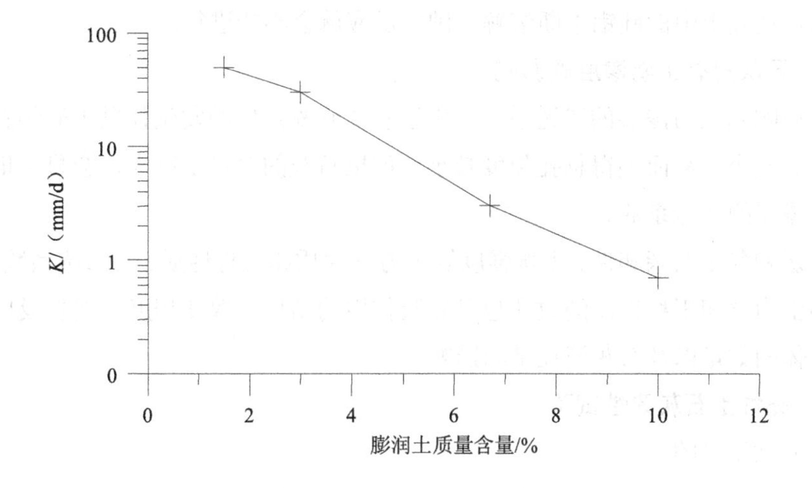


图 7-4　不同混合比例材料的渗透性能

### （三）黏性土石灰改性

#### 1. 理论依据

（1）亲和、固结作用

石灰与黏土混合时，黏土颗粒表面的金属性离子与石灰中的钙离子发生交换，从而改变了黏土的亲和性和黏土颗粒的水合双电层结构，引起了黏土颗粒周围电价的变化，使黏土颗粒更加紧密地吸附在一起，改变了黏土的工程性质。这时石灰被固定在黏土中，无法参与其他反应，称为石灰的固结作用。

（2）硬凝作用

石灰中的硅和黏土矿物晶格中的铝发生反应，该反应尤其会发生在黏土颗粒的边缘。在黏土中添加石灰后，形成的高碱度环境会引起铝硅酸盐的缓慢溶解，这些铝硅酸盐又会形成水合胶凝反应产物沉淀下来，并将反应产物周围的土壤颗粒连接在一起，从而增强了土壤的强度和稳定性，这就是硬凝作用。

#### 2. 石灰对硬凝反应的影响

石灰对硬凝反应的发生具有双重影响，一方面，添加石灰能够形成高 pH 环境，促进铝硅酸盐的溶解；另一方面，添加石灰提供足够的钙与黏土中的铝和硅结合发生硬凝反应，只要系统中有足够的钙与黏土中的硅铝结合，并且 pH 保持足够高，使黏土中的硅铝不断溶解，硬凝反应就会不断进行。

#### 3. 石灰对黏土防渗层的影响

①影响黏土防渗层的渗透系数。由于石灰硬凝反应的发生使黏土矿物颗粒之间的空隙变小，从而使得总孔隙度减小。如果石灰的含量足够大，会显著地降低黏土防渗层的渗透系数。

②影响黏土的亲和性、土壤强度等土力学性质和工程性质。与渗透系数类似，黏土的土力学和工程性质的改变也是硬凝作用的结果，改变程度主要受反应产生的胶凝体的数量以及石灰消耗量的影响。

#### 4. 黏性土石灰改性试验

（1）试验目的

主要目的是通过黏土的改性，进一步提高防渗层的防渗性能，并寻求石灰的最佳添加量，探讨其作为填埋场防渗层材料的可靠性和可行性以及其在不同环境下的变化特征，具体研究包括渗透性能和对污染物的衰减能力。

（2）试验材料、装置

试验用粉质黏土和垃圾渗滤液均取自长春市，蒙脱土和石灰直接从市场购得，氯化锌溶液（1 000 mg/L）和苯酚溶液（100 mg/L）在实验室配制。

试验设备及防渗层示意如图 7-5 和图 7-6 所示。

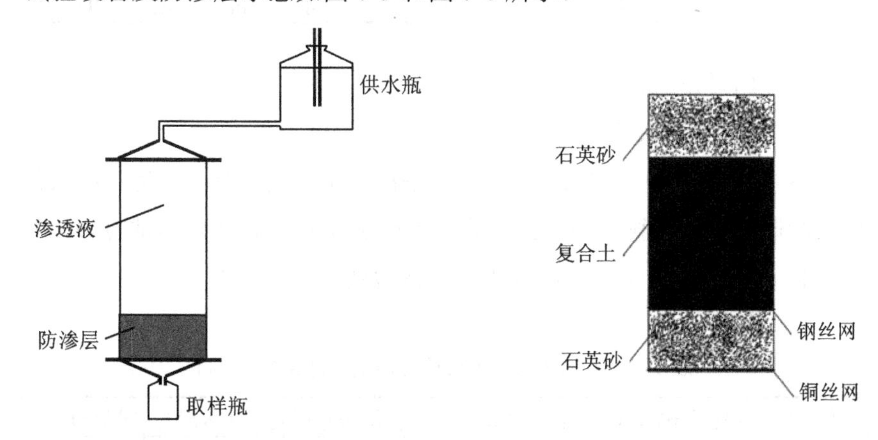


图 7-5　试验装置示意图　　图 7-6　试验柱中防渗层装样示意图

（3）试验方法

在天然黏土中添加一定比例的蒙脱土，增加黏土矿物的含量，再添加不同比例的石灰进行试验。对不同的配比样品进行了系列土柱试验，模拟试验土柱中防渗层选用的材料和配比见表 7-1。试验分析项目见表 7-2。

表 7-1　1～7 号土柱配置

| 柱号 | 蒙脱土/g | 粉质黏土/g | 石灰 | | 水分/mL | 厚度/cm | 容重/（g/cm$^3$） | 备注 |
|---|---|---|---|---|---|---|---|---|
| | | | 质量/g | 配比/% | | | | |
| 1 | 200 | 800 | 0 | 0 | 170 | 3.5 | 1.47 | 柱 7 为“三明治”结构，即：上部蒙脱土+粉质黏土+85 mL 水，中部石灰+80 mL 水，下部蒙脱土+粉质黏土+85 mL 水 |
| 2 | 200 | 800 | 4 | 0.4 | 180 | 3.5 | 1.49 | |
| 3 | 200 | 800 | 10 | 1 | 190 | 3.5 | 1.52 | |
| 4 | 200 | 800 | 20 | 2 | 200 | 3.6 | 1.51 | |
| 5 | 200 | 800 | 60 | 6 | 260 | 3.6 | 1.65 | |
| 6 | 200 | 800 | 100 | 10 | 280 | 3.6 | 1.75 | |
| 7 | 200 | 800 | 100 | 10 | 250 | 3.9 | 1.58 | |

表 7-2 各组试验项目

| 试验组 | 试验时间/d | 渗透液 | 监测项目 |
|---|---|---|---|
| A | 74 | 去离子水 | 水量、pH |
| B | 102 | 氯化锌 | 水量、pH、锌 |
| C | 82 | 苯酚 | 水量、pH、苯酚 |
| D | 62 | 渗滤液 | 水量、pH、苯酚、COD、锌 |

（4）试验结果及讨论

1）改性后的渗透系数

试验 A 在安装后静置 20 d，然后注入去离子水，当各个土柱运行进入稳定期后，选取渗透水量，计算渗透系数，然后进行试验 B、试验 C 和试验 D，其试验过程与试验 A 相似，只是渗透溶液不同。试验结果见表 7-3。

表 7-3 不同溶液作为渗透液时的渗透系数和 pH

| 柱号 | 石灰配比（石灰质量/蒙脱土+粉质黏土的质量）/% | 试验 A（去离子水） | | 试验 B（氯化锌） | | 试验 C（苯酚） | | 试验 D（渗滤液） | |
|---|---|---|---|---|---|---|---|---|---|
| | | 渗透系数/（cm/s） | pH | 渗透系数/（cm/s） | pH | 渗透系数/（cm/s） | pH | 渗透系数/（cm/s） | pH |
| 1 | 0 | $2.85\times10^{-9}$ | 9.23 | $3.17\times10^{-9}$ | 9.21 | $5.43\times10^{-9}$ | 9.20 | $2.27\times10^{-8}$ | 8.66 |
| 2 | 0.4 | $2.55\times10^{-9}$ | 9.09 | $5.01\times10^{-9}$ | 9.13 | $7.5\times10^{-9}$ | 9.01 | $3.37\times10^{-8}$ | 8.49 |
| 3 | 1 | $7.65\times10^{-8}$ | 11.31 | $2.48\times10^{-7}$ | 9.46 | $1.34\times10^{-8}$ | 9.07 | $3.23\times10^{-8}$ | 8.80 |
| 4 | 2 | $8.69\times10^{-8}$ | 11.84 | $6.16\times10^{-7}$ | 10.28 | $4.07\times10^{-8}$ | 10.76 | $3.12\times10^{-8}$ | 9.41 |
| 5 | 6 | $8.4\times10^{-8}$ | 11.95 | $2.21\times10^{-7}$ | 11.46 | $2.22\times10^{-8}$ | 12.31 | $4.07\times10^{-8}$ | 11.18 |
| 6 | 10 | $3.32\times10^{-8}$ | 12.81 | $3.15\times10^{-8}$ | 12.77 | $3.15\times10^{-8}$ | 12.51 | $2.01\times10^{-8}$ | 11.78 |
| 7 | 10 | $2.92\times10^{-9}$ | 9.91 | $3.32\times10^{-9}$ | 10.25 | $1.53\times10^{-9}$ | 9.49 | $1.29\times10^{-8}$ | 10.27 |

从表 7-3 中可以看出，当用去离子水作为渗透液时，随着石灰添加量的增加，防渗层的渗透系数逐渐增加，柱 4 为最大值，这是因为在石灰配比小于 2%时，发生絮凝作用，形成絮凝体，从而使防渗层的渗透系数增加。当石灰配比逐渐增加（柱 5 的石灰配比为 6%），渗透系数并没有马上降低，这主要是因为黏土对石灰的亲和作用发生时，石灰发挥了固结作用。但随着石灰含量的进一步增加，一方面使防渗层的 pH 升高，黏土中的硅铝酸盐溶解，另一方面有了足够的钙形成钙铝水合物和钙硅水合物，从而发生硬凝反应，使防渗层的渗透系数降低（如柱 6，

其复合土中石灰的配比为 10%）。柱 7 为装有三明治结构的防渗层（上部为粉质黏土和蒙脱土的混合物，中间夹有一层石灰，下部仍为粉质黏土和蒙脱土的混合物，石灰配比与柱 6 一致，为 10%），该柱也同样表现出良好的防渗性能，其渗透系数小于柱 6，在 $10^{-9}$ cm/s 数量级。

试验 B 与试验 A 类似，只是柱 4 的渗透系数增加更为明显，柱 2 的渗透系数也明显高于柱 1。柱 6 和柱 7 的渗透系数有明显的降低。

在试验 C，当以苯酚溶液作为渗透液时，前 4 个土柱，也就是当石灰的配比小于 2%时的变化趋势与试验 A 一致，不同的是柱 5 较柱 4 有明显的降低，而柱 6 却大于柱 5，可能是有机渗透液影响了防渗层的渗透系数。

在试验 D，以垃圾渗滤液作为渗透液时，情况就更为复杂，首先是柱 1 和柱 2 的渗透系数增加，大于柱 3，柱 2 的渗透系数甚至大于前 3 组的峰值，渗透系数的最大值出现在柱 5，柱 6 及柱 7 仍表现出较低的渗透系数。

值得注意的是，当以不同溶液作为渗透液时各个土柱的渗透系数发生了明显的变化，为了更明确地说明问题，将各个土柱不同阶段的渗透系数进行比较，见图 7-7～图 7-10。

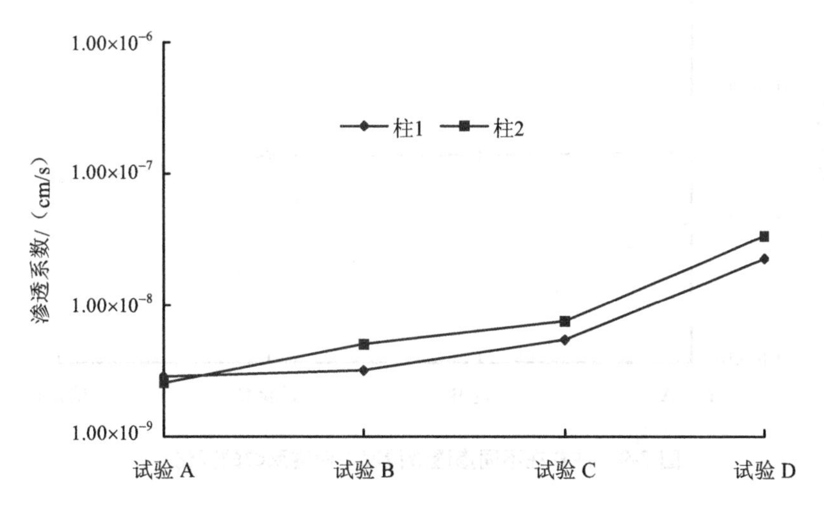


图 7-7　柱 1 和柱 2 在不同渗透液情况下渗透系数的变化

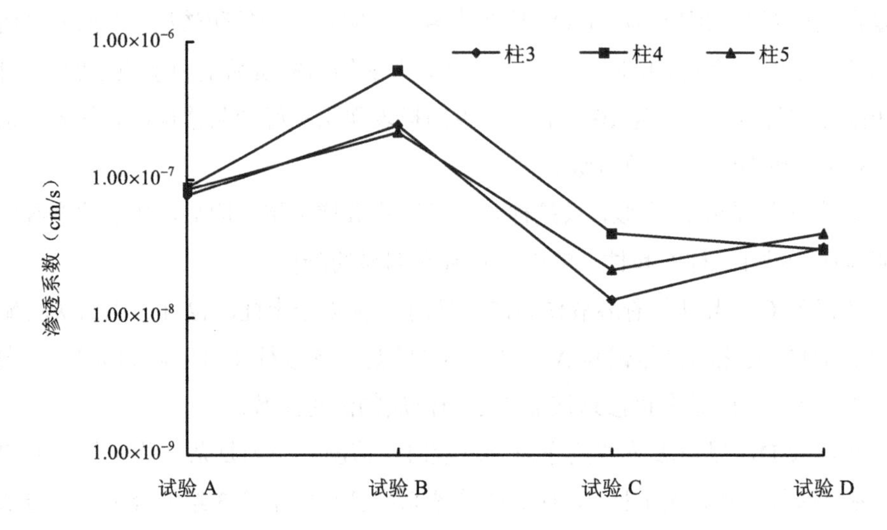


图 7-8 柱 3、柱 4、柱 5 在不同渗透液情况下渗透系数的变化

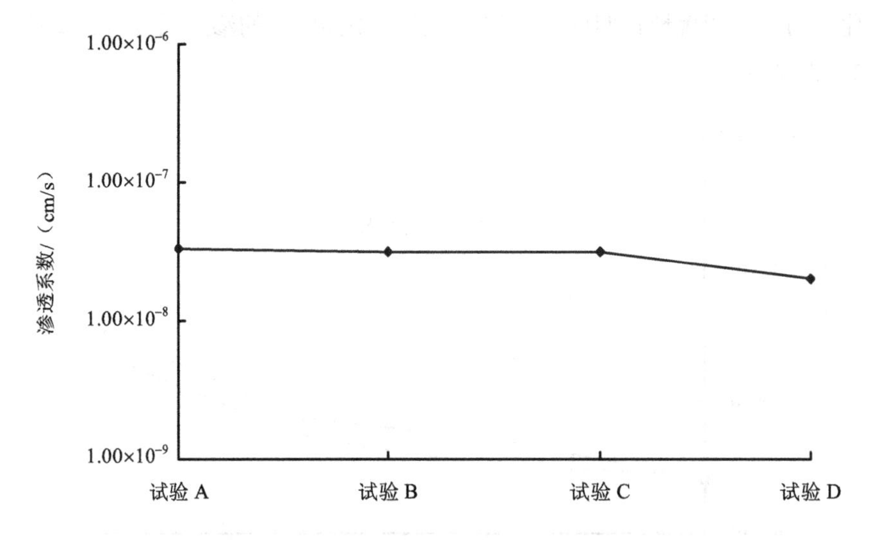


图 7-9 柱 6 在不同渗透液情况下渗透系数的变化

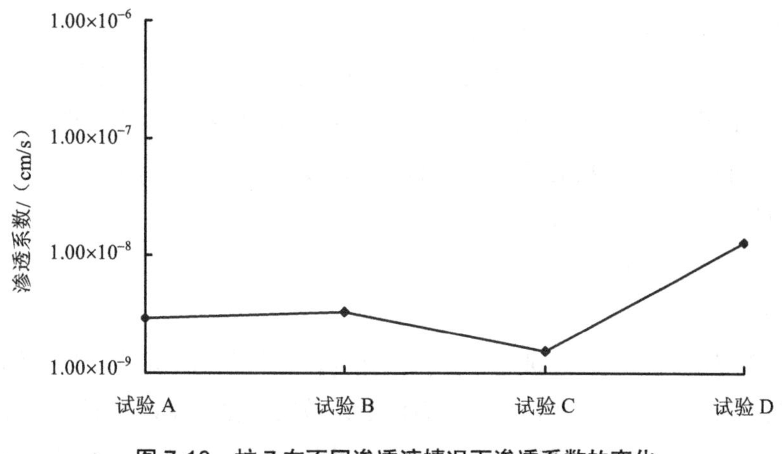


**图 7-10　柱 7 在不同渗透液情况下渗透系数的变化**

柱 1 中未添加石灰，模拟的是当前较为常用的黏土防护层，从图 7-7 可以看出，当分别使用去离子水、氯化锌溶液、苯酚溶液和垃圾渗滤液作为渗透液时，其渗透系数逐渐升高。当使用渗滤液作为渗透液时，渗透系数的增加更为明显，与使用去离子水相差大约一个数量级，为 $2.3\times10^{-8}$ cm/s。这说明同样的防护层，当渗滤液组成发生变化时，其渗透系数将发生较大的变化。所以在测定垃圾填埋场防护层的渗透系数时，不能使用一般的降水或地表水作为渗透液。由于柱 2 中采用的防渗层衬里添加的石灰量比较小，对衬里的性质并没有明显的影响，其渗透系数的变化趋势与柱 1 类似（图 7-7）。柱 3、柱 4、柱 5 在不同阶段的变化趋势基本一致，试验 B 中的渗透系数最高，试验 C 中的最低（图 7-8）。固体废物填埋场黏土衬里在渗滤液中复杂污染质的作用下，其结构可能会发生变化从而引起渗透系数显著增加。未添加石灰的防渗层（柱 1）和只添加很少量石灰的防渗层（柱 2）在以渗滤液为渗透液时渗透系数明显增加就证明了这一点。但随着石灰量添加的逐渐增加，防渗层对污染质破坏的抵抗作用逐渐增强，如柱 3、柱 4 和柱 5，虽然在氯化锌的作用下，渗透系数有所增加，但却表现出对苯酚和渗滤液破坏作用的良好抵抗。图 7-9 表明随着渗透液中污染质逐渐复杂化，柱 6 防渗层渗透系数逐渐降低。装有三明治结构防渗层的柱 7（图 7-10）在氯化锌的作用下渗透系数略有增加（试验 B），却对苯酚的破坏作用有一定的抵抗，渗透系数反而降低（试验 C），但在渗滤液的作用下，渗透系数有明显的增加（试验 D），达到 $1.29\times10^{-8}$ cm/s，但仍低于柱 6 在试验 D 中的渗透系数。

值得注意的是，上述试验研究得到的不同防护层的渗透系数大多小于 $10^{-7}$ cm/s，但许多学者研究指出：一般实验室求得的防护层渗透系数要比野外实际应用时测得的渗透系数值要大，有时可大 1～2 个数量级。这种差异可能与野外的非均值性和尺度效应等有关。

2）影响因素分析

① pH。

在本次试验中，一直对 pH 进行监测。将 pH 作为判断添加石灰的防渗层中硬凝反应是否发生的一个重要指标，结合渗透系数的变化规律，我们可以进一步了解污染质对防渗层的作用机理。在渗透液通过防护层前，对添加不同石灰比例的防渗层本身的 pH 进行了测试，结果见表 7-4。

**表 7-4　防渗层的 pH**

| 柱号 | 1 | 2 | 3 | 4 | 5 | 6 |
|---|---|---|---|---|---|---|
| pH | 9.52 | 10.05 | 11.13 | 11.44 | 12.44 | 12.46 |

对比图 7-11 和表 7-4 可以看出，不同渗透液通过复合土形成的渗滤液体的 pH 的变化趋势与复合土本身的 pH 基本一致，即随着石灰添加量的逐渐增加，pH 也逐渐增加，并在柱 6 时达到最大值，所不同的是采用不同溶液作为渗透液时，各土柱的 pH 有所不同，柱 7 虽然添加的石灰量与柱 6 一样，但由于衬里以三明治结构填装，渗滤液体的 pH 较低。出现这种现象的原因尚需进一步的研究和探讨。

从表 7-3 可以看出，当以去离子水作为渗透液时，当石灰的添加量增加，pH 升高，渗透系数逐渐升高，在 pH 等于 11.84 时，渗透系数最大，pH 达到 12.81，渗透系数才有明显的降低。这是因为当石灰添加量比较小的时候，会发生絮凝作用。絮凝作用对含有蒙脱土的黏土有明显的影响，使含有这种黏土的防护层失去膨胀性，从而使渗透系数增大。随着石灰添加量的进一步增加，黏土颗粒边缘晶格中的硅和铝逐渐溶解，硬凝作用逐渐进行，使渗透系数变小。在石灰参与硬凝反应之前，必须首先满足黏土对石灰的亲和性，即石灰的固结作用。当石灰添加量达到 10%时，pH 达到 12.81，硬凝反应逐渐占据主导地位，渗透系数有了明显的降低。对于保持硬凝反应不断进行所需的 pH，目前学术界还没有一致的看法，Tsau-Don Tsai 等认为应大于 10，而 F. G. Bell 认为应在 12.4 左右。柱 7 防渗层采用三明治结构，中部一层为石灰，虽然透过该层渗滤液的 pH 较低，在石灰层与上部和下部的粉质黏土和蒙脱土的混合物层的接触部位，其 pH 肯定能满足保证硬凝反应充分进行的要求，在中部层与上部层和下部层接触的部位，形成了一层由硬凝反应产物形成的致密层，使衬里的渗透系数极低。

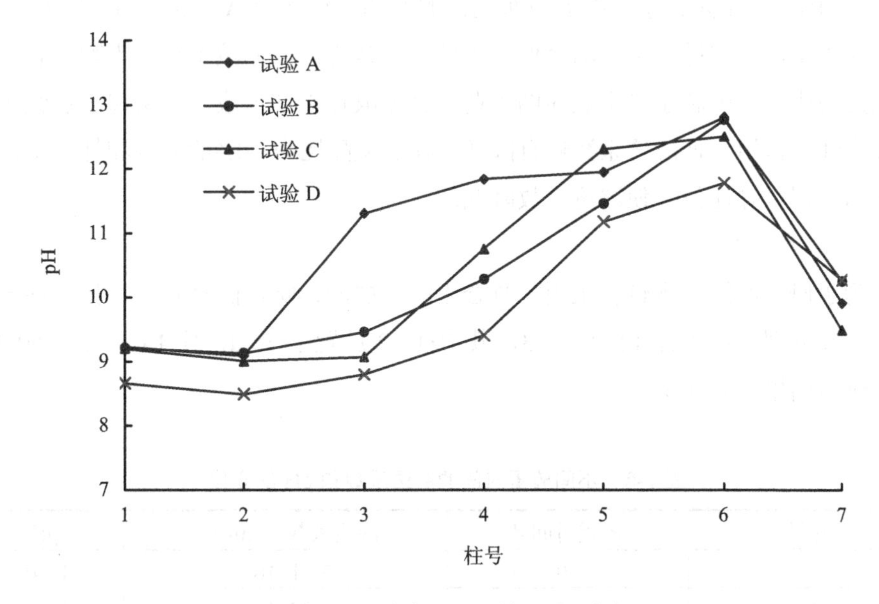


**图 7-11　试验中不同土柱的 pH 变化**

当以氯化锌为渗透液时，各种石灰配比的复合土渗透系数的变化趋势与用去离子水为渗透液时基本一致。这主要是由于复合土层在注入氯化锌之前已经放置了 20 d，相应的反应已发生，反应产物已形成。

当以苯酚溶液作为渗透液时，苯酚显弱酸性，较去离子水（pH 为 7.07）为渗透液时 pH 降低不难理解。但 pH 降低渗透系数也降低，可能是由于苯酚是非极性有机污染物，其在添加了石灰的复合土中的作用情况与其在黏土中的作用有所不同，从而影响了复合土的渗透系数。在试验 C，一个比较异常的现象是石灰配比为 6%时渗透系数有明显的降低，而这时对应的pH 为 12.31。根据 Bell 和 Tsau-Don

Tsai 的论断及本次试验 A 的分析，当 pH 为 12.4 左右时，硬凝反应充分进行会显著降低衬里的渗透系数。

当以渗滤液为渗透液时，pH 比其他 3 种渗透液整体上有所降低。但三明治结构防护层的 pH 却比前 3 种溶液有所增加。这可能是由于渗滤液的成分非常复杂，黏土矿物、石灰、渗滤液的各种成分之间可能会发生各种物理作用和化学作用。对于未添加石灰的防护层，这些作用能增加其渗透系数。对于石灰配比为 0.4%、1%、2%的复合土防护层，随着石灰配比的增加，与试验 A、试验 B、试验 C 中的变化相反，其渗透系数逐渐降低。因此可以认为：渗滤液中与黏土颗粒表面电荷相反的成分，中和了黏土表面的电荷，使絮凝体无法形成，石灰起了加强防护层致密性的作用，使渗透系数略有降低。在石灰配比为 10%的柱 6 和柱 7 中，硬凝作用占据主导地位，使渗透系数降低。

②反应时间。

为了研究时间对本试验采用的复合土防护层的影响，试验 B 中，按照柱 5 的配比，又分别安装了柱 12 和柱 13，其中柱 12 放置了 35 d，柱 13 放置了 60 d，具体试验结果见表 7-5。

**表 7-5 不同放置时间的渗透系数和 pH 的变化**

| 柱号 | 放置时间/d | 渗透系数/（cm/s） | pH |
|---|---|---|---|
| 5 | 20 | $2.21\times10^{-7}$ | 11.46 |
| 12 | 35 | $1.28\times10^{-7}$ | 11.03 |
| 13 | 60 | $8.77\times10^{-8}$ | 10.82 |

由表 7-5 可以看出，随着放置时间的延长，复合土防护层的渗透系数逐渐降低。由此可见，随着反应时间的增加，硬凝作用进行的时间越长，反应进行得也更彻底，故渗透系数越小。值得注意的是，随着放置时间的延长，pH 有逐渐降低的趋势，因此可以预见复合土防护层内的硬凝反应并不会无限制地进行下去，当 pH 降低到一定程度时，反应就会停止，渗透系数也就不再降低。

3）结论

添加石灰的防渗层在防渗性能上优于常用的“黏性土+蒙脱土”衬里，防渗层的最佳配比为 20%的蒙脱土+80%的黏性土，然后添加质量比为 10%的石灰。

三明治结构的防渗层具有极好的防渗性能，在渗滤液条件下，其渗透系数小于上述石灰、蒙脱土、粉质黏土均匀混合的复合土防渗层。

石灰硬凝作用的不断进行是确保防渗层防渗性能的关键，渗透系数最小时防渗层的 pH 约为 11.8。

防渗层的防渗性能与进行渗滤试验前放置的时间有关，为了达到理想的防渗效果，防护层在设置完毕后应放置一段时间。

### （四）黏性土沸石改性

由于黏土具有膨胀性且渗透性低，许多垃圾填埋场的防渗层都采用黏性土，但是某些污染质，尤其是 $Ca^{2+}$、$Mg^{2+}$、$NH_4^+$、$K^+$和部分有机物等会使黏土中产生絮凝物，从而使黏性土的渗透系数急剧增加。下面主要研究用沸石改性的“反应型”天然黏土防渗层的防渗性能以及去除污染物的能力等。

**1．试验设备和目的**

（1）试验设备、材料

试验采用 4 个直径为 17 cm 的有机玻璃柱，总长为 70 cm。试验装置和各柱防渗层的配置情况分别见图 7-12 和表 7-6，试验所用黏土取自长春市，其化学组成详见表 7-7；渗滤液取自长春市裴家垃圾场，详细特性见表 7-8。

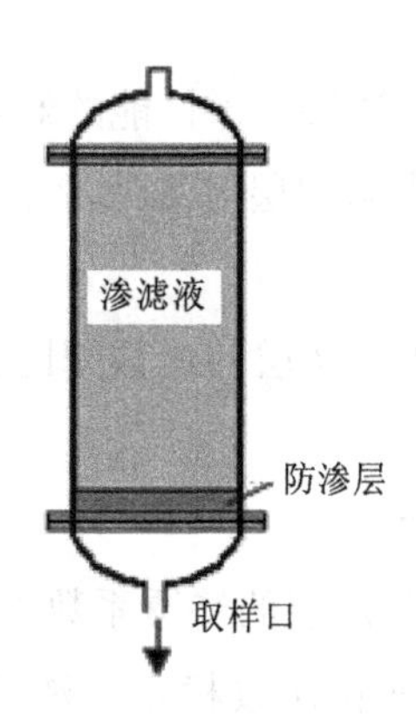


**图 7-12　试验装置示意图**

表 7-6　防渗层数据

| 柱号 | 黏土/% | 沸石/% | 湿度/% | 厚度/cm |
|---|---|---|---|---|
| 1 | 100 | 0 | 16 | 3 |
| 2 | 94 | 6 | 16 | 3 |
| 3 | 91 | 9 | 16 | 3 |
| 4 | 87 | 13 | 16 | 3 |

表 7-7　黏土的化学成分　单位：%

| 组分 | 含量 | 组分 | 含量 |
|---|---|---|---|
| $SiO_2$ | 63.15 | CaO | 2.14 |
| $Al_2O_2$ | 16.4 | MgO | 1.87 |
| $Fe_2O_3$+FeO | 5.45 | $K_2O$ | 2.95 |
| $TiO_2$ | 0.7 | $Na_2O$ | 2.03 |

表 7-8　渗滤液特性　单位：mg/L

| 指标 | 浓度 | 指标 | 浓度 |
|---|---|---|---|
| pH | 6.8 | $NO_3^-$ | 58.20 |
| COD | 2150 | $NO_2$ | 1.65 |
| $BOD_5$ | 702 | $Cl^-$ | 1 425 |
| $NH_4^+$ | 86.75 | 总铁 | 21.56 |

（2）试验目的

①研究沸石对天然黏土防渗层渗透性能的影响；

②研究沸石改性天然黏土防渗层对渗滤液中主要污染物，如 COD、$NH_4^+$、$Cl^-$等的去除性能；

③寻找沸石改性天然黏土防渗层的最佳配比。

## 2. 试验结果及分析

（1）渗透系数的变化规律

从图 7-13 可以看出：各防渗层的渗透系数均低于最低标准（$1.0\times10^{-7}$ cm/s）。未改性天然黏土的渗透系数变化比较稳定，渗透系数由 $7.39\times10^{-9}$ cm/s 升高至 $1.07\times10^{-8}$ cm/s；改性黏土防渗层的渗透系数则变化比较大，柱 2、柱 3 和柱 4 分别由初始的 $1.77\times10^{-8}$ cm/s、$3.16\times10^{-8}$ cm/s 和 $3.29\times10^{-8}$ cm/s 下降至 $1.12\times10^{-8}$ cm/s、$1.31\times10^{-8}$ cm/s 和 $2.19\times10^{-8}$ cm/s，而其对应的沸石的比例分别为 6%、9%和 13%。

由此可见，沸石的比例越大，渗透系数就越大。而且，随着时间的推移，其渗透系数不断下降，最后趋于稳定，这主要是由于沸石是一族架状构造的含水铝硅酸盐，具有内表面积大、孔穴多等特点，因此，它有很强的吸附和离子交换能力。污染物的吸附使空隙被堵塞，从而使渗透系数不断下降，当吸附达到饱和时渗透系数就趋于稳定。另外，柱 1 和柱 2 的渗透系数在 20 d 后都有逐渐升高的趋势，这也表明渗滤液对天然黏土防渗层有一定的破坏作用，适量的沸石会缓解渗滤液对防渗层的破坏作用。

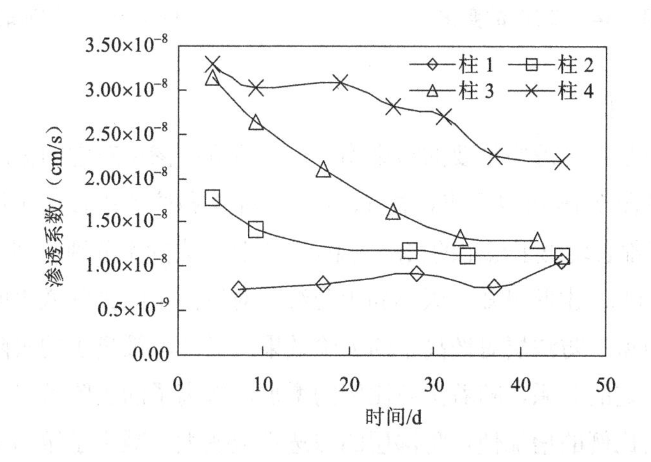


**图 7-13　渗透系数的变化**

（2）对主要污染物的去除

1）COD、$BOD_5$ 的衰减规律

从图 7-14 中可以看出，柱 1 和柱 2 对 COD 都有较好的去除效果，柱 1、柱 2 的 COD 浓度从 2 150 mg/L 分别降至平均 472.7 mg/L 和 424.8 mg/L，而柱 3 和柱 4 的 COD 浓度则分别降至平均 718.9 mg/L 和 824.8 mg/L，效果相对较差，这说明增加沸石的含量不但不能提高防渗层对 COD 的去除能力，反而随着沸石比例的增加而降低。

从图 7-15 可以看出，生物降解在有机污染物的衰减过程中起了重要作用，柱 1、柱 2、柱 3 和柱 4 的 $BOD_5$ 分别从 702 mg/L 降至平均 204.5 mg/L、248.3 mg/L、342.4 mg/L 和 439.0 mg/L，柱 3 和柱 4 的效果仍然较差。

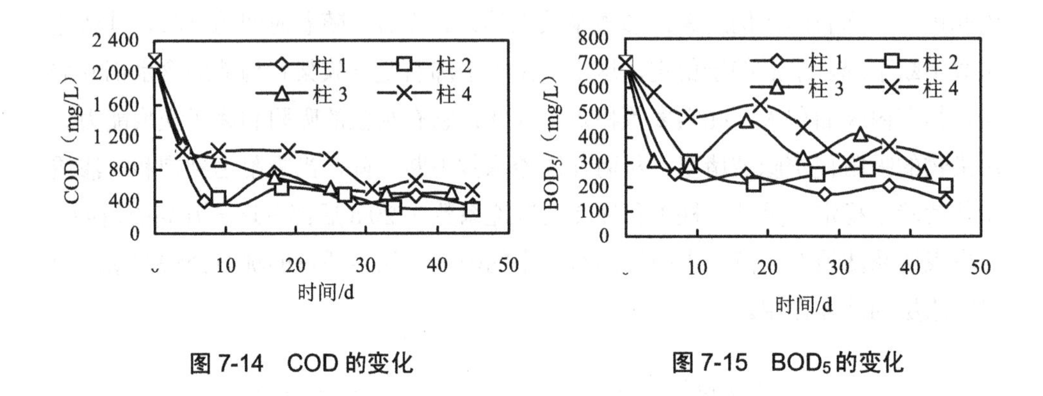


图 7-14 COD 的变化　　图 7-15 $BOD_5$ 的变化

2）氮的变化

铵态氮也是渗滤液中重要的污染物之一，研究防渗层对它的去除效果也具有重要意义。从图 7-16 可以看出，柱 1、柱 2、柱 3 和柱 4 中铵离子被很好地去除了，各防渗层都表现出了稳定的去除效果，4 个柱的去除率分别达到 62%、95.9%、93.15%和 86.1%。由此可知，天然黏土防渗层对铵离子的去除效果明显劣于沸石改性的“反应型”防渗层对铵离子的去除效果。另外，铵离子的去除效果与沸石的比例也有一定的关系，随着沸石比例的增加，铵离子的去除效果反而降低，主要是由于沸石比例的增加使得防渗层的渗透系数变大，减少了铵离子和防渗层的作用时间。因此，在防渗层的设计中，添加适量比例的沸石能够大大提高铵离子的去除效果。

试验发现各防渗层对硝酸根和亚硝酸根也具有较好的去除效果。柱 1、柱 2、柱 3 和柱 4 对硝酸根的平均去除率分别达到 86.5%、80.2%、73.7%和 73.9%；对亚硝酸根的平均去除率分别为 82.7%、87.5%、95.2%和 92.5%。硝酸氮和亚硝酸氮的去除以硝化和反硝化作用为主。

3）氯离子浓度的变化

氯离子浓度的变化曲线见图 7-17，表明氯离子在初期均被不同程度地去除，20 d 后，氯离子浓度都有升高的趋势，这一方面说明防渗层对氯离子的吸附拦截作用已达到饱和；另一方面说明氯离子对防渗层具有一定的破坏作用。

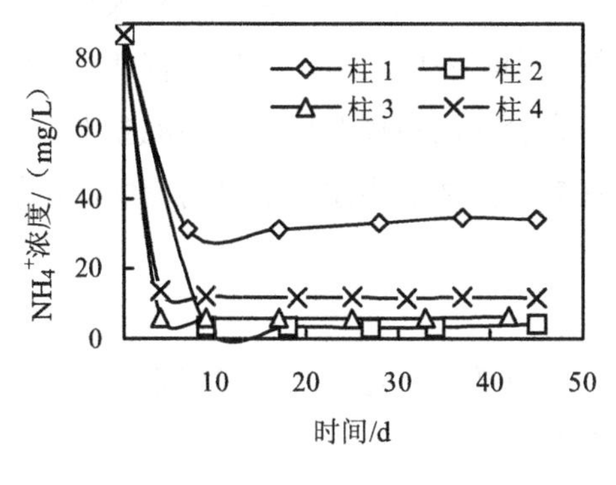


图 7-16 铵离子浓度的变化

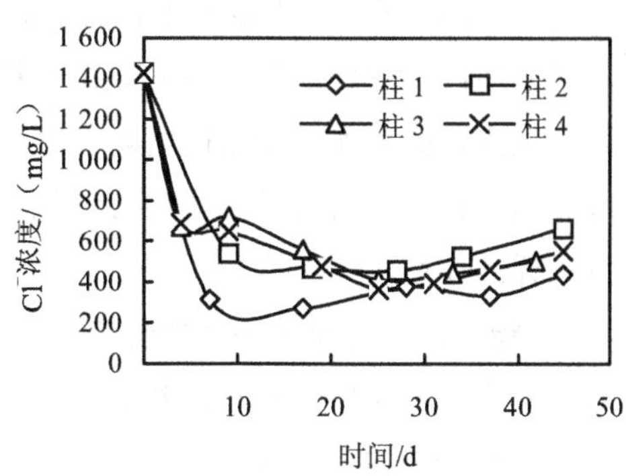


图 7-17 氯离子浓度的变化

4）pH 和电导率的变化

试验结果还表明 pH 均有一定的升高，但天然黏土防渗层（柱 1）的 pH 从 6.8 升至 7.2 左右，而沸石改性防渗层的 pH 均升至 7.6～8.0，升高幅度明显高于柱 1。因此，沸石对 pH 调节起了重要作用，有利于重金属离子的沉淀。

电导率是评价水中含离子多少的物理量。各防渗层的电导率均先降后升。但是柱 1 和柱 2 的变化比较稳定，柱 3 和柱 4 在 20 d 后就急剧上升。这说明：沸石改性防渗层时，其含量不宜太大。

3．试验结论

①用沸石改性天然黏土防渗层，可以增大其渗透系数，并对部分主要污染物特别是铵离子具有良好的去除效果。这为设计“反应型”垃圾填埋场防渗系统提供了依据。

②为了兼顾防渗层的防渗和反应功能，沸石的含量不宜太大，在设计前首先应该做一定的条件试验，确定最佳配比。就本试验而言，含沸石 6%的组合为最佳配比。

③为了更有效地防止渗滤液泄漏造成污染，应在垃圾填埋场底部设计“防渗型”和“反应型”双层防渗系统。

## （五）黏性土粉煤灰改性

### 1．理论依据

粉煤灰具有一定的活性、需水性、充填性和稳定性等特性，在建筑领域已有广泛的应用。粉煤灰和其他材料混合会发生硬凝作用、减水作用、致密作用和益化作用等，作用的程度与粉煤灰的配比、pH 等反应条件有关。例如，粉煤灰与其他材料发生硬凝反应的能力主要取决于粉煤灰中石灰的含量，具体而言就是钙的含量。室内试验和实际应用研究均表明，混合合格的粉煤灰可以提高混凝土长期强度和耐久性，改善混凝土的抗渗性能。在黏土防渗层中添加适量的粉煤灰也能起到同样的作用。

**2. 粉煤灰对黏土防渗层的影响**

在黏土防渗层中添加一定量的粉煤灰，可以改善防渗层的吸湿膨胀性、工程稳定性和污染物的去除能力等，具体表现在以下几方面：

①粉煤灰和黏土混合也会发生硬凝作用，减小了黏土颗粒的絮凝化作用，增强黏土的土壤强度和工程稳定性；

②在黏土中添加粉煤灰可以起到使黏土防渗层更加致密的作用，使防渗层的渗透系数下降；

③粉煤灰具有较好的吸附性和离子交换性，可以提高防渗层对污染物的去除能力；

④粉煤灰和黏土在膨胀性、吸附性、几何形状等性质上存在着互补性。

## （六）黏性土的其他改性方法

（1）高温焙烧活化

黏性土中的膨润土在焙烧的过程中，先后失去表面水、吸附水和结构水，减小了水膜对有机污染物的吸附阻力，使膨润土的吸附性能发生了变化；当焙烧温度约为 450℃、时间约为 2 h 时既驱除了结构通道中的水，又不致破坏结构骨架，可提高其吸附性能。

（2）酸溶液活化

经酸化改性的膨润土与原土相比，通道和孔隙结构有所改善，原土较为致密的片状板层堆积结构变得疏松，孔道扩大，有利于污染物分子进入并进行有效的吸附。酸化处理可除去分布于膨润土结构通道中的杂质（如混杂的有机物），使通道畅通，有利于吸附物质分子的扩散。另外，H 原子的半径小于 Na、K、Ca、Mg 等原子的半径，因此，体积较小的 $H^+$可以置换膨润土层间的 $Na^+$、$K^+$、$Ca^{2+}$、$Mg^{2+}$等离子，增大了孔隙的容积，并削弱了原来层间的键力，层状晶格裂开，通道被疏通，吸附性能得到提高。

（3）盐溶液活化改性

盐溶液［如 NaCl、$MgCl_2$、$Zn(NO_3)_2$、$Cu(NO_3)_2$ 等］，改性膨润土的吸附能力显著提高。可能是这些离子起了平衡硅氧四面体上负电荷的作用，这些低电价大半径的离子和结构单元层之间作用力较弱，从而使层间阳离子有可交换性，同时由于在层间溶剂的作用下可以剥离，分散成更薄的单晶片，又使膨润土具有较大的内表面积，这种带电性和巨大的比表面积使其具有很强的吸附性。另外，膨润土晶层平面带负电，晶层端面带正电，若能将晶层端面改为负电性，则可提高其吸附金属阳离子的能力。

（4）聚合阳离子改性

聚合阳离子是由 $Al^{3+}$、$Cr^{2+}$、$Zn^{2+}$等离子和强碱溶液反应生成含羟基的聚合体溶液，膨润土胶体与此聚合体进行离子交换，聚铝阳离子进入膨润土层间，在煅烧过程中形成铝柱状晶体固定在层间通道中，即可得阳离子聚合改性膨润土。其对有机物主要以化学吸附为主，利用其表面的铝羟基活性位来吸附有机污染物，吸附平衡时间一般大于 10 h。

（5）有机阳离子改性

常用的有机阳离子改性剂有十八烷基胺、三甲基十八烷基氯化铵、二甲基双十八烷基氯化铵、十六烷基三甲基溴化铵、双十八烷基甲基苄基氯化铵和 N-十八烷基、对苯二甲基酸钠及其他主碳链含碳量不同的季铵盐等。

有机阳离子改性的基本原理是阳离子有机铵交换取代了棱间和硅氧外表面的阳离子，脂肪链覆盖了膨润土的表面，避免了水分子与硅氧表面的接触，使硅氧表面由亲水变为憎水；同时，膨润土晶层之间是通过分子引力联系的，其键力较弱，水和其他极性分子、离子很容易进入晶层内，使相邻的晶层分开，这样层间的阳离子也被有机铵取代，使层间也充满了有机铵，阳离子在层间的水解也被阻止，使水分子无法进入层间，黏土表面和层间不再亲水。经有机阳离子改性的膨润土，其表面由亲水性变成亲油性，而且层间距增大，这种改性大大提高了膨润土吸附有机物的能力。

有机阳离子改性膨润土的吸附性能与改性剂的种类、碳链长度、浓度、有机物本身性质及其二者之间的作用方式等有关。

## 第五节　存在的问题和未来研究趋势

固体废物“最终储存”处置的目标是使废物达到“最终储存质量”，从而不会对环境产生危害。最终储存质量的定义应该是定量的、在实际中是可操作的，但目前，这一标准的确定还存在问题。制定较低的标准不能够保证环境的安全，而较高的标准又使目前采用的填埋处置难以达到。

按照最终储存处置对固体废物的要求，废物必须进行预处理，使其转化为类似于自然存在的物质。一些无机物，特别是含有重金属的物质，必须进行处理，使它们的特性达到与天然稳定矿物相似的程度；金属钠、钾、钙、镁的氯化物，硫酸盐和硝酸盐可以被重新利用或有控制地排入地表水系；有机物、来自矿物油的人工合成物质必须转化为二氧化碳、水和卤素的碱盐形式；剧毒物质必须焚烧。

H. P. Fahrni 提出固体废物的最终储存质量应满足下列要求：①废物的化学组分至少有 95%是已知的；②废物中有机碳的含量必须不能超过 5%；③废物中能溶解于水的物质必须不能超过 5%；④废物中必须不能含有活动性物质（碱金属、侵蚀性物质等）；⑤废物中有机氯的含量必须不能超过 10 mg/kg。

美国 EPA 提出用一系列的土柱淋滤实验来评价和确定最终储存质量。在实际评价中，要考虑时间效应，所以，淋滤实验延续的时间较长。一般采用利用微酸性水或用二氧化碳饱和的水来进行淋滤。有人提出要对固体废物进行两次连续的淋滤实验，其淋滤液中污染物的浓度不应超过污水排放的标准，否则，固体废物就不适宜最终储存。H. P. Fahrni 通过研究提出了适合最终储存的固体废物渗滤液中污染物浓度的初步标准（表 7-9），不满足该标准的固体废物渗滤液不能直接排入地表水体和地下含水层。

上述固体废物最终储存质量标准存在着在实际中难以应用，可操作性差的问题。实际上，目前固体废物的最终储存处置主要包括对废物的稳定化处理、工程防护系统、场地的地质和水文地质条件 3 个方面，也可以看作是防止环境污染的 3 个屏障。

表 7-9　适合最终储存的固体废物淋滤液中污染物浓度的初步标准　单位：mg/L

| 污染物 | 浓度 | 污染物 | 浓度 |
| --- | --- | --- | --- |
| Al | 1 | Sn | 2 |
| As | 0.1 | 氰化物 | 0.1 |
| Ba | 5 | 氟化物 | 10 |
| Pb | 0.5 | 亚硝酸盐 | 1 |
| Cd | 0.1 | 亚硫酸盐 | 1 |
| Cr（Ⅲ） | 2 | 氯化溶剂/（mg Cl/L） | 0.1 |
| Cr（Ⅵ） | 0.1 | 氨/（mg N/L） | 5 |
| Co | 0.5 | 亲脂性、非挥发性氯化化合物/（mg Cl/L） | 0.05 |
| Cu | 0.5 | 总有机碳 | 200 |
| Ni | 2 | 总有机氯-杀虫剂 | 0.005 |
| Hg | 0.01 | 碳氢化合物 | 5 |
| Ag | 0.1 | 磷酸盐 | 10 |
| Zn | 1 | pH（非酸化淋滤）（量纲一） | 6～11 |

①内部废物屏障：主要是对固体废物本身而言，要求废物在物理、化学特性方面具有高的稳定性、低的沉降性（特别是不均匀沉降）和低的腐蚀性。这就对固体废物具有特定的要求，必要时还应采取一些预处理措施。对内部废物本身的要求被认为是防止环境污染的第一屏障。从长远来看，第一屏障最为重要。固体废物转化为稳定性的物质，可以有效避免其对环境的威胁。

②工程屏障：使用天然和人工防护材料，尽量避免渗滤液的产生。工程屏障包括防止外部水的渗入、渗滤液收集和控制系统、气体的收集和控制系统等，是保护环境免遭污染的第二屏障。

③地质环境屏障。从长期来看，工程屏障存在着遭受破坏（天然或人为）和防护材料失效等问题，所以需要一个合适的地质环境条件。良好的场地条件是固体废物环境污染的第三防护屏障，也是最后一道屏障。

## 习题与思考题

1. 何谓固体废物的“最终储存”处置？
2. 何谓固体废物的“最终储存质量”？
3. 固体废物处理“包容”方法的要求有哪些？
4. 简述“冲淡—衰减”方法的特点和要求。
5. 简述填埋场防渗材料类型和要求。

# 第八章　固体废物填埋处理的生物反应堆方法

## 第一节　生物反应堆的理论及特点

### 一、生物反应堆理论

固体废物处置的反应堆理论与最终储存理论截然不同，它强调固体废物本身的各种反应。一般的城市固体废物填埋场通常被认为是一个废物的接收、容纳场地，废物尽可能地被隔离、包容起来，不对环境发生泄漏和影响。但实际上，填埋场中的固体废物、水、各种污染组分和微生物等之间始终发生各种复杂的物理、化学和生物作用，使整个填埋场处在不停的变化中，同时还不断向周围环境（如空气、土壤、地表水和地下水）排放污染物质，因此，许多专家学者认为城市固体废物填埋场可以被认为是一个反应堆，反应物主要是固体废物和水，产物是填埋气体和渗滤液。因此，就出现了与包容理论相反的反应堆理论。

生物反应堆（Bioreactor）填埋场是一种可控制的填埋场，通过控制其中的湿度、气体等条件来加速或强化微生物对固体废物的转化。在这种填埋场中，可生物降解有机物的降解速度较快。因此，填埋废物在短时间内就可以达到稳定状态，具体表现在填埋气体的组成和产气量、渗滤液中污染物质的浓度等基本保持稳定，不再升高。

从微生物学观点来看，一个生物反应堆填埋场应包括 3 个部分：①内部压缩的城市垃圾处于厌氧分解状态；②填埋场上部能与空气接触的部分处于好氧状态；③渗滤液是一种潜在的微生物活动流体，它可以被好氧或厌氧处理，也可以被循环分解。

废物在进入生物反应堆填埋场进行填埋时，首先要进行预处理，预处理时要考虑废物的均匀性、粒度大小、透气性等因素，必要时需对废物进行破碎和分选。另外，为加速促进微生物降解，一般需要补充水分、调节 pH、增加营养元素等，反应堆填埋场的核心技术是渗滤液循环。

生物反应堆理论是近年来提出的城市固体废物填埋处置的新理论，需要解决的主要问题是：①如何加快固体废物填埋场内有机污染物的分解速度，以缩短生物反应堆的反应时间；②如何确定固体废物填埋场内部以生物作用为主的过程向以地球化学作用（非生物过程）为主过程的转变；③为了缩短反应时间、减少污染物质向环境的释放和避免二次污染物的生成，不能进入生物反应堆填埋场的固体废物种类有哪些；④填埋场内部设备的使用寿命和防护层的寿命；⑤采用何种方法和参数来研究填埋场地中固体废物的演化和状态。

## 二、生物反应堆填埋场的特点

### （一）加速垃圾的降解

渗滤液循环提高了生物反应器填埋场内垃圾层的含水率，能够增加微生物数量，可以提高营养物质、能量和水分等的均匀性，能够加速微生物的生长繁殖，加速垃圾的降解；另外，渗滤液循环可使挥发性有机酸和重金属离子浓度很快降低，减少毒性物质对微生物的抑制作用。

### （二）提高填埋气体的产生速度和产量

填埋气体产量和填埋气中甲烷的含量是评价填埋场内垃圾降解特性的重要指标，填埋气体的产量及其甲烷含量越高，说明垃圾降解得越彻底。渗滤液循环有利于在生物反应堆填埋场内形成产甲烷的环境（湿度增大、氧化还原电位降低、重金属离子浓度下降），提高产甲烷速率；同时，渗滤液循环给填埋场又补充了大量的有机物和微生物，增加了填埋场的甲烷产量。Yazdani 研究表明，生物反应堆填埋场的年产气量比传统填埋场高 75%，填埋气中甲烷的含量比传统填埋场平均高 15.1%；Lawson 研究表明在同一填埋场内采用渗滤液循环的单元的产甲烷速率比不采用渗滤液循环的单元的产甲烷速率快两倍多。

### （三）增大填埋场的沉降

随着垃圾的降解，填埋场中垃圾的体积会不断减少，而且垃圾降解量越大，填埋场中垃圾体积减小也就越明显，填埋场沉降越大。填埋场沉降的大小和快慢是垃圾生物降解程度和降解速率的另一具体反映。Yazdani 研究发现，传统卫生填埋场的沉降高度明显低于生物反应堆填埋场，在 3 年半的时间里，生物反应堆填埋场的沉降高度达到 16%，而传统卫生填埋场的只有 3.4%。消纳同样数量的垃圾，生物反应堆填埋场占地比传统卫生填埋场少 12.6%，这在人口密集、土地资源紧缺的地区具有重要意义。因此，生物反应堆填埋场较高的沉降增大了填埋场实际可容纳的垃圾量，提高了填埋场的使用效率。

### （四）缩短填埋场封场后的维护期

传统的填埋场封场后，由于天然和人为的破坏作用，如垃圾降解引起的不均匀沉降、防护层的破坏等，因此填埋场封场后需长时间地维护，直至其对周围环境不具危害性。传统的填埋场的维护期可达几十年，甚至上百年；而生物反应堆填埋场由于加速了垃圾的降解，大大缩短了垃圾稳定化的时间。另外，生物反应堆填埋场对垃圾渗滤液进行了原位处理，改善了渗滤液的水质，而且在渗滤液循环过程中的蒸发作用使得渗滤液的量大大减少，从而降低了渗滤液的处理成本，节省了运行管理和维护费用。

# 第二节 生物反应堆方法的原理

## 一、固体废物填埋场内部微生物的作用过程

城市固体废物被填埋以后，填埋场中存在着大量的微生物并具备适合微生物生长繁殖的环境条件（如水分、温度、pH、营养物质等）。城市固体废物填埋场可以被看作是一个复杂的生物反应堆。

### （一）微生物及其营养需求

微生物包括细菌、真菌、病毒等，广义的微生物还包括原生动物、藻类等。一般来说，所有生物来源的有机物都可以被天然存在的微生物所降解。因此，在地质历史时期，庞大的有机物经过复杂的微生物转化作用形成了淤泥、煤、石油而沉积。

微生物生长所需的主要营养物质包括碳、氢、氧、氮、硫、磷等主要元素，其中碳、氮、磷这 3 种化学元素控制着微生物的生长，对微生物至关重要。

碳是微生物生长所需的主要元素，可以根据碳的来源来划分微生物的类型。通常把以无机碳化合物作为生长来源的微生物叫作自养微生物，把以有机碳化合物作为生长来源的微生物叫作异养微生物。

氮在固体废物的微生物降解过程中起着重要作用，如果缺少氮就会抑制微生物的生理反应过程，主要是抑制蛋白质和核酸的合成。这就可能导致一些代谢物的积累，抑制其他生物化学反应过程的进行，如有机酸的积累使 pH 不断降低，从而抑制甲烷生成反应的进行等。

磷是微生物活动所需的主要能量来源，如光、热化学反应等，微生物主要以磷酸根的形式利用磷。

微生物的生长、繁殖还必须有适宜的水分、pH 和盐等。

### （二）填埋场内部微生物的作用

城市固体废物中含有丰富的微生物种群以及供其生长繁殖的营养物质，垃圾填埋场就是一个完整而复杂的微生物生态系统，不同的微生物相互影响、相互制约。填埋场中垃圾的降解和稳定化是多个微生物种群在厌氧条件下协同代谢的过程（图 8-1）。微生物的厌氧代谢过程一般可分为水解、发酵、产氢产乙酸和产甲烷 4 个阶段。

#### 1. 水解阶段

废物中的水解菌在胞外酶的作用下将纤维素、蛋白质等复杂的有机物分别水解成纤维二糖、葡萄糖和短肽、氨基酸等可溶性小分子有机物。纤维素是城市生活垃圾的主要成分，约占可生物降解垃圾的 50%。纤维素等大分子有机物结构复杂，水解过程通常比较缓慢。因此，这一阶段是有机废物厌氧降解的限速阶段。

## 2. 发酵阶段

水解产生的可溶性小分子有机物进入发酵菌细胞内，在胞内酶的作用下分解为短链脂肪酸、二氧化碳、氨、硫化氢和氢气等，同时合成细胞物质，在此过程中有机物既可作为电子受体也作为电子供体。溶解性有机物主要被转化为挥发性有机酸，因此这一过程也称为酸化阶段。在这一阶段起作用的主要是专性厌氧菌。

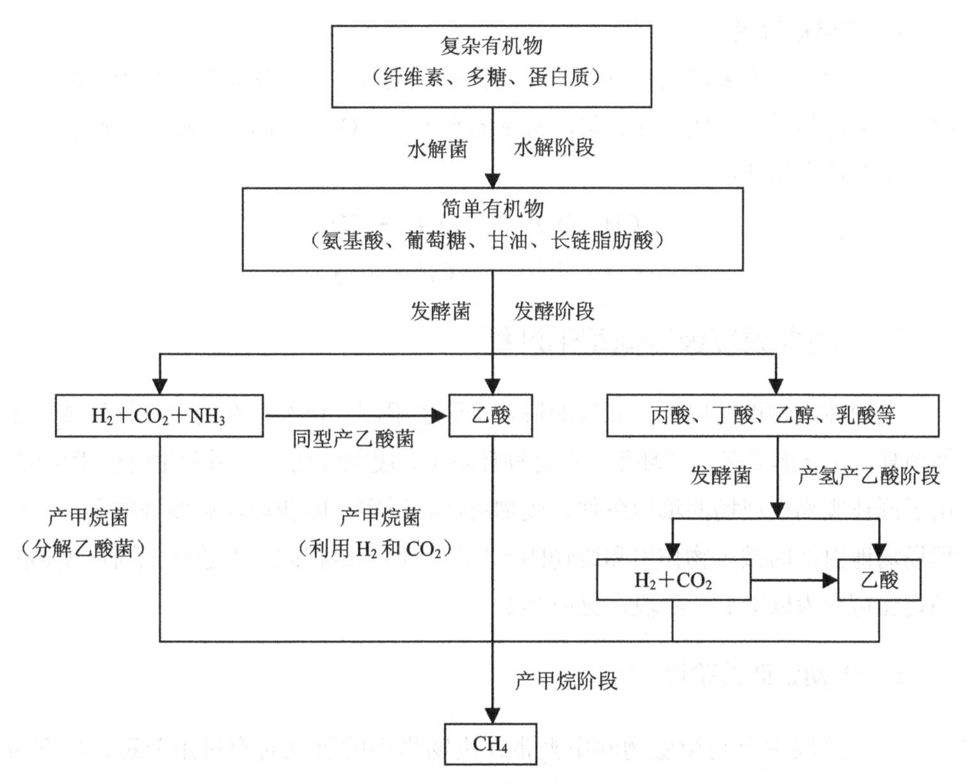


图 8-1　填埋场中有机物的厌氧分解过程

## 3. 产氢产乙酸阶段

酸化阶段的产物，如丙酸、丁酸、乙醇等，在产氢产乙酸细菌的作用下转化为乙酸、氢气和二氧化碳。主要反应如下：

$$CH_3CH_2OH + H_2O \xrightarrow{\text{产氢产乙酸菌}} CH_3COOH + 2H_2$$

$$CH_3CH_2CH_2COOH + 2H_2O \xrightarrow{\text{产氢产乙酸菌}} CH_3COOH + 2H_2$$

$$CH_3CH_2COOH + 2H_2O \xrightarrow{\text{产氢产乙酸菌}} CH_3COOH + 3H_2 + CO_2$$

根据化学反应平衡原理，在垃圾厌氧降解的过程中，如果氢营养型微生物（如硝酸盐还原细菌、硫酸盐还原细菌和产甲烷细菌等）因环境条件的变化降低了对分子态氢的利用率，那么它对丙酸、丁酸和乙酸的利用率也会降低。在这一阶段还存在一种同型产乙酸菌，又称为氢营养型产乙酸细菌，它可以利用 $H_2$ 和 $CO_2$ 合成乙酸。

### 4. 产甲烷阶段

产甲烷菌将产氢产乙酸阶段产生的乙酸、氢气和二氧化碳等转化为甲烷。产甲烷细菌能利用的基质十分有限，常见的有 $H_2$、$CO_2$、甲酸、甲醇、甲胺和乙酸等，主要反应如下：

$$CH_3COOH \longrightarrow CH_4 + CO_2$$

$$CO_2 + 4H_2 \longrightarrow CH_4 + 2H_2O$$

## 二、填埋场垃圾的稳定化过程

当固体废物填埋以后，氧气的进入受到了限制，已经存在的氧气被好氧微生物消耗，逐渐形成了厌氧环境。在这种环境下，废物经历了一系列生物化学反应。由于固体废物填埋场的填埋条件、废物特性、压实程度和填埋温度等的不同，填埋场场地内部的微生物作用和废物的转化特征也不尽相同，但总体上固体废物的稳定化可分为以下五个阶段，见图 8-2。

### （一）初始调整阶段

这一阶段主要是微生物利用夹带在废物当中的氧气对有机组分进行好氧分解，生成 $CO_2$ 和水，同时释放热量，废物填埋层的温度逐渐升高。这一阶段的长短主要取决于废物特性、废物中微生物数量和废物的初始含水率等。此阶段发生的反应可以表示如下：

碳水化合物：

$$C_xH_yO_z + \left(x + \frac{1}{2}y - \frac{1}{2}z\right)O_2 \longrightarrow xCO_2 + \frac{1}{2}yH_2O + \quad 量$$

含氮化合物：

$$C_xH_yO_zN_v \cdot aH_2O + bO_2 \longrightarrow C_sH_tO_u + mNH_3 + nCO_2 + \text{热量}$$

## （二）过渡阶段

填埋废物的含水量达到田间含水量，开始产生渗滤液，此时填埋场内的氧气已被逐渐消耗尽，填埋场转变为厌氧环境，废物由好氧降解过渡到厌氧降解，主要起作用的微生物是兼性厌氧菌和真菌，氧化还原电位不断下降（硝酸盐和硫酸盐在氧化还原电位为 –100～–50 mV 时被还原生成氮气和硫化氢气体，在 –300～–150 mV 时甲烷气体开始产生生成），pH 开始下降。随着氧化还原电位和 pH 的进一步降低，开始进入第三阶段。

## （三）产酸阶段

填埋气体中 $H_2$ 含量开始上升，标志着产酸阶段的开始。在此阶段，兼性和专性厌氧菌将复杂有机物转化为有机酸和其他中间产物，如甲酸、富里酸等，同时产生大量二氧化碳和少量氢气；重金属离子含量开始上升，至中期达到最大，随后逐渐下降；pH 继续下降，至中期达到最低，可下降到 5 或更低，之后逐渐升高；$BOD_5$、COD、挥发性脂肪酸和电导率也显著上升；无机组分（主要是重金属）溶入渗滤液。

## （四）产甲烷阶段

当 $H_2$ 含量降到很低时，固体废物就进入产甲烷阶段，产甲烷菌将上一阶段产生的有机酸和氢气转化为甲烷和二氧化碳气体，主要反应为：

$$5nCH_3COOH \longrightarrow 2(CH_2O)_n + 4nCH_4 + 4nCO_2 + \text{热量}$$

在产甲烷阶段前期，当 $CH_4$ 含量达到 50%左右时，pH 升高至 6.8～8.0 并保持稳定，而 $BOD_5$、COD、挥发性脂肪酸、重金属离子和电导率急剧下降；此后 $CH_4$ 含量稳定在 55%左右，此时 $BOD_5$、COD、挥发性脂肪酸、重金属离子和电导率缓慢下降。

## （五）稳定阶段或成熟阶段

废物中的可降解有机物基本被降解完后，填埋场进入稳定阶段。此时，填埋场只有少量的微生物分解废物中难降解的物质，产气率明显下降，填埋气体的组成还是以 $CH_4$ 和 $CO_2$ 为主，也可能含有少量氮气和氧气；渗滤液中大部分是难生物降解或不可生物降解的腐殖酸和富里酸等。

理论上，如果填埋废物有足够的含水率和营养物质，且不存在毒性抑制物质时，这五个阶段随时间推移依次在各个填埋单元同时进行。但实际上废物填埋是分区、分批进行的，填埋环境和废物组分也存在一定的差异，填埋废物在时空范围内存在异质性。因此，废物稳定化的五个阶段经常出现重叠。即使在同一填埋单元内，废物层的物理、化学特性和生物环境也存在差异，废物的稳定化速率也有差异，所以填埋场实际是包含不同稳定化阶段的混合体。

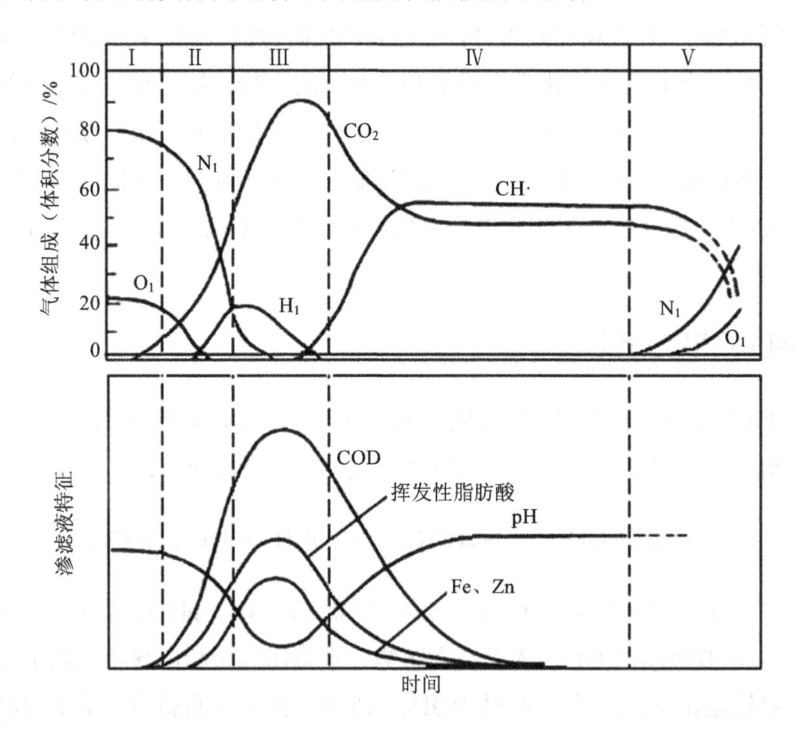


图 8-2　固体废物稳定化过程

## 三、影响填埋场垃圾稳定化的因素

影响填埋场垃圾生物降解的因素较多，主要包括垃圾组成、垃圾的含水率（湿度）、温度、粒径、pH、营养物质、抑制物质等，现分别介绍如下：

### （一）湿度对填埋场生物降解的影响

垃圾的湿度是影响生物降解的重要因素，直接影响着填埋垃圾的稳定化速度。若填埋垃圾含水率太低，会使微生物失活，延缓填埋垃圾的降解；若含水率太高，虽然有利于可溶性物质和营养物溶解，促进填埋场内物质传递和营养均衡，有利于微生物的生长繁殖，加快垃圾降解速度，但过高的发酵微生物活性，将造成填埋场内有机酸的积累和低 pH 环境，抑制垃圾降解进程的发展。Christensen 等研究指出，湿度在 20%～60%时，产气量和湿度成正比，即产气量随着湿度的增加而增加。渗滤液循环是增加湿度和微生物及营养物的一种重要方法，通过循环可提高垃圾层的含水率（由 20%～25%提高到 60%～70%），同时，Robinson 等的研究表明，渗滤液循环也增强了垃圾中微生物的活性，加速了产甲烷的速率、垃圾中污染物溶出速率及有机物的降解速率（使原需 15～20 年的稳定过程缩短至 2～3 年）。美国匹兹堡大学土木与环境工程系教授 Pohland 等把垃圾填埋场看作生物反应器进行了深入的渗滤液循环研究。在采用循环处理方案时，必须注意循环的方式和循环的量，循环的渗滤液量应根据垃圾的稳定化进程逐步提高。一般在填埋场处于产酸阶段早期时，循环的渗滤液量宜少不宜多，在产气阶段则可以逐渐增加。Mosher 等的研究表明，渗滤液循环处理不仅缩短了填埋场的稳定化进程及沼气的产生时间，而且增加了填埋场的有效库容量，促进了垃圾中有机化合物的降解。

### （二）温度对卫生填埋场生物降解的影响

温度对生物降解起重要的作用，温度太高或太低都不利于微生物的降解。在生物降解过程中，每一种细菌都有一个最佳生长温度范围，例如，喜冷微生物为–5～15℃，中温微生物为 15～45℃，喜热微生物为 45～75℃，微生物在其最佳生长温度范围内，温度每升高 10℃，其生物化学反应速度约提高 1 倍。Styles 研究认为厌氧消化的最佳温度为 34～38℃；McCarty 认为 30～32℃是中温厌氧消化的最适宜温度，但有机物最大的厌氧分解速率在 55℃温度；Banegee 发现温度从 22℃上升至 30℃时，挥发性脂肪酸（VFA）的产量可提高 15%，而当温度上升至 35℃时，VFA 的产量下降 23%；Ham 等认为厌氧产甲烷的适宜温度为 41℃，当温度上升至 48～55℃时，产甲烷菌的活性受到了抑制，而且在高温时，游离氨浓度增大，氨的毒性增强。在垃圾生物降解的过程中会产生大量的热量，好氧降解会产生更多的热量，是厌氧降解的 10～20 倍，这就需要对温度进行实时监控，尽量控制填埋场的内部温度，使微生物生长和其活性处于最佳状态。因此，如何有效地控制温度是生物反应堆的关键之一。

### （三）营养对卫生填埋场生物降解的影响

微生物生长所需的主要元素有 C、H、O、N、P、S 等，占细胞干重的 97%；所需微量元素有 Zn、Mn、Na、Cl、Cu 等。一般认为厌氧生物处理系统中物料的 C∶N∶P 应为 100∶5∶1。Speece 认为厌氧微生物生长对氮、磷的需求量分别为细胞生成量的 12%和 0.2%，即为可生物降解挥发性固体的 1.2%和 0.024%。Kayhanian 认为如果废物中的 C/N 大于 25，微生物就处于氮缺乏状态。

### （四）pH 对卫生填埋场生物降解的影响

pH 对微生物生长的影响主要有：首先，pH 的变化会引起细胞膜电荷的变化，从而影响微生物对营养物质的吸收和酶的活性；其次，pH 能够改变环境中营养物质的有效性和有害物质的毒性。pH 过高或过低都会抑制微生物的生长繁殖，一般认为微生物生长的最佳 pH 为 6.5～7.5，pH 为 7 时微生物活性最大，但不同种类的微生物对 pH 变化的忍受程度不同。如 Atal 研究发现，在中性条件下氢营养型微生物的活性比产甲烷菌和产乙酸菌的活性高 25%，并且其对低 pH 的忍耐程度最强。

在产酸阶段，pH 可降到 5.0～6.0，随着有机物不断被降解，积累的羧酸被消耗转化为甲烷气体，pH 升高可达 8.5～9.0 或更高。因此，在实际工程中，根据垃圾的特性及其降解阶段可添加适当的缓冲剂调节。Styles 等研究表明渗滤液循环时，如果不添加缓冲剂（如石灰），酸性环境就会抑制产甲烷菌的繁殖，减缓降解速度。

### （五）垃圾特性对生物降解的影响

填埋垃圾的成分、粒径和填埋前的预处理等对垃圾的降解起重要的影响作用。首先，微生物对不同的垃圾组分的降解速度不同，如水果、蔬菜等食品垃圾降解速度较快，而塑料、橡胶等人工合成高分子材料降解则比较缓慢。有研究报道表明，在厨余和草类垃圾厌氧降解过程中出现有机酸富集、产甲烷反应受到抑制；与废纸相比，厨余和草类垃圾开始产甲烷的时间较晚，但其产甲烷量比废纸多 2/3。

垃圾的粒径对垃圾的降解速度有明显影响。Dewalle 认为粒径为 25～35 cm 的垃圾产甲烷量比粒径为 2.5～12.5 cm 和 10～15 cm 的垃圾多；Buividl 也认为粒径 25～35 cm 垃圾的产甲烷量比 10～15 cm 垃圾多 32%。

垃圾的破碎、分类和分选等预处理也对垃圾的降解速度有重要影响。首先垃圾破碎可以改善压实效果、增加填埋场垃圾的纳入量，有利于填埋垃圾均匀降解；同时，破碎增大了垃圾的比表面积，扩大了固液接触面积，加快了垃圾中有机物的溶出速度，促进胞外酶对有机物的分解，加快垃圾降解速度。研究发现粒径为 7.5 cm 的垃圾填埋区渗滤液的 COD、重金属、总溶解固体的浓度比未破碎垃圾填埋区的高。Collins 研究认为垃圾的分类、分选等预处理有利于纸、金属、玻璃、塑料等的回收利用，还可使渗滤液中 COD 和金属离子的浓度分别降低 25%和 80%，避免塑料袋等对垃圾降解的不利影响。

### （六）垃圾中的毒性物质对生物降解的影响

垃圾中的毒性物质主要有有机酸、氨氮、硫化物和重金属等，它们对垃圾的降解速度都有不同程度的影响。有机酸的积累降低了环境的 pH，降低了酶的活性；而且在低 pH 条件下，有机酸主要以非离子态存在，能够穿透细胞膜，对微生物有毒害作用，尤其是丙酸。在中性条件下，产甲烷菌对其他有机酸的承受浓度可达 6 000 mg/L 以上，但丙酸浓度达 1 000 mg/L 时就出现明显的抑制。在垃圾厌氧降解过程中，氨氮浓度为 50～200 mg/L 时有利于微生物的生长繁殖，但浓度再升高时就会影响微生物的活性。研究表明，氨氮浓度从 50 m/L 升高到 800 mg/L 时，脱氢酶的活性从 11.04 μgTF/mgMLSS 降到 4.22 μgTF/mgMLSS；Poggi-Varaldo 认为 pH 在 6.5～8.5 时，产甲烷菌的活性随 $NH_4^+$-N 浓度的升高而降低，当 $NH_4^+$-N

浓度为 1 670～3 720 mg/L 时产甲烷菌的活性降为 90%；当 $NH_4^+$-N 浓度为 4 090～5 550 mg/L 时产甲烷菌的活性降为 50%；当 $NH_4^+$-N 浓度为 5 880～6 600 mg/L 时产甲烷菌的活性则降为 0。在填埋场中，硫化物能与重金属形成沉淀，可缓解重金属对微生物的毒害作用。但硫化物浓度过高时，也会对微生物产生毒害作用。McCartney 认为 $S^{2-}$由 100 mg/L 上升至 1 000 mg/L 时，硫酸盐还原反应受到抑制；Koster 认为 $H_2S$ 能穿过细胞膜，当其浓度大于 100 mg/L（以 $S^{2-}$浓度计）时，对硫酸盐还原菌的毒性大于对产氢产乙酸菌和产甲烷菌的毒性。大多数重金属在浓度较低时有利于微生物的生长繁殖，但当其浓度超过临界浓度时则产生抑制作用，且浓度越高抑制作用越强烈。对于年轻填埋场而言，渗滤液中重金属离子的浓度远超过其对微生物毒害的最低限值，如好氧条件下汞、镉、铜、六价铬、镍的最低限分别为 0.01 mg/L、0.1 mg/L、1.0 mg/L、0.01 mg/L、0.1～1 mg/L；在厌氧条件下铬、铜、镍、铅和锌等重金属的抑制浓度分别为 0.4～1.0 mg/L、0.5～2.0 mg/L、2.5～4.0 mg/L、0.1～0.3 mg/L 和 0.7～1.2 mg/L，毒性大小次序为铅＞铬＞铜＞锌＞镍。此外，当几种重金属离子共存时所产生的毒性要比单独存在时大。

## 第三节　生物反应堆中污染物质的迁移转化

我们可以用 TOC、COD 和 BOD 来衡量渗滤液中有机物的转化情况，当有机物开始转化时，三者都在减小，但 BOD 减小的速度较快；COD 和 TOC 减小较慢，主要以腐殖质、棕黄酸等不可生物降解的有机物形式存在。影响重金属迁移转化的主要因素有吸附作用、沉淀作用、络合作用和氧化还原作用。

### 一、吸附和解吸附作用

吸附作用包括表面吸附和离子交换。二价阳离子容易被带负电的物质如胶体、方解石、黏土矿物、活性炭、有机物和铁、锰、铝、硅的氧化物吸附使得重金属离子在渗滤液中的浓度减小；但是，随着场内环境（如温度、pH 等）的变化，就会发生解吸附作用，部分被吸附的金属离子被释放出来，其在渗滤液中的浓度又会升高。

## 二、络合作用

络合作用是金属离子和非金属离子以共价键结合，增加了金属离子化合物的溶解度。垃圾场中腐殖酸的存在对重金属的迁移和转化有重要影响，很多研究表明：重金属腐殖酸络合物的形成可阻止金属作为碳酸盐、氢氧化物和硫化物的沉淀，而加速重金属的迁移。一般来说，在垃圾场中多数金属离子以废物降解过程中产生的腐殖质类有机物作为络合剂进行络合。

## 三、沉淀作用

硫离子和碳酸根离子都能和 Cd、Ni、Zn、Cu 和 Pb 等重金属生成沉淀，磷酸根离子和氢氧根离子也能和部分重金属生成沉淀，而一般氢氧化物沉淀是在中性或碱性条件下生成，最典型的是在产甲烷阶段渗滤液中重金属离子的浓度最低，就是这个原因。硫酸盐分解时与重金属离子生成硫化物沉淀。我们知道硫化物沉淀的溶解度非常小，浓度很小的硫离子都可以和重金属生成沉淀（除 Cr 以外，虽然 Cr 可以和硫离子生成沉淀，但它更容易和 $OH^-$生成沉淀）。因此，我们可以用硫化物沉淀的多少来衡量重金属的多少。如果渗滤液中碳酸根离子的浓度很高，碳酸盐的溶解度比硫化物的溶解度大得多。

## 四、氧化-还原环境对污染物质迁移转化的影响

垃圾场中的有机废物在厌氧环境下完全被降解后，不再消耗氧气了，随着氧气的不断扩散垃圾场变为好氧状态，而此时，在厌氧还原环境下生成的难溶重金属沉淀物在氧化环境中又发生了相应的变化。因此，在生物化学反应过程中，氧化-还原环境对重金属的迁移和转化的影响在固体废物处理中必须考虑。

在厌氧-还原环境中，硫酸盐被还原生成难溶的硫化物沉淀，所以重金属离子的浓度就降低了；而在氧化环境下，重金属的浓度升高，主要原因有以下几点：

①一些重金属硫化物被氧化为溶解度较高的硫酸盐，导致金属离子的浓度升高，如 PbS 和 $PbSO_4$的解离常数（$pK_a$值）分别为 27.3 和 7.73。

②与还原环境中的腐殖酸相比，氧化环境中的腐殖酸的络合能力更强。

③氧化环境中，硫化物被氧化时产生硫酸，使 pH 降低导致部分碳酸盐等沉

淀溶解增加重金属溶解度。

④一个使pH降低的因素就是木质纤维素之类的物质在好氧环境下比在厌氧环境下更容易降解，产生的$CO_2$导致pH的降低，从而使金属离子的溶解度升高。

由于氧化还原作用的影响，垃圾场渗滤液中的重金属的浓度往往发生变化。Martensson等在1999年通过试验表明，在好氧环境下pH由8.52降为8.18时，Cd、Ca、Cr和Zn的浓度升高了，Al、Fe、和Mo的浓度却降低了。

## 五、氧化还原电位（Eh）对重金属离子浓度的影响

当Eh升高时，金属的溶解度就会升高，而有些金属的溶解度则会降低，如Charlatchka等在研究被金属污染的土壤时指出，铅、锌和锰的浓度随Eh的升高而降低，把土壤和卫生填埋场进行类比，垃圾场的生物化学反应更为复杂。

Revans等在1999年研究表明，在厌氧填埋场中，锌、镉和铬以硫化物沉淀的形式存在，而在好氧填埋场中则形成碳酸盐沉淀。因此，对年轻填埋场而言，一旦进入产甲烷阶段的还原环境，受吸附、沉淀等作用的控制重金属离子的浓度较低。

# 第四节　渗滤液循环

填埋场渗滤液循环处理就是把垃圾填埋场产生的渗滤液直接回灌、喷洒到填埋场，利用垃圾层和覆盖土层的净化作用来处理固体废物和渗滤液的一种方法。

20世纪70年代初，美国学者Pohland E.G等在实验室内进行的研究发现：与没有经过渗滤液循环的填埋场相比，渗滤液循环到一定时间后，填埋场中污染物的浓度大大降低。此后的大量研究结果均表明，渗滤液循环处理技术比传统的方法更具优越性。1999年，美国特立华州固体废物管理局已将渗滤液循环处理技术应用于多个城市垃圾填埋场。垃圾填埋场渗滤液循环的主要目的在于缩短可生化降解物质在垃圾场内达到稳定所需的时间，根据G. Fred Lee等的经验，渗滤液循环可使垃圾填埋场产生气体的时间从传统卫生填埋的30～50年缩短至4～5年。

## 一、渗滤液循环

Pohland等早在1979年就提出了渗滤液循环的概念，Fred Lee等针对现行厌

氧卫生填埋场存在的诸多问题又对渗滤液循环进行了深入的研究。渗滤液循环可以提高营养物质、能量和水分等的均匀性，为微生物的生长提供适宜的生长环境，从而促进和加快固体废物的稳定化速度，减小渗滤液的产量和处理成本，同时渗滤液也可以得到一定程度的处理。

迄今为止，已进行最详细的渗滤液循环研究包括实验室规模实验和野外填埋实验。在这些研究中，主要通过监测渗滤液性质、气体产量及其组成和城市固体废物的化学组成等判断填埋场的稳定程度以及渗滤液循环对固体废物稳定化的影响，其结果均表明增加湿度和进行渗滤液循环对废物垃圾的稳定化进程有积极影响。

与传统的填埋场相比，渗滤液循环填埋场有许多优点，室内实验研究结果表明：在运行相同时间后，利用渗滤液循环的污染物的含量明显低于不进行渗滤液循环的模拟填埋场。渗滤液循环在增加固体废物湿度，创造有利于微生物降解有机物质环境的同时，渗滤液中的有机污染物经循环又返回填埋场进行进一步处理，无须场外处理。此外，许多无机组分也因沉淀或吸附作用而从渗滤液中分离出来。

利用渗滤液循环加速降解进程，使填埋场成为一个固体废物处理系统，而不是一个长期的废物存放场所。经过生物降解稳定的填埋场对环境的威胁较小，而且不需要长期监测。稳定后的物质可以移出填埋场，填埋场又可以重复使用。

## 二、渗滤液循环处理的特点

由于垃圾中富含微生物，被压实的垃圾层就相当于厌氧生物反应器。将渗滤液回灌到垃圾填埋层内，使得更大范围的微生物都能利用渗滤液中的有机污染物。在微生物大量繁殖的同时，渗滤液中的污染物也得到了降解。经回灌处理后的垃圾填埋层，空隙多并且发育良好，各类微生物明显增多，同时出现一定数量的原生动物及大量菌胶团，垃圾填埋层相当于一个生物滤池。由于作为“填料”的垃圾自身不断被降解，提供了比普通滤池还要大的孔隙率，而且，填埋场中的微生物一般会对渗滤液中的污染物具有很强的适应性和降解能力，不需要长期的驯化培养。另外，通过适量的表面喷洒、回灌，可充分利用潜在的土地蒸发量，有效减少渗滤液的处理水量。Pohland 等的研究还表明，渗滤液中的很多无机物可通过沉淀与吸附得到去除。

填埋场的稳定速率受许多环境因素的影响，其中最主要的是填埋场湿度。当填埋场湿度增加时，微生物的流动性随之提高，促进了微生物的活动和生长，从而增强了微生物的降解作用，大大缩短了填埋场的稳定化时间，减小了填埋场对周围环境的潜在危害，缩短了填埋场的再利用时间。

在大多数情况下，填埋场远离污水处理厂，渗滤液需进行预处理。由于渗滤液流量较大、污染物及浓度高、毒性变化也大，如果采用传统的生物法等处理，必须进行多工艺组合系统，费用很高，而且有时系统会失效。采用垃圾渗滤液循环处理技术，不但使垃圾填埋场兼有垃圾存放和渗滤液处理两种功能，而且渗滤液循环不受渗滤液水质、水量变化的影响，因而投资、运行和管理费用也大大降低。对于填埋场管理者来说，渗滤液循环为渗滤液的原位处理提供了可能性，这将节省大量资金。

## 三、渗滤液循环的主要方式

渗滤液循环方法的分类及优缺点详见表 8-1。

表 8-1　渗滤液循环方法的分类及其优缺点

| 方法 | 操作方式 | 优点 | 缺点 |
| --- | --- | --- | --- |
| 表面循环 | 表面铺设穿孔管道；渗滤液贮池；水罐车 | 设计简单；渗滤液经蒸发而减少；覆盖面大；不易阻塞；易维护，费用低 | 产生难闻气味；受气候限制；不利于人体健康；可能造成地表水污染；劳动强度大；难以操作 |
| 竖式井 | 管道输送；水罐车泵入；60 m×60 m 布井或每公顷布 1 口井 | 受气候限制小；不产生气味；设计简单；易操作；可与水平井结合；劳动强度小 | 覆盖面小；易产生不均匀沉降；易对管道造成损害（尤其是井内管道）；易堵塞，不易维护；回灌周期缩短，费用高 |
| 水平井 | 井间横距为 20～30 m | 覆盖面大或较大；受气候限制小；不产生气味；劳动强度小 | 设计建设较复杂；不易维护；易堵塞；建造费用较高 |
| 喷灌 | 滴灌；喷灌；表面铺设加压、穿孔管道 | 覆盖面大；渗滤液经蒸发而减少；易根据沉降不同作调整；易修复或维护 | 产生难闻气味；易受冰冻影响；表面易饱和；可能造成地表水污染；劳动强度大；难以操作；不利于人体健康 |
| 注入 | 将管道插入垃圾内（在管道下部穿孔）30 m×30 m 布点，渗滤液以一定压力泵入 | 可根据需要移动；覆盖面大；设计、建造要求中等；受气候限制中等；易修复或维护 | 易受冰冻影响；可能造成地表水染污（经管道渗漏）；封场后应用受限制；劳动强度大；费用高；难以操作 |

渗滤液循环的主要方式有填埋期间直接循环、表面循环和地表下循环或内层循环。填埋期间渗滤液直接循环是在固体废物填埋压实期间进行的，是将渗滤液直接浇灌到废物层上的一种方式。表面循环是将渗滤液喷灌或浇灌至填埋场表面，主要是依靠表面蒸发和利用填埋层的生物降解作用，降低渗滤液中有机物的浓度，使渗滤液分布到更大范围的填埋场表面，利用蒸发削减水量，但用这种方法时，渗滤液的臭味及气溶胶的扩散会影响填埋场表面的卫生状况。另外，地表残余渗滤液在降雨期间可能随地表径流污染地表水和地下水。常见的表面循环回灌方式有表面喷洒及盲槽渗滤，如英国的西默-卡尔填埋场就是采用在其填埋场表面铺设穿孔管进行渗滤液表面喷灌的；美国佛罗里达州北部的阿拉楚阿县郊区西南填埋场则采用的是盲槽回灌。地表下渗滤液循环回灌就是使渗滤液从覆盖土层下面进入填埋场进行循环处理，主要目的是被用作对渗滤液中的有机物进行降解，其操作可分为以下 3 种：

①采用平面管网。将管网铺设于覆盖层上面或下面，这种方法效果较好，但成本高。

②浅井式自然渗滤。这种方法成本较低，美国特拉华州固体废物管理局在许多填埋场渗滤液循环处理中都采用这种方法。

③利用导气竖井进行渗滤液回灌。成本虽低但有可能形成短流，而且存在气水混流问题。

## 四、渗滤液循环室内试验

试验的目的是研究渗滤液循环对有机物的降解作用。试验装置为一长、宽和高分别为 90 cm、50 cm 和 80 cm 的有机玻璃槽，主要包括布水系统、渗滤液收集系统、气体收集系统及渗滤液循环系统等，如图 8-3 所示。

试验用垃圾为新鲜垃圾，取自位于长春市东南部、距市区约 10 km 的长春市石碑岭垃圾填埋场。垃圾样品用 10 mm 的筛子进行筛选，去除石块、塑料袋碎片等，保留其他组分。

填埋层底部为 10 cm 高的砂层，作为渗滤液收集系统；砂层上为垃圾样品，总质量为 115 kg。装样时每称取一定量的垃圾进行一次均匀压实，使垃圾的密度为 0.8～1 t/m$^3$，尽可能地模拟城市垃圾填埋场的填埋情形；垃圾层上面为 5 cm 厚的砂层；在上部砂层上水平安装布水系统。

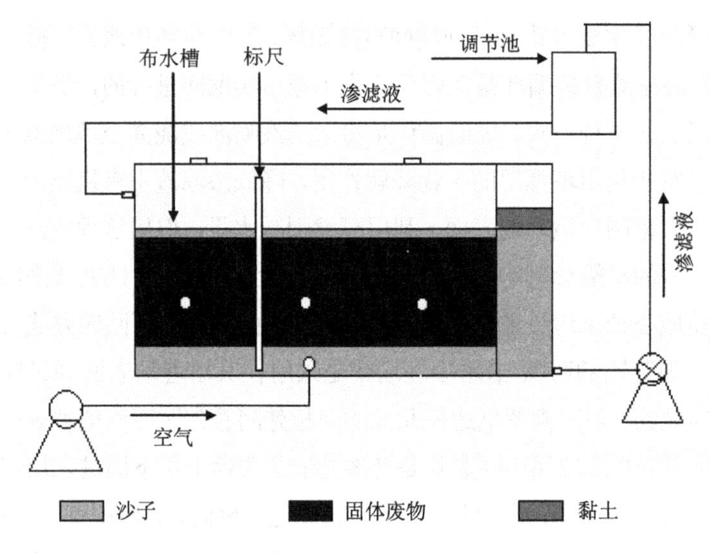


图 8-3 试验装置示意图

试验开始时向装置内加入 53 kg 的去离子水，使水量与垃圾量之比达到 55%。垃圾在水中浸泡 1 天以后，也就是从第 2 天开始，每天收集一次渗滤液并以为 0.9 $m^3/h$ 的速率强制通风。从收集的渗滤液中取出 250 mL 用作分析（试验开始阶段每 2 天取 1 次样进行分析，当试验进行到 22 天时每 3 天取 1 次样进行分析，试验历时 73 天），同时取 250 mL 的去离子水补充进收集的渗滤液中（使装置内水量与垃圾量之比不变）；测定装置内温度、室温、渗滤液 pH、渗滤液电导率等，并确定是否要进行 pH 调节，然后进行渗滤液循环回灌，回灌速率为 12.43 mL/s。

渗滤液分析项目主要有 COD、$BOD_5$、铵态氮、硝态氮、重金属、浊度、沉降比等。从试验开始的第 3 天开始收集气体样，测定气体中 $CO_2$、$CH_4$ 的含量。

填埋场渗滤液、填埋气体和场地沉降等，是表征填埋场稳定化的主要指标，根据本试验的结果对垃圾稳定化进行评价，其结果表明：①试验过程中所排放的气体绝大多数是 $CO_2$，没有发现 $CH_4$ 和 $N_2$ 的存在，这说明试验过程处于好氧状态，另外试验中也没有恶臭难闻气体产生；②有机物、铵态氮、浊度及重金属都具有极好的去除效果，经过 73 天的反应，COD、铵态氮和浊度的去除率分别达到 96.34%、80.6%和 90.4%；③随着填埋废物中生物降解反应的发生，填埋体表面往往会发生沉降，沉降量越大表明废物反应越彻底，本试验的沉降比为 13.4%；④通过渗滤液、气体和场地沉降三个方面的综合评价，在反应73天后，稳定性评价值为0.71，表明有机物的降解速度较快。

## 第五节　生物反应堆处理的强化

根据微生物反应的基本原理，固体废物的厌氧分解主要包括产酸和产甲烷阶段。传统的填埋处理实际上是这两个阶段同时存在的组合处理，如果不加任何调节，在固体废物稳定化的初期产生的有机酸不断积累，对产甲烷有一定的抑制作用，延长了固体废物稳定化的时间。生物反应堆式的垃圾填埋场可以通过人工调节来改变固体废物的微生物反应，加快固体废物的稳定化速度，一般生物反应堆的强化可以通过调节pH、添加活性污泥、强制通风等措施来实现。

### 一、粉煤灰对生物反应堆的强化

#### （一）粉煤灰的性质

粉煤灰是一种多孔性固相物质，孔隙度可达60%～70%。粉煤灰颗粒主要由低铁玻璃珠、多孔玻璃体及多孔碳粒组成，这些组分外形近似于球状，表面粗糙而有棱角。粉煤灰的粒径为0.001～0.1 mm，与粉质黏土及粉砂土相比，其粒径分布范围较窄，是匀质级配材料。粉煤灰的多孔性及组成特点使其具有较强的吸附和过滤性能。粉煤灰在水处理中经常使用，具有优良的吸附净化功能。目前，我国粉煤灰年产生量约为8 000万t，累积总堆存量已超过10亿t，而年利用率仅为19%。粉煤灰大量堆积不仅侵占良田，而且会对地下水及其周围环境构成一定的威胁。因而探索粉煤灰的资源化处置具有重要意义。

#### （二）室内模拟柱试验

试验装置为3个高为70 cm、直径为14 cm的有机玻璃柱，分别为A柱、B柱和C柱（图8-4）。

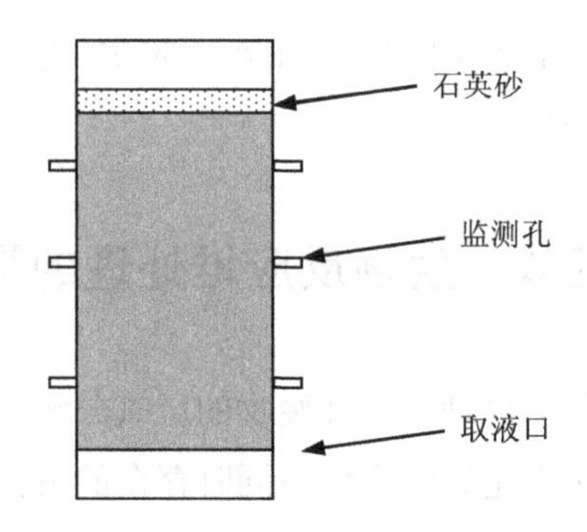


图 8-4 模拟柱装置示意图

试验用粉煤灰取自长春市某热电厂，其化学成分以 $SiO_2$、CaO、$Al_2O_3$、$Fe_2O_3$、MgO 等为主，呈碱性，干粉煤灰的 pH 可达 11～12，因而可以中和产酸阶段的渗滤液，缓解渗滤液的腐蚀性和其对微生物生长的抑制。

试验用垃圾取自长春市车家垃圾场，堆积时间约为 7 年。垃圾经 5 mm、3 mm 孔径的筛子筛选，去掉大颗粒物质，以保证渗滤液能均匀下渗。

A 柱、B 柱和 C 柱分别模拟以下 3 种情况：

①A 柱为对比柱，模拟没有粉煤灰时的情形。将 7.2 kg 垃圾分批、均匀，装入柱 A 并压实，使其高度为 35 cm，在顶部。覆盖约 4 cm 厚的石英砂，使渗滤液均匀渗入垃圾层。

②B 柱模拟粉煤灰与垃圾混合处理的情形。将 7.2 kg 垃圾，与 2.4 kg 粉煤灰混合均匀，分批、均匀装入柱 B 并压实使其高为 45 cm。渗滤液收集一定数量后进行循环。

③C 柱模拟的是粉煤灰作为过滤吸附层的情形。在 B 柱的基础上，在底部增加 5 cm 厚的压实粉煤灰，渗滤液收集一定数量后进行循环。

### （三）结果及机理分析

图 8-5 为 A 柱和 B 柱的 COD 变化曲线图，其中横坐标为渗滤液累计质量与试验柱垃圾质量之比（$W/S$），纵坐标为 COD 浓度。从图 8-5 上可以看出，B 柱 COD 的最大值为 3 496 mg/L，远低于 A 柱的最大值 7 408 mg/L，这主要是由于 B 柱中粉煤灰的吸附作用所致；当 $W/S$ 值增至 0.1 时，A 柱的降解速率减小，COD 基本保持稳定；到了后期 B 柱的 COD 降解速率大于 A 柱的降解速率。

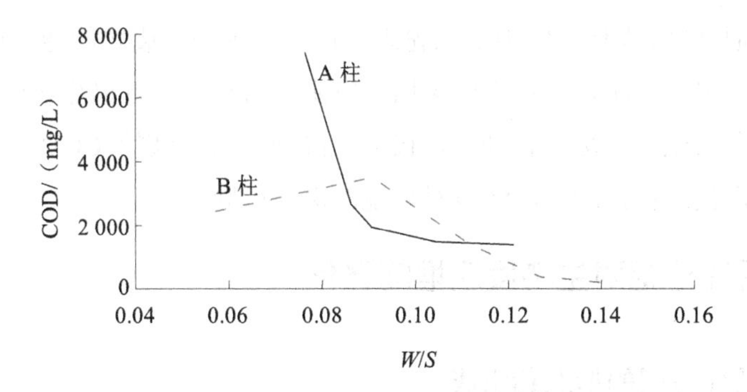


图 8-5 A 柱和 B 柱 COD 降解变化曲线

图 8-6 为 B 柱、C 柱 COD 的降解过程。B 柱 COD 峰值（3 496 mg/L）高于 C 柱的峰值（3 147 mg/L），这表明以粉煤灰作填埋场的过滤层，对渗滤液中 COD 的去除有一定影响，但效果并不明显。

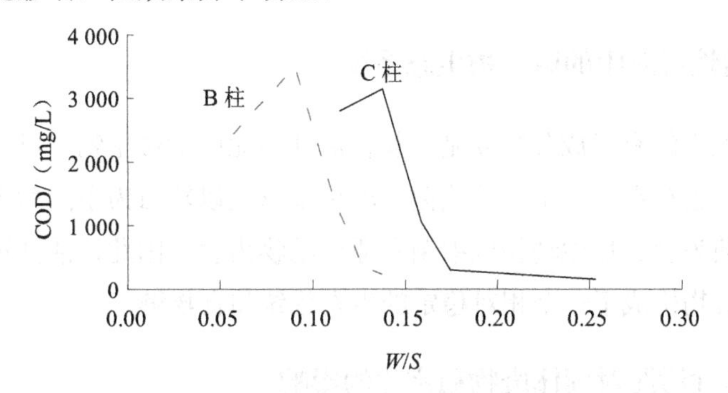


图 8-6 B 柱和 C 柱 COD 降解变化曲线

## （四）结论

粉煤灰与固体废物混合后，其主要作用有以下几点：

①吸附作用。粉煤灰良好的吸附性能可以吸附一定量的有机物，与微生物降解作用一起使有机污染物的浓度降低。

②调节作用。粉煤灰偏碱性，对城市垃圾填埋初期的酸性渗滤液具有调节作用，使环境更有利于微生物的生长；另外，粉煤灰中的部分组分（如 CaO、MgO 等）直接参与反应，可降低酸性污染物的浓度。

③增加通透性。固体废物中加入粉煤灰可以改善固体废物的透气性和透水性，增大渗滤液渗出率，防止微生物繁殖堵塞空隙，可充分发挥微生物的降解作用。

④粉煤灰与生活垃圾混合处理，极大地降低了渗滤液的 COD 浓度，能够加速垃圾的稳定化进程，减缓渗滤液对环境的潜在威胁。

## 二、活性污泥对生物反应堆的强化

### （一）活性污泥的形态和组成

活性污泥通常为黄褐色絮状颗粒，也称为菌胶团或生物絮凝体，其直径一般为 0.02～2 mm，含水率为 92%～99.8%。活性污泥主要由有机成分和无机成分组成，一般城市生活污水处理系统中的活性污泥有机成分占 75%～85%，无机成分占 15%～25%。

### （二）活性污泥中的微生物生态系统

活性污泥中的有机成分主要是生长在活性污泥中的微生物，以各种细菌和原生动物为主，也存在着真菌、放线菌、酵母菌以及以轮虫为主的后生动物等。原生动物以细菌为食、后生动物以细菌和原生动物为食。因此，活性污泥中的这些微生物和有机物构成了一个相对稳定的生态系统和食物链。

### （三）活性污泥对固体废物稳定化的影响

在生物反应堆填埋场中添加活性污泥的主要作用有三个：首先，增加了生物反应堆中的微生物量，加快了固体废物的稳定化速度；其次，活性污泥较高的含水率提高了填埋场固体废物的湿度，为微生物的生长繁殖创造了有利条件；最后，活性污泥中的 N、P、K 等元素可以为微生物提供其生长繁殖过程所需的营养。

## 三、通风对生物反应堆的强化

微生物好氧降解反应一般比厌氧反应的速度快。好氧生物降解过程，不仅使固体废物中可生物降解的物质更快地达到稳定，而且由于氧气量的增加，甲烷产量会降低。南佛罗里达大学的室内试验研究表明，好氧环境对固体废物填埋有积极作用。在渗滤液循环的同时，对固体废物进行强制性通风，废物中的可生物降解组分在兼性菌和好氧菌的作用下分解为 $CO_2$、水和难生物降解的腐殖质等，很少产生甲烷。与厌氧填埋相比，好氧填埋的主要特点是废物的稳定速度更快，使危险气体（如 $CH_4$、$H_2S$ 等）的产量大大降低。

## （一）好氧通风的特点

好氧填埋借鉴并吸收了“好氧堆肥”技术的特点。在好氧填埋场中，填埋单元的作用相当于一个大的容器，通过调控通风、渗滤液循环、温度、湿度等，促进固体废物在填埋场中的快速降解。

好氧填埋处理固体废物有如下优点：①好氧填埋不产生或很少产生甲烷；②通过好氧填埋，渗滤液中挥发性有机物（VOCs）可更快地减少，所以降低了其挥发对空气及周围水体的不利影响，可减少固体废物填埋场产生的恶臭；③好氧填埋能够加快固体废物中有机组分的降解，使垃圾体积减小，降低后续渗滤液处理的压力；④经好氧填埋，固体废物沉降比都较高，甚至能够超过 30%，这有利于充分利用填埋场的有效空间，延长填埋场的使用寿命；⑤好氧填埋提供了长期、持续管理固体废物的可能性，垃圾降解后，填埋场就可以重新开发利用。

好氧填埋无论从其实际应用还是从可持续发展的角度，都越来越受到重视。

## （二）通风对填埋场内部环境的影响

好氧通风对固体废物填埋场内部环境的影响较大，随着通风的进行，在填埋场内部的不同位置将出现好氧区、缺氧区和厌氧区，而且随着通风位置、通风强度等的变化，好氧区、缺氧区和厌氧区在填埋场中出现的位置和范围的大小也会变化。好氧区、缺氧区和厌氧区中发生的物理、化学和生物化学反应也不同，它们对有机物、无机物和重金属等污染物的迁移转化以及固体废物的稳定化速度具有重要的影响作用。好氧通风对生物反应堆填埋场的强化作用主要体现它能够使不同的微生物种群在同一填埋场中实现优势生长，使好氧菌、兼性菌和厌氧菌同时发挥作用，加快固体废物的稳定化速度。图 8-7（a）和（b）分别表示了顶部通风和底部通风时填埋场中的环境分区以及不同形态的氮和硫的转化情况；图 8-8（a）和（b）分别列出了好氧区和厌氧区发生的生物化学反应。

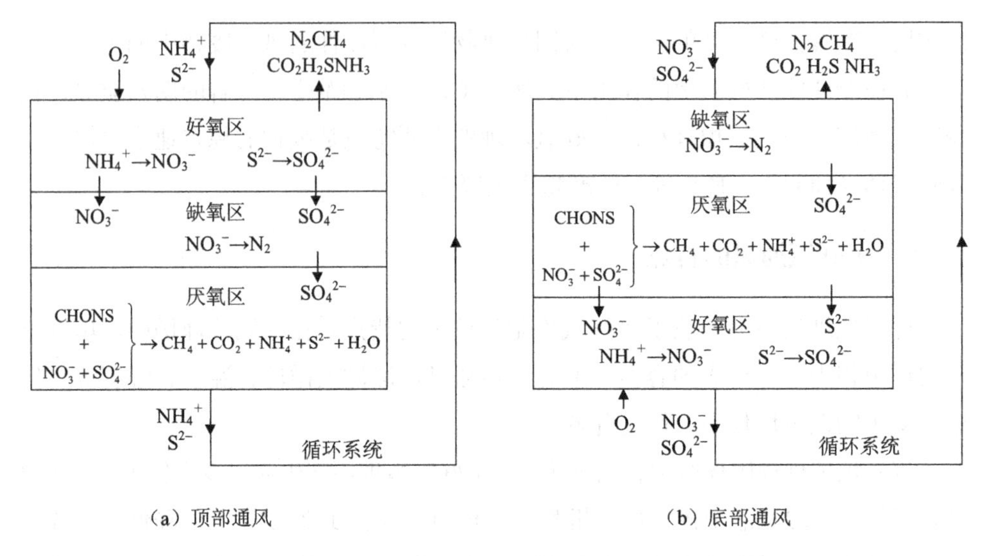


图 8-7 顶部通风和底部通风时填埋场中的环境分区情况

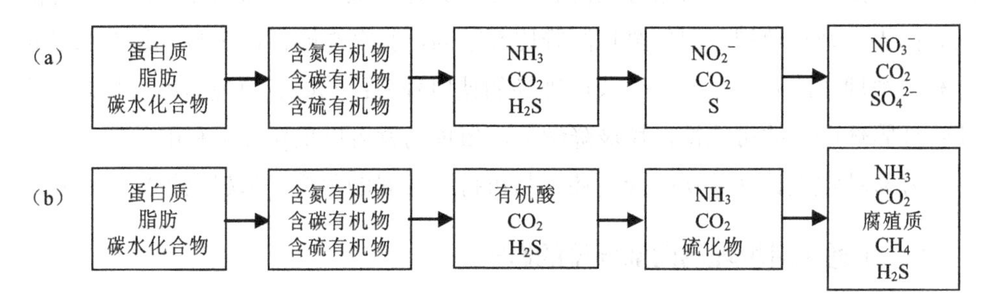


图 8-8 好氧区（a）和厌氧区（b）的生物化学反应

## （三）好氧填埋的影响因素

### 1. 供气量和供气频率

好氧微生物分解有机物时，氧是不可缺少的，但也不是越多越好。氧气的传递是与气相中的氧分压有关，微生物对有机质的分解速度会受到氧的扩散速度的影响。如果供气量太大，不仅浪费动力，而且空气会把填埋场中的热量带走，垃圾场内的温度降低，使微生物降解速度大大降低，延长降解时间。如果供气量太小，也会因对微生物的供氧不足，使生活垃圾分解速度降低，甚至造成厌氧降解，产生恶臭。因此，必须合理选择供气量和供气频率。

**2．有机物的含量**

通风的目的就是为了尽快地降解垃圾中的有机物。垃圾中有机物的含量决定了通风量的大小。通风量随着垃圾中的有机物含量增大而增高。

**3．含水率**

微生物需要从周围环境中不断吸收水分以维持其生长代谢活动，微生物体内水及流动状态水是进行生化反应的介质，微生物只能摄取溶解性养料，水分是否适量直接影响好氧反应的速度，所以含水率是固体废物好氧填埋的关键影响因素之一。

**4．其他**

填埋场垃圾的均匀程度、分选、压实等也是好氧填埋的影响因素。一般来说，分选好、粒度小、相对密度小（疏松）的垃圾体有利于好氧填埋的微生物作用。

### （四）好氧通风的控制

强制通风供氧的控制方法有时间控制、温度反馈控制、耗氧速率控制和综合控制 4 种。

**1. 时间控制法**

时间控制法可分为连续通风和间歇通风两种。在好氧生物降解中，微生物所需要的氧由堆积层内部空间的空气提供。在填埋层孔隙率一定的条件下，孔隙中容纳的空气量一定，通过通风可以补充氧气的含量。

通风速率又可采用恒定速率和变化速率两种：恒定速率就是在整个好氧处理之中，自始至终都采用相同的通风速率；变化速率则是根据填埋场废物反应的实际情况，在不同阶段采用不同的通风速率。

**2. 温度反馈控制法**

在实际生产中，往往通过温度-供气反馈系统利用设定温度作为控制通风的参数。一般地，在好氧填埋的初期，通风的主要目的是满足供氧，使生化反应顺利进行。后期通风的目的除了供氧，还有带走填埋层内部热量，调节最适宜温度的功能。

**3. 耗氧速率控制法**

耗氧速率可作为好氧微生物分解和转化有机物速率的标志。在好氧填埋中，单位时间内被分解和转化的有机物越多，微生物的耗氧速率就越大，这时需要加大通气量。当易分解的有机物已基本分解，微生物分解的速率基本稳定，这时可适当减小通气量。

有试验表明，填埋层中氧浓度大于10%时，耗氧速率不变，即微生物的活动正常；当氧浓度低于10%时，氧的扩散动力降低，传递速度变慢，由此降低了提供给好氧微生物进行生化反应所必需的氧，这将影响微生物的正常活动，使其分解有机物的速度变慢。氧浓度越低，这种影响就越大。所以，为提高好氧分解速率，应保证足够的氧浓度，以缩短好氧填埋达到稳定的时间。

通过测定填埋层内部耗氧速率的快慢来控制通风量的大小及时间是最为直接有效的方法。可用测氧枪连续测定填埋层孔隙中氧浓度变化，得到填埋层中微生物耗氧速率，并反馈控制通风系统。

### 4. 综合控制法

以上3种通风控制方法可以单独使用，也可以联合起来使用。将温度传感器及氧气传感器测得的数据连续输入计算机，经过程序加工处理后，来反馈控制通风系统。也可将温度控制法和耗氧速率控制法有机地结合起来，保持最佳的填埋温度和氧含量。

## 四、生物反应堆的强化模拟试验

### 1. 试验设备

试验装置为3个有机玻璃柱，总长60 cm，内径17 cm，如图8-9所示，各反应器配置如表8-2所示。

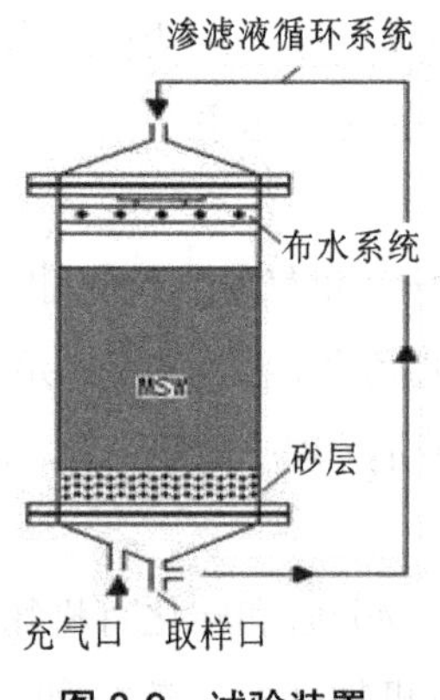


图8-9　试验装置

表 8-2　各反应器配置

| 反应器 | 垃圾质量/kg | 高度/cm | 密度/（$g/cm^3$） | 运行方式 |
|---|---|---|---|---|
| 反应器 A | 7.5 | 30 | 1.1 | 渗滤液循环 |
| 反应器 B | 7.5 | 30 | 1.1 | 渗滤液循环、间歇通风 |
| 反应器 C | 7.5 | 30 | 1.1 | 活性污泥、渗滤液循环、间歇通风 |

（1）试验样品

试验用垃圾样品为取自长春市金钱堡垃圾场的新鲜生活垃圾，经过 10 mm 筛子分选所得，其详细废物物理化学特性见表 8-3。渗滤液物理化学特性详见表 8-4。

表 8-3　废物物理化学特性　　单位：mg/kg

| 指标 | 湿度 | 挥发性固体/% | 非挥发性固体/% | 总氮 | 总磷 | Cr | Cd | Cu | Zn |
|---|---|---|---|---|---|---|---|---|---|
| 浓度 | 19.1 | 32.5 | 67.5 | 3 580 | 8 780 | 36.24 | 0.42 | 36.24 | 24.50 |

注：表中的“挥发性固体”和“非挥发性固体”为质量百分数。

表 8-4　渗滤液物理化学特性　　单位：mg/L（pH 除外）

| 指标 | 浓度 | 指标 | 浓度 |
|---|---|---|---|
| pH（量纲一） | 6.72 | $SO_4^{2-}$ | 1 658.3 |
| COD | 2 258.6 | Cd | 0.011 |
| $BOD_5$ | 767.9 | Cr | 0.073 |
| $NH_4^+$ | 246.75 | Ni | 0.26 |
| $NO_3^-$ | 61.35 | Zn | 9.34 |
| 总氮 | 572.67 | Pb | 0.1 |
| $Cl^-$ | 1 559.3 | | |

（2）试验方法

每个反应器的渗滤液循环频率为每周 3 次，每次循环水量不超过 1.8 L，以免反应器上部有积水存在。并且对反应器 B 和反应器 C 每天用鼓风机强制通风 2 h。通风量根据式（8-1）进行估算。

$$D = kmc（0.001\,2\,t+0.28）/12 \quad (8-1)$$

式中，$D$ ——理论需氧量，mol；

$k$ ——调节系数，一般为 0.5～1.5；

$m$ ——固体废物的质量，g；

$t$ ——温度；

$c$——垃圾中总有机碳的百分含量，一般为10%～20%；

12——碳原子的摩尔质量，g/mol。

2. 试验结果及分析

经过对水样试验监测数据的分析，做出了pH、COD、$BOD_5$、$NH_4^+$、$NO_3^-$、总氮、重金属等指标的变化曲线图。其中，图中的横坐标为孔隙水体积倍数（Pore Volume Number，PVN），是累计出水量和反应器饱和孔隙水体积的比值，它反映了试验过程中渗透出的水样量的多少，其值与试验时间有线性关系，随试验时间的延长而不断地增大。PVN不但可以反映时间和各指标的变化关系，还能反映出水量和各指标的变化关系。

（1）pH变化分析

由图8-10可知，反应器A、反应器B、反应器C的pH分别从6.74、6.81和6.8下降至6.56、6.6和6.7后再开始回升。PVN＜2时，系统处于起始调节阶段，pH下降说明反应器对有机酸的去除和产生之间存在着不平衡，有机酸的产生量大于去除量；PVN＞2时，pH值均有不同程度的升高，升高程度的大小关系为：反应器C＞反应器B＞反应器A。在PVN为11、10和5.5时反应器A、反应器B和反应器C的pH分别升高至7.23、7.42和7.45。这说明间歇通风对pH的变化有一定的影响，在通风时，部分有机酸直接转化为$CO_2$和$H_2O$而释放，所以pH升高较快，在一定程度上缓解了pH对微生物生长的抑制，加快了固体废物的稳定进程。另外，在通风过程中，$CO_2$和部分有机酸被吹脱出来，对pH的降低有一定的缓解作用。从图8-10中也可以看出，添加活性污泥接种微生物能够明显加快固体废物的稳定化速度。

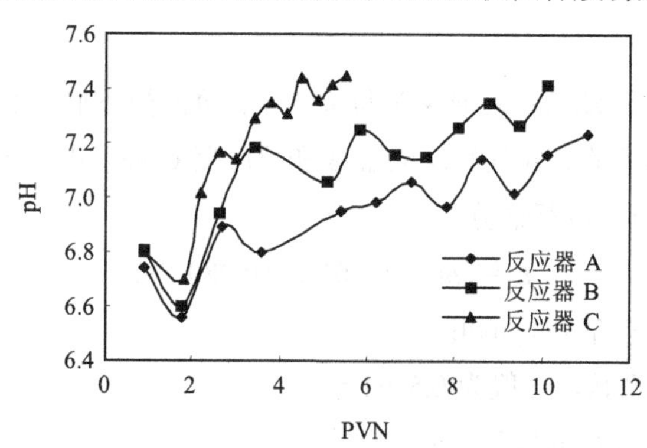


图8-10 pH变化曲线

（2）有机物衰减分析

图8-11表明，起始调节阶段，即PVN<2时，COD由初始的1 070 mg/L、1 209 mg/L和1 321 mg/L分别升高至1 502 mg/L、1 731 mg/L和1 654 mg/L。在这一阶段主要以溶滤作用为主，溶入水中的COD大于反应器的COD去除量。而当PVN>2时COD下降，在PVN为3左右时COD分别下降到703 mg/L、522 mg/L和538 mg/L，基本达到稳定状态。图8-12中$BOD_5$的变化趋势和COD的变化趋势基本一致，3个反应器的$BOD_5$分别从277 mg/L、302 mg/L和330 mg/L升高至335 mg/L、356 mg/L和345 mg/L，然后降至157 mg/L、118 mg/L和84 mg/L，最终均降至80 mg/L以下。反应器B的COD去除率比反应器A高15%～25%，反应器C的COD去除率比反应器B高15%～20%。由此可知，间歇通风通过调节生物反应器内的pH，优化微生物的生长环境，有助于产酸菌和产甲烷菌的平衡生长，缓解两者之间的相互抑制，有利于产酸阶段和产甲烷阶段的分离，从而加快了有机物的降解。而且，接种微生物更能有效地加强有机物的降解。

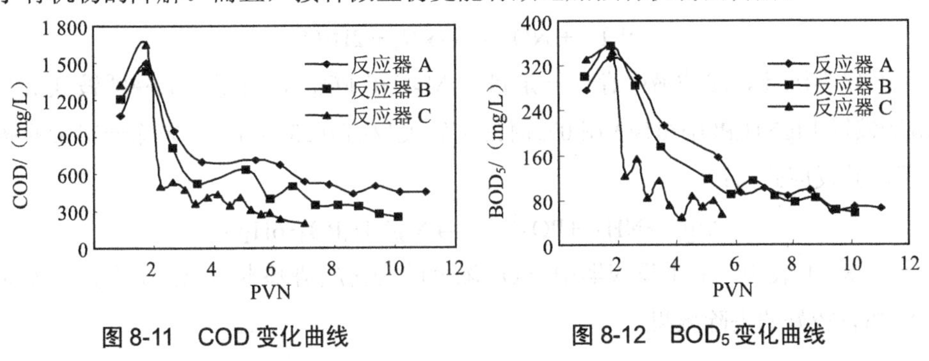


图8-11　COD变化曲线　　图8-12　$BOD_5$变化曲线

$BOD_5$/COD是评价有机物可生物降解性能的一个重要指标，当生物降解反应发生时，其值就会随之而下降。在本次试验过程中，$BOD_5$/COD的最高值是初始阶段的0.35，反应器C在PVN为4.15时出现了$BOD_5$/COD最低值（0.11），而此时，反应器A和反应器B的$BOD_5$/COD分别为0.3和0.25。这也说明了间歇通风对固体废物稳定化的促进作用，同时也说明，在固体废物填埋场中添加活性污泥引入微生物是有利的和必要的。

（3）氮变化分析

在间歇好氧通风反应器B和反应器C中，渗滤液把剩余的氮从厌氧区带到好氧区进行硝化，再通过渗滤液循环运到顶部缺氧层，然后和其他物质（如硫等）一起被去除。有研究表明氮的转化效率与运行方式有密切的关系，若采用渗滤液循环，分段法和组合法对氮的去除率都能达到95%，若没有渗滤液循环，组合法每次只能有30%～52%的氮用于硝化，16%～25%的氮用于反硝化。

从铵离子的变化曲线（图8-13）看出，在厌氧反应器（反应器A）中进行单纯的渗滤液循环对$NH_4^+$的去除效果并不明显。而反应器B和反应器C中$NH_4^+$的浓度分别从270 mg/L和245 mg/L下降至50 mg/L和30 mg/L，$NH_4^+$的去除率分别达到81.4%和87.8%。对$NH_4^+$的去除主要通过以下3个作用：

①硝化和反硝化作用。铵在间歇好氧反应器内形成的好氧区、厌氧区和缺氧区之间进行相应的氮转化，有利于$NH_4^+$的去除。而接种的微生物适应后对脱氮有明显的强化作用。

②厌氧氨氧化作用。是利用微生物过程将铵离子和亚硝酸氮一起转化为氮气释放，反应方程如下：

$$NH_4^+ + NO_2^- \longrightarrow N_2 + 2H_2O$$

③化学沉淀。渗滤液中存在一定量的$Mg^{2+}$和$PO_4^{3-}$，可以生成磷酸铵镁沉淀（磷酸铵镁$MgNH_4PO_4 \cdot 6H_2O$在0℃时的溶解度仅有0.23 g/mL），去除一定量的铵离子。其反应式为：

$$Mg^{2+} + NH_4^+ + PO_4^{3-} \longleftrightarrow MgNH_4PO_4 \cdot 6H_2O$$

图8-14表明，3个反应器中$NO_3^-$浓度的变化趋势基本相似，3个反应器对$NO_3^-$都有较好的去除效果。

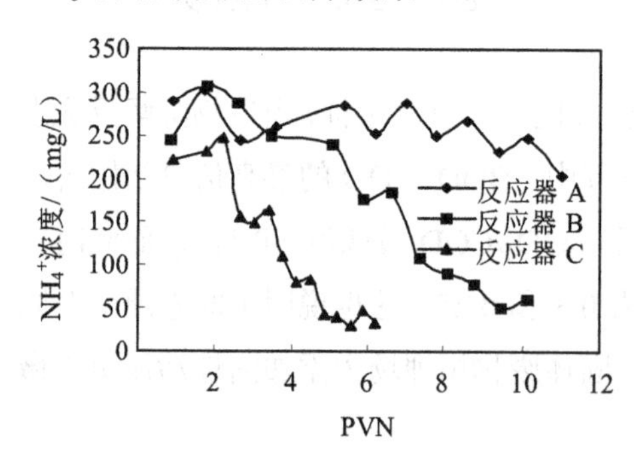


图8-13 $NH_4^+$浓度变化曲线

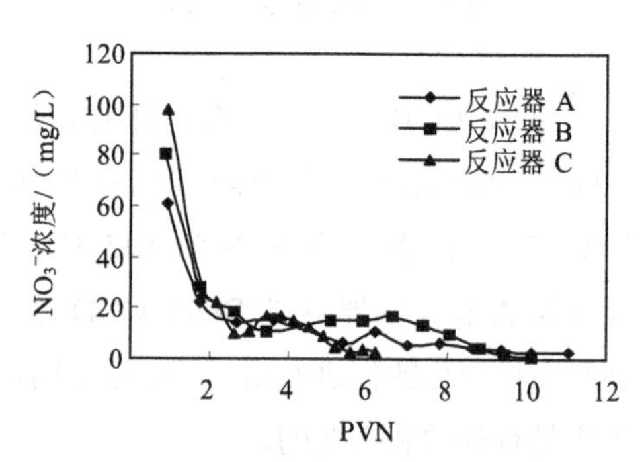


图8-14 $NO_3^-$浓度变化曲线

从图 8-15 可以看出，3 个反应器中总氮的变化趋势都是先增后减，但是达到最大值时的 PVN 是不同的，反应器 A、反应器 B 和反应器 C 分别在 PVN 约为 6.2、3.5 和 2.2 时达到最大值 1 260 mg/L、1 532 mg/L 和 1 430 mg/L，最终去除率分别达到 57%、72%和 83%。由此说明间歇通风有利于硝化和反硝化作用的进行，加快了固体废物稳定化的速度；添加微生物增强了系统对氮的降解能力。

（4）重金属变化分析

一般来讲，pH 降低，重金属的溶解度就会升高，因此在产酸阶段，渗滤液中重金属的含量较高，而在产甲烷阶段重金属则以硫化物、碳酸盐和氢氧化物等沉淀形式存在，浓度比较低。重金属在渗滤液中的含量主要取决于 4 个作用：沉淀、络合、吸附和氧化还原。有研究表明在初始阶段的还原环境中，重金属的衰减 90%是以硫化物等沉淀的形式存在，而且渗滤液循环有助于在还原条件下将 $SO_4^{2-}$转变为 $S^{2-}$。

为了研究通风对重金属的去除影响，选择反应器 A 和反应器 B 进行对比。从图 8-16 可知，反应器 B 对重金属有很好的去除效果，因此，间歇好氧对重金属的降解起了一定的作用。主要原因可能有以下几点：

①沉淀作用。由图 8-10 可知，整个系统处在偏碱性条件下，重金属容易以氢氧化物和碳酸盐形式沉淀。

②络合作用。好氧通风和渗滤液循环大大地加快了城市固体废物的腐殖化进程，而腐殖质易与重金属形成稳定的络合物或螯合物。

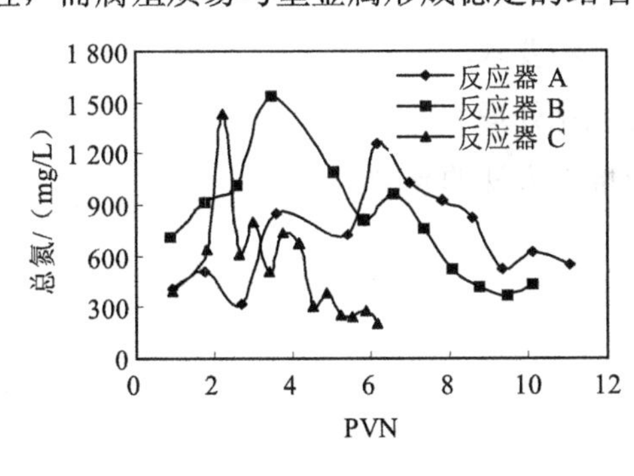


图 8-15　总氮变化曲线

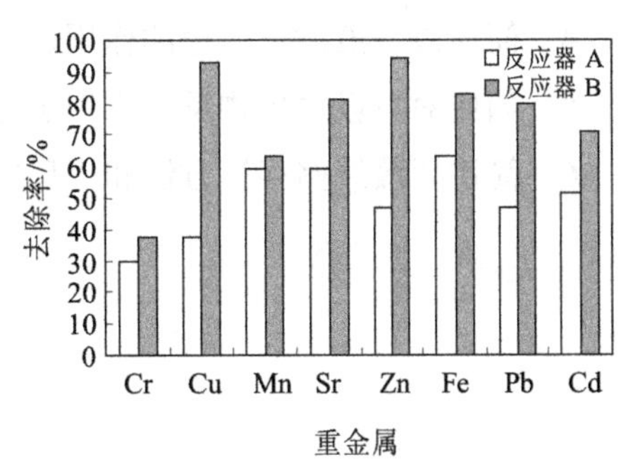


图 8-16　重金属的去除率变化

③微生物作用。由于反应器 B 中微生物的生长繁殖较好，甚至形成菌胶团，对重金属有良好吸附作用。

### 3. 试验结论

①渗滤液在循环过程中营养物质、水分和能量等进行了再分配，促进了微生物的生长，有利于城市固体废物的稳定化。

②间歇好氧通过对 pH 的影响缩短了产酸阶段，优化了微生物的生长环境，更加提高了微生物对固体废物的降解效率。

③间歇好氧通风和添加活性污泥都能够有效加快 COD 的降解。在 PVN 相同时，间歇好氧通风比不通风对 COD 的去除率高 15%～25%；在通风的条件下，添加污泥比不添加对 COD 的去除率高 15%～20%。

④间歇好氧通风和添加活性污泥能够加速氮的转化和去除。单纯的渗滤液循环最终对总氮的去除达 57%，间歇好氧通风时可达 72%，若添加活性污泥则可提高到 83%。

⑤间歇好氧通风也有利于重金属的去除。通风比不通风对重金属的去除率高出 5%～55%。

## 习题与思考题

1．何谓城市垃圾处理的“反应堆”方法？

2．简述填埋场内部微生物作用及过程。

3．简述填埋场垃圾稳定化的判定依据。

4．简述渗滤液循环处理的作用、特点和要求。

5．如何对垃圾“生物反应堆”进行强化处理？

6．简述“最终储存”方法和“反应堆”方法的异同。

# 阅读材料：医疗废物的处理

## 一、医疗废物

医疗废物也称为临床废物、感染性废物或医院废物。必须谨慎处理这些废物，因为它可能导致疾病传播，甚至致命的流行病。大多数国家将医疗风险废物定义为危险或特殊废物，即不适合与城市固体废物一起处理的废物流。

在大多数国家，医疗废物在医院内单独收集；通常情况下，在病房一级已经对普通非感染性医疗废物（以下简称“普通废物”）和医疗风险废物进行了分类。通常医疗废物在专用处理设施中处理。

医疗保健部门的活动也会产生其他类型的风险废物，例如化学废物（如实验室废物和光化学物质）和未使用的药物。这些废物类型通常单独收集并作为危险废物处理，但在某些情况下，这些废物与医疗风险废物一起处理。医院也会产生少量放射性废物；特殊规则适用于此类废物的处理和处置。

医疗保健部门还产生不属于医疗保健风险废物或其他形式危险废物的普通废物类型。这些废物类型占医疗行业废物的 80%～90%，包括病床病房和其他患者护理安排产生的一般废物、办公室废物、厨房废物、大件废物和花园废物。根据地方和国家当局的规定，这些普通废物在城市固体废物处理系统内进行处理。

典型的医疗风险废物包括：①微生物和生物材料的培养；②人类血液和血液制品；③组织、器官、身体部位、体液容器等病理废物；④所有锋利物品，即针头、注射器、手术刀刀片等（即使未被污染）；⑤受污染的动物尸体、身体部位、床上用品和相关废物；⑥清理任何医疗风险废物泄漏产生的材料（土壤、水或其他碎屑）；⑦被医疗风险废物污染或与之混合的废物。

这些废物存在健康风险，因此需要单独收集和处理。通过医院废物和类似来源传播的疾病很多。通过血液传播的一些感染包括艾滋病毒/艾滋病、乙型和丙型肝炎以及埃博拉病毒等。粪便和（或）呕吐物可传播胃肠道感染和甲型肝炎。结核病等疾病通过唾液传播，皮肤感染通过脓传播。

医疗废物的最大来源是医院，医院产生的医疗风险废物占所有医疗风险废物的 50%以上。较小的来源包括综合诊所、诊所和公共卫生中心。兽医诊所、医生诊所和牙医是医疗风险浪费的更小来源。

对于医院而言，医疗废物的废物产生率因许多因素而不同：医院类型、所在国的发展阶段等。在国际上，不发达国家（如不丹、孟加拉国）医院的废物产生率为 0.1 kg/（床·d），而发达国家（如奥地利或美国）为 0.8 kg/（床·d）。垃圾产生率是按每天占用的医院病床计算的，因此对于占用率低于全员的医院，必须在计算中考虑到这一点。

废物的数量因来源而异；在医院中，每天每床的废物因病房而异，医疗废物的数量取决于医院的所有的特定专业。丹麦医院的数据显示，垃圾量为 0.2～1.0 kg/（床·d），同样，在菲律宾，垃圾量为 0.15～0.31 kg/（床·d）。在总体规划和系统规模方面，丹麦、马来西亚和泰国等多个国家可使用约 0.5 kg/（床·d）。然而，对于任何详细规划，必须通过现场试验确定废物的产生率。在检查废物产生率时，必须确保在病房一级正确进行废物分离。

## 二、医疗废物的内部处理

由于存在感染风险，医疗废物的处理与其他废物类型不同。这种分离适用于从产生、源头内部收集和运输、外部收集和运输，直至最终处理。源头分离是必要的，以确保医疗风险废物的卫生安全处理。如果出于实际或安全原因，将上述部分普通废物与医疗风险废物一起处理，则应根据与医疗废物相同的原则处理这些废物。

处理医疗废物的人员必须接受全面培训，必须了解医院或机构的程序、包装类型、个人防护措施、急救以及在发生事故或包装损坏时如何应对。

医疗险废物的分离、包装、收集和内部运输等过程既发生在单个医院或其他大型机构内，也发生在包括医生或牙医诊所等小型医疗场所内。

### （一）分离

医疗废物需要采取特殊的分离、包装、标记/编码、临时储存和收集措施。根据设定的要求和规定，在源头进行分离。所有接触废物的人员小组必须充分了解分离标准。

传染病医疗废物和普通废物之间要有良好的分离。若一些传染性废物和普通废物混合，这将使普通废物的收集者面临风险。此外，在不发达国家，废物收集者会在垃圾中寻找可回收材料，他们会接触传染病。如果将普通废物混合到医疗风险废物中，这会增加医疗风险废物的数量，从而增加处理成本。

在病房一级，所有废物通常由医务人员分为 3 个基本类别：

①放在黑色袋子里的普通垃圾，包括厨房垃圾、玻璃、饮料容器、纸巾、办公用纸、包装和其他未接触可能传染病来源的材料。

②收集在黄色或红色塑料袋中的医疗废物，包括所有可能具有传染性的废物，如绷带、纱布、成人尿布、身体部位、人体组织和胎盘等。

③放在保护盒中的锋利物，比如针头和注射器、安瓿、剃刀和手术刀刀片、静脉注射针和碎玻璃。发达国家使用各种硬质塑料盒（适当的颜色编码）来储存这些废物；在不发达国家，使用任何可用的集装箱。例如，大多数锋利物可以相对安全地收集在一个 5 L 或 10 L 带螺旋顶部的塑料容器中，成本最低。

### （二）包装

分离后，废物必须正确包装。包装的选择取决于许多因素，如废物类型、储存条件、收集程序、外部运输和处理系统。通常包装可分为源包装、收集包装和运输包装：

①源包装指产生废物的包装，包括塑料袋、锋利物容器以及可能的可回收瓶、容器、罐。根据废物类型，对废物包装有特殊要求，例如尖锐物体的包装必须具有抗渗透性。一些在源头使用的包装也可以在收集过程中使用，在这种情况下，应清楚地贴上标签。

②收集包装用于在医院或机构内运输感染性废物，可以是塑料箱、结实的塑料袋、内衬塑料或蜡处理纸箱的多层纸袋。这种包装必须通过警告颜色（通常为

红色或黄色）。此外，“生物危害”符号应该是可见的，废物来源应清楚地标记在包装上，例如部门或病房的名称。

③运输包装，包装于收集包装外部，用于运输的包装。可以是由塑料、玻璃纤维或金属制成的 120～800 L 容器；通常内衬一个结实的塑料袋。

### （三）临时储存

医疗废物被临时存放在病房、实验室、诊所和其他机构中，房间应该有自来水和溢出物收集系统。建议在临时储藏室附近存放少量未使用的收集包装。在高温天气下，医疗废物可储存在冷却的储藏室中。

### （四）内部收集

经过专门培训的人员应每天从临时储存室收集一次或两次废物。为了将感染风险降至最低，在整个收集和运输过程中，包装必须保持完好无损。内部运输采用易于推动的货车，条件较好的医院可配备电气化运输车辆，将废物运送到中央储存区。中央存储区靠近大型医院的废物处理设施，该区域必须与进行其他活动场所隔离，应在日常工作时间以外将其封锁。如果在内部搬运过程中包装受损，可将受损物品放入较大的包装中。

### （五）小型医疗场所废物处理

小型来源（如诊所）通常会将医疗废物放入一个彩色袋子中，装在一个小塑料箱中。在不发达国家，通常没有医生诊所和诊所的收集系统，装有医疗废物的袋子通常会被扔进城市固体废物中，这些废物具有相当大的风险。

## 三、医疗废物的收集和运输

在发达国家，医疗废物的外部运输遵循《欧洲道路危险货物国际运输协定》（联合国欧洲经济委员会，1995）中规定的传染性物质运输要求（以下简称 ADR 要求）。这些规定要求，只有在双重容器的情况下，才能运输废物，即如果装有感染性废物的袋子破裂，废物周围必须还有第二层包装，以防止任何形式的泄漏。

对于外部包装，通常使用运输包装，可以是标准的塑料、玻璃纤维或钢制容器。根据ADR要求，应在其上标记内容物的联合国编号以及生物危害符号。ADR要求在收集过程中不得将废物倒入收集车。运输包装必须完整无损地运输至处理设施。收集通常使用封闭式平台卡车完成，包装可在运输过程中固定，将医疗废物溢出的风险降至最低。到达处理设施后，清空运输包装，例如直接倒入焚烧炉，然后清洗运输容器，将其送回医院重复使用。

## 四、医疗风险废物的处理

医疗废物的安全处理和处置有多种。高度专业化的病房或实验室可能会产生具有传染性的废物，因此在将其放入医疗废物箱之前，可使用高压灭菌器对其进行消毒，高压灭菌器装满或每天至少消毒一次。

### （一）焚烧

处理传染性医疗废物的首选技术是焚烧。首先，经过热处理后，所有生物都被破坏，不再构成风险。其次是焚烧炉的残留物是惰性的，可以直接放入安全填埋场。许多较大的医院都有自己的焚化炉。另外一种常见情况是由政府或私营公司运营的焚烧设施，接收来自其所在地区的医院、机构、诊所等的医疗废物，此类设施通常要求支付处理废物的费用。

### （二）灭菌

灭菌可以通过高压灭菌、微波灭菌和辐射灭菌来完成。在处理过程中，高压灭菌、微波灭菌和辐射灭菌不会降低有机物含量或以其他方式改变废物的外观和结构，因此无法直观地确定废物是否经过了充分的处理。

①高压灭菌。高压灭菌是一种成熟的方法，其成本比焚化低，可供小型医院使用；主要缺点是废物在高压灭菌器中没有转化，因此处理后的废物和未处理的废物没有视觉上的区别。

②微波灭菌。垃圾微波处理前须破碎，处理后的垃圾外观类似五彩纸屑。这种方法的成本低于焚烧法，但目前还没有普及。

③辐射灭菌。使用电离辐射使致病微生物失活的方法。辐射灭菌在食品行业广泛应用，但处理医疗废物仍在开发中。

此外，还可以使用次氯酸盐或甲醛等制剂进行灭菌处理。

### （三）填埋

将医疗废物安全填埋也是广泛采用的方法。应用安全填埋方法时，应清楚地标记医疗废物，并将其放置在带锁的围栏中。可将医疗废物用石灰覆盖，将 pH 提高到 10 以上，降低传染性物质的迁移性。

# 参考文献


[1] 陈延君，赵勇胜，李海杰，等. 黏土改性后对垃圾渗滤液的化学作用研究[J]. 环境卫生工程，2003，11（3）：123-127.

[2] 陈芳艳，唐玉斌，罗鹏. 季铵盐改性土壤对水中苯酚的吸附及机理研究[J]. 重庆环境科学，2000，22（2）：50-53.

[3] 丁述理，彭苏萍，刘钦甫，等. 膨润土吸附重金属离子的影响因素初探——以 $Zn^{2+}$为例[J]. 岩石矿物学杂志，2001，20（4）：579-582.

[4] 丁爱中，阎葆瑞，张锡根. 垃圾堆放与环境[J]. 环境科学动态，1997（4）：18-21.

[5] 董军，赵勇胜，赵晓波，等. 垃圾渗滤液对地下水污染的 PRB 原位处理技术[J]. 环境科学，2003，24（5）：151-156.

[6] 董军，赵勇胜，蒋惠忠. 改性黏土防渗层性能研究及影响因素分析[J]. 环境工程，2005，23（1）：87-90，6.

[7] 董军，赵勇胜，杨继东，等. 沸石改性天然黏土防渗层性能研究[J]. 环境科学与技术，2005，28（4）：92-94，120.

[8] 董军，赵勇胜，韩融，等. 垃圾渗滤液污染羽在地下环境中的分带现象研究[J]. 环境科学，2006，27（9）：1901-1905.

[9] 董军，赵勇胜，王翊虹，等. 渗滤液污染羽中沉积物氧化还原缓冲能力研究[J]. 环境科学，2006，27（12）：2558-2563.

[10] 董军，张晶，赵勇胜，等. 渗滤液污染物在地下环境中的生物地球化学作用[J]. 吉林大学学报（地球科学版），2007，37（3）：587-591.

[11] 董军，赵勇胜，张伟红，等. 渗滤液中有机物在不同氧化还原带中的降解机理与效率研究[J]. 环境科学，2007，28（9）：2041-2045.

[12] 董军，赵勇胜，张伟红，等. 垃圾渗滤液中重金属在不同氧化还原带中的衰减[J]. 中国环境科学，2007，27（6）：743-747.

[13] 董军，赵勇胜，张伟红，等. 垃圾渗滤液污染羽中的最终电子受体作用研究[J]. 环境科学，2008，29（3）：745-750.

[14] 国家环境保护总局污染控制司. 城市固体废物管理与处理处置技术[M]. 北京：中国石化出版社，2000.

[15] 柯水洲，欧阳衡. 城市垃圾填埋场渗滤液处理工艺及其研究进展[J]. 给水排水，2004，30（11）：26-33.

[16] 韩融，赵勇胜，董军，等. 垃圾渗滤液污染晕中污染物的衰减规律研究[J]. 吉林大学学报

（地球科学版），2006，36（4）：578-582.
[17] 何俊宝，高亮，王永盛，等. 垃圾卫生填埋场防渗衬层材料——复合土的试验研究[J]. 环境卫生工程，1998，6（4）：144-147，169.
[18] 何连生，赵勇胜，李海杰. 垃圾填埋场渗滤液循环处理方法初探[J]. 勘察科学技术，2001，24（2）：3-6，11.
[19] 何连生，赵勇胜. 填埋场环境影响评价决策支持系统的研究和开发[J]. 新疆环境保护，2002，20（1）：26-29.
[20] 何连生，赵勇胜，郑连阁. 城市固体废物填埋场防护层天然材料研究[J]. 环境工程，2002，30（4）：50-53，4.
[21] 洪梅，赵勇胜，张博. 地下水水质预警信息系统研究[J]. 吉林大学学报（地球科学版），2002，30（4）：364-368，377.
[22] 黄少云，马广伟，葛学贵. 改性膨润土在环境保护中的应用[J]. 岩石矿物学杂志，2001，20（4）：490-494.
[23] 李兵，赵勇胜，董军. 粉煤灰在城市固体废物好氧填埋中应用的研究[J]. 环境工程，2002，20（6）：49-51，4.
[24] 李隋，赵勇胜，张文静，等. 三种无机改性黏性土防渗衬里性能研究[J]. 环境科学与技术，2008，31（4）：1-4.
[25] 林学钰，廖资生，赵勇胜，等. 现代水文地质学[M]. 北京：地质出版社，2005.
[26] 林国庆，郑西来，崔俊芳. 有机改性膨润土防渗抗污染性能的研究进展[J]. 工程勘察，2002，20（6）：1-3，44.
[27] 刘莹莹，赵勇胜，董军，等. 岩性对垃圾渗滤液污染晕中污染物衰减的影响[J]. 环境科学与技术，2006，29（9）：4-5，43，115.
[28] 刘长礼，张云，杨友爱，等. 垃圾卫生填埋处置的理论方法和工程技术[M]. 北京：地质出版社，1999.
[29] 马福善，秦永宁，张淑云，等. 铝硅酸盐溶胶改变蒙脱石端面电荷性质研究[J]. 硅酸盐通报，1997，35（5）：16-19.
[30] 聂永丰，王伟. 我国填埋场渗滤液控制现状、问题与解决途径[J]. 环境科学研究，1998，11（3）：30-32，67.
[31] 聂永丰，金宜英，刘富强，等. 三废处理工程技术手册（固体废物卷）[M]. 北京：化学工业出版社，2000.
[32] 屈智慧，赵勇胜，张文静，等. 包气带砂层中生物作用对垃圾渗滤液中污染物的去除研究[J]. 环境科学，2008，29（2）：2344-2348.
[33] 史敬华，赵勇胜，洪梅. 垃圾填埋场防渗衬里黏性土的改性研究[J]. 吉林大学学报（地球科学版），2003，33（3）：355-359.
[34] 王蕾，赵勇胜，董军. 城市固体废弃物好氧填埋的可行性研究[J]. 吉林大学学报（地球科学版），2009，33（3）：335-339.
[35] 王罗春，刘疆鹰，赵由才，等. 垃圾填埋场渗滤液回灌综述[J]. 重庆环境科学，1999，21（2）：50-52.
[36] 王翊虹，赵勇胜. 北京北天堂地区城市垃圾填埋对地下水的污染[J]. 水文地质工程地质，2002，11（6）：45-47+63.

[37] 王铁军，赵勇胜，屈智慧，等. 无机改性膨润土防渗层性能研究[J]. 吉林大学学报（地球科学版），2008，38（3）：463-467.
[38] 徐文龙. 从德国垃圾卫生填埋处理看我国卫生填埋技术对策[J]. 环境卫生工程，2000，8（3）：130-136.
[39] 杨国清. 固体废物处理工程[M]. 北京：科学出版社，2000.
[40] 尹莹，迟子芳，黄华铮，等. 氢气和氮气对厌氧甲烷降解过程及微生物多样性的影响[J]. 环境工程，2020，38（5）：191-195.
[41] 张兰英，韩静磊，安胜姬，等. 垃圾渗滤液中有机污染物及去除[J]. 中国环境科学，1998，18（2）：184-188.
[42] 张文静，赵勇胜，孙景刚，等. 顶部通风在渗滤液循环中的作用研究[J]. 环境科学学报，2006，26（1）：70-75.
[43] 张文静，赵勇胜，宋宝华，等. 活性污泥在渗滤液循环处理中的作用[J]. 城市环境与城市生态，2003，16（4）：10-12.
[44] 张文静，赵勇胜，黄德兰. 垃圾破碎和垃圾压实在厌氧渗滤液循环中的作用[J]. 世界地质，2007，26（1）：84-88.
[45] 张益，陶华. 垃圾处理处置技术及工程实例[M]. 北京：化学工业出版社，2002.
[46] 赵由才. 实用环境工程手册（固体废物污染控制与资源化）[M]. 北京：化学工业出版社，2002.
[47] 赵由才. 城市生活垃圾卫生填埋场技术与管理手册[M]. 北京：化学工业出版社，1999.
[48] 赵庆良，李湘中. 化学沉淀法去除垃圾渗滤液中的氨氮[J]. 环境科学，1999，20（5）：93-95.
[49] 赵勇胜. 考虑化学作用的地下水污染 MOC 模型[J]. 地学探索，1992（7）.
[50] 赵勇胜. 城市固体废物环境污染及防治[M]//肖庆辉. 当代地质科学前沿. 武汉：中国地质大学出版社，1993.
[51] 赵勇胜. 固体废物处理中溶滤液的环境问题[M]//中国水文地质工程地质勘查院. 环境地质研究. 北京：地震出版社，1993.
[52] 赵勇胜. 非水相液体污染的模拟分析：中国科协第三届青年学术年会论文集[C]. 北京：中国科学技术出版社，1998.
[53] 赵勇胜，郑连阁，朱国营，城市垃圾的地质处理[J]. 世界地质，1999，18（2）：73-82.
[54] 赵勇胜，苏玉明，王翊红. 城市垃圾填埋场地地下水污染的模拟与控制[J]. 环境科学，2002，23（12）：83-88.
[55] 赵勇胜. 地下水污染场地污染的控制与修复[J]. 吉林大学学报（地球科学版），2007，37（2）：303-310.
[56] 赵勇胜，林学钰. 地下水污染模拟及污染控制和处理[M]. 长春：吉林科技出版社，1994.
[57] 赵勇胜，林学钰，等. 环境及水资源系统中的 GIS 技术[M]. 北京：高等教育出版社，2006.
[58] 郑德凤，赵勇胜，王本德. 轻非水相液体在地下环境中的运移特征与模拟预测研究[J]. 水科学进展，2002，13（3）：321-325.
[59] 郑曼英，李丽桃. 垃圾渗滤液中有机污染物初探[J]. 重庆环境科学，1996，18（1）：41-43.
[60] 周北海，松藤康司. 中国垃圾填埋场的问题与改善方法[J]. 环境科学研究，1998，11（3）：27-29.
[61] 朱利中，陈宝梁. 有机膨润土在废水处理中的应用及其进展[J]. 环境科学进展，1998，6

(3)：54-62.
[62] 朱利中，陆军. CTMAB—黏土吸附处理水中苯酚，苯胺和对硝基苯酚的性能及应用研究[J]. 水处理技术，1997，23（5）：291-296.
[63] 朱利中，李益民，张建英，等. 有机膨润土吸附水中萘胺、萘酚的性能及其应用[J]. 环境科学学报，1997，17（4）：60-64.
[64] 朱国营，赵勇胜. 粉煤灰在垃圾淋滤液循环处理中的作用[J]. 长春科技大学学报，2000，30（3）：262-265.
[65] BRUN A, ENGESGAARD P. Modelling of transport and biogeochemical processes in pollution plumes: literature review and model development[J]. Journal of Hydrology, 2002, 256(3): 211-227.
[66] ALLISON J D, BROWN D S, NOVO-GRADAC K J. MINTEQA2/PRODEFA2, a geochemical assessment model for environmental systems，U.S. Environmental Protection Agency , 1991.
[67] DEVROY C A E D J. Design and construction of sand-bentonite liner for effluent treatment lagoon, Marathon, Ontario[J]. Canadian Geotechnical Journal, 1997, 34: 841-852.
[68] GHOSH A, SUBBARAO C. Hydraulic Conductivity and Leachate Characteristics of Stabilized Fly Ash[J]. Journal of Environmental Engineering, 1998, 124(9): 812-820.
[69] BELL F G. Lime stabilization of clay minerals and soils[J]. Engineering Geology, 1996, 42(4): 223-237.
[70] BENSON C H, ZHAI H, WANG X, Estimating hydraulic conductivity of Compacted Clay Liners[J]. Journal of Geotech, 1994, 120(2): 366-387.
[71] BURRIS D R, ANTWORTH C P. In situ modification of an aquifer material by a cationic surfactant to enhance retardation of organic contaminants[J]. Journal of Contaminant Hydrology, 1992, 10(4): 325-337.
[72] CALVIN R BRUNNER. Incineration systems handbook[J]. Incineration Consultants Incorates, 1996, 11: 1-4.
[73] CARLEY B. N, MAVINIC D. S, The effects of external carbon loading on nitrification and denitrification of a high ammonia landfill leachate[J]. Wat. Environ. Res, 1991, 63(1): 51-59.
[74] Carson D A. The municipal solid waste landfill operated as a bioreactor[A].//Vasuki N C . Seminar Publication Landfill Bioreactor Design and Operation[C]. Washington：USEPA，1995, 1-8.
[75] HUANG C, LU C, TZENG J. Model of Leaching Behavior from Fly Ash Landfills with Different Age Refuses[J]. Journal of Environmental Engineering, 1998, 124(8): 767-775.
[76] CHIAN E S K. Stability of organic matter in landfill leachates[J]. Water Research, 1977, 11(2): 225-232.
[77] CHI Z F, LU W J, WANG H T. Spatial patterns of methane oxidation and methanotrophic diversity in landfill cover soils of southern China.[J]. Journal of microbiology and biotechnology, 2015, 25(4): 423-430.
[78] CHRISTONSEN T H, KJELDSEN P, BJERG P L, et al. Biogeochemistry of landfill leachate plumes. Apllied Geochemistry, 2001, 16: 659-718.

[79] CHRISTENSEN T H, BJERG P L, BANWART S A, et al. Characterization of redox conditions in groundwater contaminant plumes[J]. Journal of Contaminant Hydrology, 2000, 45(3): 165-241.

[80] CHUNMIAO ZHENG, GORDON D. BENNETT, Applied Contaminant Transport Modeling. Van Nostrand Reinhold, 1995.

[81] Dedhar S, Mavinic D S. Ammonia removal from a landfill leachate by nitrification and denitrification[J]. Wat. Pollut. Res, 1986, 2(3): 126-137.

[82] DIAMOND S, KINTER E B. Adsorption of calcium hydroxide by montmorillonite and kaolinite[J]. Journal of Colloid and Interface Science, 1966, 22(3): 240-249.

[83] JUN D, YONGSHENG Z, HENRY R K, et al. Impacts of aeration and active sludge addition on leachate recirculation bioreactor[J]. Journal of Hazardous Materials, 2007, 147(1): 240-248.

[84] DONGJUN, ANTHONY ADZOMANI, ZHAO YONGSHENG. Overview of in-situ biodegradation and enhancement[J]. Journal of Geoscientific Research in Northeast Asia，2003, 5(1): 72-78.

[85] KHAN E, KING S, JR R W B, et al. Factors Influencing Biodegradable Dissolved Organic Carbon Measurement[J]. Journal of Environmental Engineering, 1999, 125(6): 514-521.

[86] HACHERL E L, KOSSON D S, COWAN R M. A kinetic model for bacterial Fe(III) oxide reduction in batch cultures: KINETICS OF BACTERIAL Fe(III) REDUCTION[J]. Water Resources Research, 2003, 39(4).

[87] Filz,Baxter G M Diane Y B. Ground Deformations Adjacent to a Soil-Bentonite Cutoff wall[J]. Geotechnical Special Publication, 1999, 90: 121-139.

[88] G Fred Lee, R.Anne Jones. Managed fermentation and leaching:an alternative to MSW landfills[J]. Biocycle, 1990, 31(5): 78-80.

[89] G Heron, T H Christensen, J Chr Tjell. Oxidation capacity of aquifer sediments[J]. Environment Science Technology, 1994, 28: 153-1158.

[90] HERON Gorm, CROUZET Catherine, BOURG A C M, et al. Speciation of Fe(II) and Fe(III) in Contaminated Aquifer Sediments Using Chemical Extraction Techniques[J]. Environmental Science & Technology, 1994, 28(9): 1698-1705.

[91] LENNT, DARILLEK, YAVAUZ M, et al. Sealing Leaks in Geomembranc Liners Using Electrophoreses[J]. Journal of Engineering, 1996, 122(6): 540-544.

[92] Ham, Jay M D, Tom M. Seepage Losses and Nitrogen Export from Swine-Waste Lagoons: a water balance study[J]. Journal of Environmental Quality, 1999, 28: 1090-1099.

[93] LI H, CHI Z, LU W, et al. Sensitivity of methanotrophic community structure, abundance, and gene expression to $CH_4$ and $O_2$ in simulated landfill biocover soil[J]. Environmental Pollution, 2014, 184: 347-353.

[94] LO I M C, MAK R K M. TRANSPORT OF PHENOLIC COMPOUNDS THROUGH A COMPACTED ORGANOCLAY LINER; proceedings of the Biennial conference of the International Association on Water Quality, F, 1998 [C].

[95] COZZARELLI I M, SUFLITA J M, ULRICH G A, et al. Geochemical and Microbiological Methods for Evaluating Anaerobic Processes in an Aquifer Contaminated by Landfill Leachate [J].

Environmental Science & Technology, 2000, 34(18): 4025-4033.

[96] IMC L, RKM M, SCH L. Modified clays for waste containment and pollutant attenuation [J]. Journal of Environmental Engineering, 1997 (1): 123.

[97] SMITH J A, JAFFE P R. Benzene transport through landfill liners containing organophilic bentonite[J]. Journal of Environmental Engineering — ASCE, 1994, 120(6): 1559-1577.

[98] MITCHELL J K, BRAY J D, MITCHELL R A. Material Interactions in Solid Waste Landfills [J]. ASCE, 1995.

[99] OLESZKIEWICZ J A, POGGI-VARALDO H M. High-Solids Anaerobic Digestion of Mixed Municipal and Industrial Waste [J]. Journal of Environmental Engineering, 1997, 123(11): 1087-1092.

[100] WAGNER J F. Concept of a Double Mineral Base Liner [M]. Landfilling of Waste: Barriers, 2020.

[101] JETTEN M S, STROUS M, PAS-SCHOONEN K T V D, et al. The anaerobic oxidation of ammonium [J]. FEMS microbiology reviews, 1998, 22(5): 421-437.

[102] RYU J H, DAHLGREN R A, GAO S, et al. Characterization of redox processes in shallow groundwater of Owens Dry Lake, California [J]. Environmental Science & Technology, 2004, 38(22): 5950.

[103] ISLAM J, SINGHAL N. A laboratory study of landfill-leachate transport in soils [J]. Water Research, 2004, 38(8): 2035-2042.

[104] LAY, JIUNN-JYI, YU-YOU, et al. Mathematical model for methane production from landfill [J]. Journal of Environmental Engineering, 1998.

[105] LYNGKILDE J, CHRISTENSEN T H. Redox zones of a landfill leachate pollution plume (Vejen, Denmark) [J]. Journal of Contaminant Hydrology, 1992, 10(4): 273-289.

[106] KOENIGSBERG S. The Formation of Oxygen Barriers with ORC, Subsurface Barrier Technologies [Z]. Conference Proceedings. Tucson, Arizona, USA. 1998

[107] SHUI-ZHOU K, HENG O. Technology and advances in leachate treatment of municipal refuse landfill yard [J]. Water & Wastewater Engineering, 2004.

[108] LANDRETH R E. Locating and Repairing Leaks in Landfill/Impoundment Flexible Membrane Liners [J]. 1988.

[109] LAURA S, KAJITA. An improved contaminant resistant clay for environmental clay liner applications [J]. Clays and Clay Minerals, 1997, 45(5): 609-617.

[110] BASBERG L, BANKS D, STHER O M. Redox Processes in Groundwater Impacted by Landfill Leachate [J]. Aquatic Geochemistry, 1998, 4(2): 253-272.

[111] ISENBERG R H, DILLAH D D. "Dry tomb" landfills-The past, present, and possibilities [J]. MSW Management, 2016, 26(2): S16-S22.

[112] KENNEDY L G, EVERETT J W. Microbial degradation of simulated landfill leachate: solid iron/sulfur interactions [J]. Advances in Environmental Research, 2001, 5(2): 103-116.

[113] LO I M C, YANG X. Use of Organoclay as Secondary Containment for Gasoline Storage Tanks [J]. Journal of Environmental Engineering, 2001, 127(2): 154-161.

[114] TUR M Y, HUANG J C. Treatment of Phthalic Waste by Anaerobic Hybrid Reactor [J]. Journal of Environmental Engineering, 1997, 123(11): 1093-1099.

[115] NAY M, SNOZZI A J B, ZEHNDER A J B. Fate and behavior of organic compounds in an

artificial saturated subsoil under controlled redox conditions: The sequential soil column system [J]. Biodegradation, 1999, 10(1): 75-82.

[116] BARLAZ M A, HAM R K, SCHAEFER D M. Mass - Balance Analysis of Anaerobically Decomposed Refuse [J]. Journal of Environmental Engineering, 1989, 115(6): 1088-1092.

[117] TSOLIS-KATAGAS P, KATAGAS C. Zeolites in pre-caldera pyroclastic rocks of the Santorini Volcano, Aegean Sea, Greece [J]. Department of Geology,University of Patras,Patras,Greece, 1989, 37(6): 497-510.

[118] J M OWENS, et al. Biochemical Methane Potential of Municipal Solid Waste (MSW) Components [J]. Water Science and Technology, 1993.

[119] PARK J W, JAFFé P R. Phenanthrene Removal from Soil Slurries with Surfactant-Treated Oxides [J]. Journal of Environmental Engineering, 1995.

[120] P FLYHAMMAR F, et al. Heavy metals in a municipal solid waste deposition cell [J]. Waste Manag Res, 1998.

[121] FLYHAMMAR P, TAMADDON F, BENGTSSON L. Heavy metals in a municipal solid waste deposition cell [J]. Waste Management & Research, 1998, 16(5): 403-410.

[122] POHLAND F G, KIM J C. In situ anaerobic treatment of leachate in landfill bioreactors [J]. Water Science & Technology, 1999, 40(8): 203-210.

[123] POWELL J. Composting takes on national prominence [J]. Resource Recycling, 1999, 18(3): 32,4-5.

[124] BONAPARTE R. Long-Term Performance of Landfills; proceedings of the Geoenvironment 2000: Characterization, Containment, Remediation, and Performance in Environmental Geotechnics, F, 2014 [C].

[125] GILBERT R B, TANG W H. Reliability-based design for waste containment systems; proceedings of the Geoenvironment, F, 1995 [C].

[126] SHENG G, XU S, BOYD S A. Mechanism(s) Controlling Sorption of Neutral Organic Contaminants by Surfactant-Derived and Natural Organic Matter [J]. Environmental Science & Technology, 1996.

[127] SCIENCE Z Y C U O, TECHNOLOGY C, CHINA WANG BAICHANG DAQING PETROLEUM ADMINISTRATIVE BUREAU,DAQING,,CHINA. Simulation Analysis of NAPLs Movement in the Subsurface Environment [J]. 世界地质 (英文版), 1999 (1): 9.

[128] JAMES A. SMITH A M, ASCE, JAFFé P R. Benzene Transport through Landfill Liners Containing Organophilic Bentonite [J]. Dept of Civ Engrg and Appl Mech, Univ of Virginia, Charlottesville, VA, 22903-2442, United States Dept of Civ Engrg and Operations Res, Princeton Univ, Princeton, NJ, D8S44, United States, 1994, 120(6): 1559-1577.

[129] SHI S Z, QIANG K E, YING C. Mechanism of Biodenitrification of SBR and Its Effecting Factors [J]. China Biogas.

[130] RAFFAELLO.COSSU. Engineering of Landfill Barrier Systems. Landfill of Waste: Barrier. [M]. London: An Imprint of Chapman & Hall., 1994.

[131] MCDOUGALL F R, WHITE P R, FRANKE M, et al. Integrated Solid Waste Management: A Life Cycle Inventory, Second Edition [M]. 1995.

[132] TOWNSEND T G, MILLER W L, LEE H-J, et al. Acceleration of landfill stabilization using leachate recycle [J]. Univ of Florida, Gainesville, FL, USA, 1996, 122(4): 263-268.

[133] TOWNSEND T G, MILLER W L, EARLE J F K. Leachate-Recycle Infiltration Ponds [J]. Dept of Civ Engrg and Appl Mech, Univ of Virginia, Charlottesville, VA, 22903-2442, United States Dept of Civ Engrg and Operations Res, Princeton Univ, Princeton, NJ, D8S44, United States, 1995, 121(6): 465-471.

[134] CHRISTENSEN T H, COSSU R, STEGMANN R. Landfilling of Waste: Barriers [J]. London E & Fn Spon, 1994.

[135] MATSI T, KERAMIDAS V Z. Fly ash application on two acid soils and its effect on soil salinity, pH, B, P and on ryegrass growth and composition [J]. Environmental Pollution, 1999, 104(1): 107-12.

[136] KARANDE S S, MISRA K, ILYAS M U, et al. Michigan State Univ., East Lansing; proceedings of the Conference on Information Sciences & Systems, F, 1983 [C].

[137] MERIAN, ERNEST. Metals and their compounds in the environment:occurence, analysis, and biological relevance [M]. VCH Publishers Inc., 1990.

[138] 王罗春，刘疆鹰，赵由才，等. 垃圾填埋场渗滤液回灌综述[J]. 重庆环境科学，1999，21（2）：3.

[139] WAGNER J, CHEN H, BROWNAWELL B J, et al. Use of cationic surfactants to modify soil surfaces to promote sorption and retard migration of hydrophobic organic compounds [J]. OREGON STATE UNIV,DEPT CHEM,CORVALLIS,OR 97331, 1994, 28(2): 231.

[140] DEUTSCH. Groundwater Geochemistry: Fundamentals and Applications to Contamination [J]. groundwater geochemistry fundamentals & applications to contamination, 1997.

[141] YONGSHENG Z. The integrated simulation model of non-conservative pollutants in unsaturated and saturated zone [Z]. The 30th International Geological Congress. 1996

[142] YONGSHENG Z. The Landfill Problems and the Countermeasures in China [Z]. International Symposium on Groundwater Development in the Tumen River Basin and North Korea. 1999

[143] ZHAO YONGSHENG Z D A H. Laboratory test on LNAPL movement in unsaturated zone and aquifer [Z]. The Proceedings of 2nd International Conference on Future Groundwater Resources at Risk,IHP-V. UNESCO. 2000

[144] YONGSHENG Z, YUMING S, YIHONG W. Research on the Landfill Site Pollution Simulation and Control [J]. Chinese Journal of Enviromental Science, 2002.

[145] RL Z Z L R A J. Wastewater Engineering [M]. China Construction Industry Press, 2000.

[146] YONGSHENG Z L Z. Landfill Barrier—Overview and Prospect [J]. 世界地质(英文版), 2000 (1): 87-98.

[147] ZIFANG CHI, YUHUAN ZHU, YING YIN. Insight into $SO_4$(-II)- dependent anaerobic methane oxidation in landfill: Dual-substrates dynamics model, microbial community, function and metabolic pathway [J]. Waste Management, 2022, 141: 115-124.

[148] CHI Z, LU W, LI H, et al. Dynamics of $CH_4$ oxidation in landfill biocover soil: Effect of $O_2$/$CH_4$ ratio on $CH_4$ metabolism [J]. Environmental Pollution, 2012, 170: 8-14.